普通高等教育"十四五"规划教材
生物科学类专业系列教材

植物生物技术

王　兰　刘自强　主编
刘向东　主审

中国农业大学出版社
·北京·

内容简介

植物生物技术的发展日新月异。本教材紧密结合该领域的最新研究进展，系统介绍了植物生物技术的理论、方法及应用。全书共10章，由3部分组成：第一部分为植物组织培养，共6章，包括绪论、植物组织培养操作技术、胚胎培养、单倍体培养、原生质体培养与原生质体融合技术、植物茎尖脱毒与快速繁殖技术；第二部分为植物基因工程原理与技术，共3章，包括基因克隆与植物遗传转化载体、植物基因克隆技术、植物遗传转化技术；第三部分为植物分子标记辅助选择育种，共1章，即植物遗传标记与分子标记辅助选择育种。各章内容紧密结合最新研究进展，让读者全面了解植物生物技术的理论体系与应用前景。本教材可作为农林院校相关专业本科生的教学用书，也可以作为从事植物生物技术研究人员的参考用书。

图书在版编目(CIP)数据

植物生物技术/王兰，刘自强主编. -- 北京：中国农业大学出版社，2024.4
ISBN 978-7-5655-3168-2

Ⅰ.①植… Ⅱ.①王… ②刘… Ⅲ.①植物-生物技术-高等学校-教材 Ⅳ.①Q94-33

中国国家版本馆CIP数据核字(2024)第036597号

书　名　植物生物技术
Zhiwu Shengwu Jishu
作　者　王　兰　刘自强　主编

策划编辑　赵　艳　　**责任编辑**　赵　艳
封面设计　郑　川　李尘工作室
出版发行　中国农业大学出版社
社　址　北京市海淀区圆明园西路2号　　**邮政编码**　100193
电　话　发行部 010-62733489,1190　　读者服务部 010-62732336
编辑部 010-62732617,2618　　出 版 部 010-62733440
网　址　http://www.caupress.cn　　**E-mail** cbsszs@cau.edu.cn
经　销　新华书店
印　刷　运河(唐山)印务有限公司
版　次　2024年4月第1版　2024年4月第1次印刷
规　格　185 mm×260 mm　16开本　11.25印张　281千字
定　价　38.00元

编审人员

主　　编　王　兰（华南农业大学）

刘自强（华南农业大学）

副 主 编　杨瑰丽（华南农业大学）

李钱峰（扬州大学）

参　　编　（按姓氏笔画排序）

王　波（华南农业大学）

牛百晓（扬州大学）

汪　妤（西北农林科技大学）

章月琴（广东海洋大学）

蒋　锋（仲恺农业工程学院）

主　　审　刘向东（华南农业大学）

前　言

习近平总书记在全国政协十三届五次会议上强调，确保中国人的饭碗主要装中国粮，种源安全关系到国家安全，必须下决心把我国种业搞上去，实现种业科技自立自强、种源自主可控。因此我们必须掌握前沿生物技术，解决种业关键技术的研发，加强种源核心技术攻关，提升生物育种水平。党的二十大报告也提出要树立大食物观。这就促使我们转变传统观念，发展生物科技，向植物、动物、微生物要热量、要蛋白。

植物生物技术是利用生物技术手段改良植物的性状，增强其抗逆性，提高产量和质量等方面的工程技术。植物生物技术在农业、生物医药等领域有着广泛的应用，已成为一个重要的研究领域。植物生物技术的发展日新月异，一些新兴的技术与研究方法不断产生，传统的生物技术慢慢被替代，如基于全基因组重测序的 MutMap 和 GWAS 植物基因克隆技术慢慢取代传统的图位克隆方法，基因编辑技术在研究基因的功能中发挥着越来越重要的作用。目前，基因编辑技术在许多植物品种，如水稻、小麦、玉米等的改良中广泛应用。植物生物技术产业也将与信息技术、新材料等领域相互交融，形成新的产业发展模式，为未来的经济增长带来新的动力。

虽然目前《植物生物技术》教材版本较多，但出版时间均较早，而植物生物技术又发展迅速，导致最近产生的一些新技术与新方法没有被编入教材。在传统教材内容的基础上，本教材增加了部分思政内容，同时紧跟前沿，与时俱进，补充了一些新技术、新方法。随着信息技术的发展，慕课等网络课程的广泛应用，本教材在传统教材内容的基础上，压缩了部分内容，使之更适合农林院校现代本科生教学与从事植物技术科研人员参考。本教材包括植物组织培养、植物基因工程原理与技术以及分子标记辅助选择育种三部分内容。在植物组织培养部分，本教材增加了近年来比较热门的单倍体诱导技术；在植物基因工程部分，本教材增加了一些最新的研究成果，如基于全基因组重测序的 MutMap 和 GWAS 克隆技术、基于生物信息学技术的基因电子克隆技术、纳米材料介导的植物基因转化方法等；在分子标记辅助选择育种部分增加了最新的全基因组选择育种方法。

本教材共分 10 章，第 1 章为绪论，第 2～6 章介绍植物组织培养技术，第 7～9 章介绍植物基因工程原理与技术，第 10 章介绍分子标记辅助选择育种技术。随着生物技术的发展，涉及分子相关内容的课程不断增设，如基因组学、生物信息学、分子遗传学等，而传统组织培养相关技术的课程越来越少，所以本教材的内容重点放在植物组织培养部分，一是避免内容重复，二是帮助学生理解和掌握组织培养相关的技术。每章都附有思考题，供学生课后思考。

本教材由5所院校合作编写。王兰和刘自强任主编，杨瑰丽和李钱峰任副主编。第1章和第3章由王兰编写，第2章由蒋锋和王波编写，第4章和第5章由杨瑰丽编写，第6章由章月琴编写，第7章由牛百晓编写，第8章由汪妤和李钱峰编写，第9章由李钱峰编写，第10章由刘自强编写。全书由王兰统稿，由刘向东主审。

本教材编写过程中，得到了中国农业大学出版社的支持和帮助，华南农业大学资助以及各参编单位的支持，在此一并表示感谢！

由于编者业务水平的限制，加之编写时间仓促，本教材难免还存在一些缺点和错误。敬请读者在使用过程中对本教材提出宝贵意见和建议，以便修正。

编　者

2023年11月

目　　录

第1章 绪论

生物技术是影响未来的高新技术，广泛应用于医药卫生、农林牧渔、轻工业、化工和能源等领域，是世界各国优先发展的重要对象。生物技术不仅能促进传统产业的技术改造和新兴产业的形成，而且在提高综合国力、消除饥饿、实现粮食安全、改善营养、促进可持续消费和生产模式转型方面也至关重要。21 世纪是生命科学的世纪，而生物技术的发展为解决人类面临的重大问题提供了广阔前景，是 21 世纪的核心技术之一。率先抢占生命科学和生物技术高地，有利于在未来生物技术经济时代抢占先机。我国政府制定了一系列的政策强力支持我国生物技术的发展，把生物技术列为高新技术之一，并组织力量攻关。生物技术的内容很广阔，本书主要讲述以植物为基础的生物技术。

1.1 植物生物技术的产生和发展

植物生物技术是一门以现代生命科学为基础，结合基因工程、细胞工程、基因编辑等工程技术手段，按照预先的设计对植物进行改良，创造新品种，培育新物种的学科。100 多年来，植物生物技术的发展经历了植物组织培养技术、植物转基因技术、分子标记辅助育种以及基因编辑育种技术等过程，其中组织培养技术是该学科的基础。

1.1.1 植物组织培养技术

植物组织培养技术是通过切取植物器官或组织进行细胞分裂的技术，起源于 19 世纪 30 年代 Schleiden 提出的细胞全能性，即每个植物的体细胞或性细胞都具有该植物的全套遗传基因，因此在一定培养条件下，每个细胞都具有不断分裂和繁殖、发育成一个与母体一样的完整植株的潜力。20 世纪初，在 Schleiden 和 Schwann 所发展的细胞学说的推动下，德国植物生理学家 Gottlieb Haberlandt 于 1902 年首次论证了细胞的全能性，他也因此被誉为“植物组织培养之父”。1912 年，Haberlandt 的学生 Kotte 和美国 Robins 在根尖培养中获得了组织培养的成功。Kotte 采用无机盐、葡萄糖、蛋白胨、天冬酰胺以及添加各种氨基酸的培养基，Robins 采用含无机盐、葡萄糖或果糖的琼脂培养基，培养了长度为 1.45～3.75 cm 的豌豆、玉米和棉花的茎尖，形成了一些缺绿的茎和根。

B 族维生素等植物激素的应用极大地推动了该学科的发展。1934 年，White 尝试在培养基中加入酵母浸出液和蔗糖，培养番茄根获得了成功，建立了改良的培养基。随后，他在培养基中添加 3 种 B 族维生素，即吡哆醇（维生素 B_6）、硫胺素（维生素 B_1）和烟酸（维生素

B_3)代替酵母浸出液，培养结果发现，该处理对根诱导效果很好，由此建立了适合根培养的White培养基。1957年，Skoog和Miller发现在烟草组织培养中，根和芽的分化取决于两类生长调节剂的相对浓度：高比例的生长素和细胞分裂素促进根的生长，低比例则促进芽的分化，因而提出植物激素能控制器官形成的理论。1958年，Reinert和Steward首次报道了胡萝卜根韧皮部细胞悬浮培养，从中诱导出体细胞胚并使其发育成完整的植株，至此证实了Haberlandt提出的植物细胞全能性学说。

1953年，DNA分子双螺旋结构模型的揭示，开辟了分子生物学研究的新纪元，植物生物技术也随之进入了迅速发展时期。1960年，Cocking利用纤维素酶从番茄幼根分离出原生质体，从而拉开了植物原生质体培养和原生质体融合研究的序幕。同年，Morel利用兰花的茎尖分生组织培养，实现茎尖脱毒和快速繁殖。1962年，Murashige和Skoog应用MS培养基，促进了烟草离体组织的快速生长。1964年，Guha和Maheshwari通过曼陀罗花药培养成功获得单倍体植株，从而引发了利用单倍体育种技术加速常规杂交育种速度的浪潮。1967年，Bourgin和Nitsch通过烟草花药培养获得再生的单倍体植株。1971年，Takebe等首次通过烟草原生质体培养获得再生植株，这一研究进展不仅促进了原生质体融合技术的快速发展，而且为外源基因导入提供了理想的受体材料。1972年，Carlson等通过原生质体融合首次获得了烟草的种间体细胞杂种。1974年，Kao、Michayluk、Wallin等建立了原生质体高Ca^{2+}、高pH的聚乙二醇(PEG)融合法，将植物原生质体融合技术推向了新的阶段。1978年，Melchers等将番茄与马铃薯进行原生质体融合并获得成功。同年，Murashige提出了"人工种子"(artificial seed)的概念，由此在世界各国掀起了"人工种子"的研究热潮。1982年，Zimmermann开发了原生质体的电融合法(electrofusion)。20世纪80年代中期，由于水稻、大豆、小麦等主要农作物原生质体植株再生的相继成功，植物原生质体研究迎来了蓬勃发展。

1.1.2 植物转基因技术

20世纪70年代DNA重组技术的建立，标志着植物生物技术的发展进入了以基因工程为核心的现代生物技术阶段。植物细胞组织培养技术特别是高效植株再生体系的建立为植物基因工程的研究和应用奠定了基础。随着土壤农杆菌包括根癌农杆菌(*Agrobacterium tumefaciens*)和发根农杆菌(*A. rhizogenes*)成功应用于植物遗传转化(genetic transformation)，植物基因工程开始成为研究的热点和重点。1983年，Zambryski等用根癌农杆菌转化烟草，在世界上获得首例转基因植物，农杆菌介导法转化双子叶植物很快被广泛应用。Horsch等于1985年建立了农杆菌介导的叶盘法(leaf discs)。该方法操作简单，效果理想，开创了植物遗传转化的新途径。但是这个时期所利用的农杆菌主要感染双子叶植物，对单子叶植物的转化还未能成功。为了克服这一困难，Sanford等于1987年发明了基因枪法(又称"粒子轰击"，particle bombardment)，用于单子叶植物的遗传转化。该遗传转化的方法后被广泛应用于水稻、小麦、玉米等主要农作物的遗传转化，但该方法易产生多拷贝，导致转基因沉默。

进入20世纪90年代，农杆菌介导法在水稻、玉米等主要农作物上取得突破性进展。Gould等利用农杆菌转化玉米茎尖分生组织获得转基因植株；Chan等使用水稻的未成熟胚，在水稻的农杆菌介导的遗传转化上获得成功。继该方法高效转化水稻和玉米获得成功，随后在小麦、大麦等单子叶植物上也相继获得成功。农杆菌介导法多产生单拷贝，遗传稳定，有利于转基因的后代跟踪分析，被认为是最理想的植物遗传转化方法。

随着转基因技术的不断成熟，转基因成果从理论走向生产应用。首批转基因植物于1986年获批进入田间试验。1994年，美国Calgene公司培育的延熟保鲜的转基因番茄被批准商品化生产，并于1996年开始大规模商品化种植(当年种植面积为170万 hm^2)。2018年，全球转基因植物种植面积达1.917亿 hm^2，23年来增加了113倍。2018年全球转基因植物种植面积中，美国为7 500万 hm^2，巴西为5 130万 hm^2；我国名列第7，为290万 hm^2，种植的植物主要是棉花、白杨和木瓜。

转基因作物所产生的效益也十分可观，1996—2009年转基因作物在全球产生了大约650亿美元的农业经济收入，其中44%是由种植转基因抗虫或抗除草剂而减少生产成本(减少劳动力的投入)的收益，56%来自产量提高的收益。2010年，转基因种子的全球市场价值超过100亿美元，商业种植转基因玉米、大豆和棉花的产值超过1 500亿美元。

我国转基因植物的研究始于20世纪80年代。1993年，我国第一例转基因作物抗病毒烟草进入了大田试验；1996年，据中国农业生物技术学会调查统计，当时在研的转基因植物共47种；1997年，第一例转基因耐储存番茄获准进行商业化生产，至1999年共有6种转基因作物产品投放市场；2000年，我国转基因抗虫棉花种植面积超过550万亩(1亩≈667 m^2)；2011年，转基因棉花种植面积超过5 000万亩。继转基因耐储存番茄、抗虫棉、木瓜等作物后，2009年我国又批准了抗虫水稻和转植酸酶基因玉米的安全证书，尽管转基因水稻和转基因玉米还没有应用于生产，但这两大农作物在应对我国人口增长的粮食需求方面将会发挥积极作用。

为了全面推动转基因技术在农业生产中的应用，我国从“十一五”开始，实施了“转基因生物新品种培育”国家重大科技专项，其中包括了主要作物水稻、小麦、棉花、大豆、玉米。我国在“十二五”生物技术发展规划中，明确了生物技术基础研究的重点是农业科学、人口与健康科学、工业生物科学。目前，利用生物技术改造的作物农艺性状也在逐步拓宽，把抗虫、抗除草剂转基因作物作为第一代转基因作物；以改进品质、增强抗性为代表，同时增加农产品附加值方面转基因作物作为第二代转基因作物。

1.1.3 分子标记辅助育种与基因编辑育种技术

分子标记辅助育种是利用与目的基因紧密连锁的分子标记对育种群体进行目标基因筛选，将多个优良性状聚合在一起。近年来，随着现代生物技术与分子生物学的快速发展，分子标记辅助育种广泛应用于水稻、玉米、大豆、芝麻等作物育种中，并且取得了许多重要成果。传统育种方法存在容易受环境影响、工作量大、周期性长等缺点，严重影响育种效率，而DNA分子标记技术具有稳定、易操作、可信度大等优点，极大地加快了育种进程。常用的分子标记有插入缺失标记、单核苷酸多态性标记和简单重复序列标记等。

自限制性片段长度多态性(restriction fragment length polymorphism，RFLP)分子标记应用以来，分子标记在过去的30多年时间里发展非常迅速。尤其是基于聚合酶链式反应(polymerase chain reaction，PCR)的分子标记发展最快，涌现了很多简单易用的分子标记类型。近些年，随着基因组测序特别是第二代测序技术的发展，高通量的分子标记技术，如单征多态性(single feature polymorphism, SFP)、多态性芯片技术(diversity arrays technology,DArT)和限制性内切酶位点相关 DNA(restriction-site associated DNA,RAD)等标记发展很快。分子标记发展的第二个趋势是由“匿名”标记向功能标记的转变。随着转录组、表达谱研究的开展以及全基因组测序的进行,人们对基因组结构的认识越来越深入,分子标记的开发更是着眼于基因组的表达区,从而促进了功能标记的发展。从检测手段上来看,分子标记正以凝胶电泳为主的检测手段向以芯片为基础的高通量、自动化检测技术发展;另外,基因组测序完成之后,有了参照基因组序列,基于测序的检测技术(genotype by sequencing)逐渐成为分子标记的主流检测手段。

随着各种分子标记的不断发展,遗传作图在许多作物中得到了迅速发展,水稻、玉米、棉花、油菜、小麦、大麦等多种作物的分子图谱已经建立。分子图谱的建立一方面有助于追踪目标基因以及进行全基因组的背景选择,高通量分子标记以及基于二代测序的分子标记将使分子标记辅助选择更加高效、快捷;另一方面可对数量性状基因座(QTL)进行遗传剖析,它可将数量性状拆分,分别估计各个位点的表型效应,进而对其定位,甚至图位克隆相应基因。近年来,测序技术的飞速发展和测序成本的降低使得全基因组大规模测序成为可能,从而形成全基因组策略的分子选择育种。全基因组选择可以减少表型鉴定的频率,并且其选择依赖于基因型而不是表型,因此选择结果更加可靠。基于全基因组的高通量单核苷酸多态性(single nucleotide polymorphism,SNP)芯片和基于测序的检测技术已成为全基因组关联分析(genome-wide association study,GWAS)的有效工具,开辟了植物遗传研究和分子育种的新领域。全基因组选择育种的方法可以同时对多个性状进行选择,并显著提高选择的效率,同时全基因组选择覆盖整个基因组的分子标记,这样可以将每个起作用基因的效应包括在内,增加了选择的准确性。Zhang 等利用 30 000 多个 SNP 标记对 309 份大豆材料进行种子质量的全基因组关联分析,同时以该群体为模拟群体估算种子质量的育种值,全基因组选择的预测准确率达 0.75～0.87。

基因编辑技术育种是今后生物育种的一个热门方向。基因编辑技术是利用去除或添加碱基、替代碱基、定点突变等方式修饰原有的基因,改变物种原来的基因型,进而实现物种性状的改变。目前,比较流行的基因编辑技术包括一代锌指核酸酶(ZFNs)基因编辑技术、二代转录激活因子样效应物核酸酶(TALENs)基因编辑技术和三代 CRISPR/Cas9 基因编辑技术。以 CRISPR/Cas9 为代表的基因编辑技术因其定向精确、操作简单高效等优点而成为农业领域最有效的育种工具。CRISPR/Cas9 是根据细菌防御外界噬菌体侵染的分子机制构建的体系。它是由 RNA 介导,借助 Cas9 蛋白对基因组进行定点切割,然后通过机体的修复机制将 DNA 重新连接,或将新基因插入基因组的一项基因编辑技术。通过 CRISPR/Cas9 基因编辑技术可获得类似于自然突变的突变株系,不含外源基因,具有更高的生物安全性。另外,利用 CRISPR/Cas9 技术可同时编辑多个靶基因,将其应用于多倍体植物的基因功能研究,可解决植物中由于存在多个同源基因或者多个基因平行参与某个信号途径导致单个基因敲除并不能产生功能变化的问题。此外,该技术克服了分子标记辅助育种中的连锁累赘和分子标记丢失问题,对作物的其他性状没有影响。

目前,基因编辑技术已广泛应用于水稻、玉米、大豆等主要农作物育种中。我国科学家已通过基因编辑系统实现了水稻品质、产量、抗性、育性等全方位的改良。Zhang 等利用

CRISPR/Cas9 技术，在水稻不同亚种中，选择 11 个目标基因进行编辑，T_0代植株中突变效率达到了 66.7%，且有 6 个靶点为纯合基因型。Sun 等运用基因编辑技术对水稻淀粉合成过程中的关键调控酶基因 *SBE* Ⅱ进行敲除，得到高直链淀粉和抗性淀粉含量分别提高 25%和 9.8%的新品种。李家洋等对异源四倍体野生稻建立了高效遗传转化和基因编辑体系，成功创制了株高降低、落粒性降低、粒长变长、茎秆变粗及抽穗时间缩短的各种基因编辑材料，为培育四倍体水稻新品种提供了可行的策略。Shi 等通过基因编辑技术在玉米 *ARGOS8* 基因上游非编码区插入玉米 *GOS2* 基因启动子替代天然启动子，培育出抗旱性增强的新品种。

1.2 植物生物技术在农业生产中的应用

在世界农业发展史中，曾经发生过两次大的农业革命，被称为"绿色革命"。第一次是 20 世纪 50—60 年代以高秆变矮秆为标志，优质、高产的矮化小麦和水稻良种的全面推广，使全世界粮食产量跃上了一个新台阶。第二次是 20 世纪 70 年代初我国杂交水稻的成功培育及大面积生产，使水稻单产增长 20%～30%，创造了农业生产的奇迹。现代植物技术在农业生产诸多领域中已得到了广泛的应用，并初步取得了显著的成效，有力地推动了农业生产实现新技术革命。因此，科学家们预言：植物生物技术将带来一场新的农业产业革命，也有人将其称为第三次农业技术革命。

1.2.1 应用于植物育种

目前，生物技术育种已成为国际农业竞争的焦点和发达国家新的经济增长点，我国也制定了一系列的政策加大对生物技术育种的支持与投入。2020 年 10 月 29 日，十九届五中全会审议通过了《中共中央关于制定国民经济和社会发展第十四个五年规划和二〇三五年远景目标的建议》明确将生物育种列入需要强化国家战略科技力量的前沿领域。2021 年 2 月 21 日，中央一号文件提出对育种基础性研究以及重点育种项目给予长期稳定支持，加快实施农业生物育种重大科技项目。这些文件及政策的发布，充分说明我国对生物育种的高度重视。2020 年 12 月，习近平总书记在中央农村工作会议上指出，要牢牢把住粮食安全主动权，粮食生产年年要抓紧。要坚持农业科技自立自强，加快推进农业关键核心技术攻关。种业是农业的基础，没有优良的品种很难生产出高产优质的农产品，利用先进的农业设备和生物技术，长期开展生物育种的科学研究，解决国内种业的不适应性和短板弱项，培育出适应中国土壤的高产种子。

植物组织培养技术是获得新品种的一条有效途径。花粉培养、未受粉子房及胚珠培养等可以诱导形成单倍体植物，经染色体加倍后又可获得纯合二倍体材料。1976 年，Sanoeum 等以大麦未受精的子房为实验材料培养出单倍体植株，随后在禾本科、葫芦科、茄科、百合科和菊科等植物中取得广泛成功。另外，通过原生质体融合、胚胎拯救及体外受精技术又可以获得远缘杂种，创造新的品种，打破物种间的生殖隔离，提高育种效率，为创制种质资源和改良作物品种开辟一条有效途径。例如，将人参与胡萝卜进行原生质体融合，提高了人参的次生代谢物含量。

组织培养也是植物诱导和筛选突变体的一种方法。组织培养的细胞易受环境条件和诱变因素(如化学物质、胁迫处理、射线等)影响而发生变异,进而筛选出有用的突变体。利用原生质体培养也可以创制单细胞的无性系,如同在细胞或组织培养中筛选无性系变异一样。目前,已筛选成功的突变体有抗病毒的马铃薯、抗除草剂的番茄、抗寒的辣椒和亚麻等。另外,通过茎尖培养还可以产生无病毒原种,用于植物脱毒,解决生产实践中植物病毒危害问题。植物组织培养技术也被应用于快速繁殖某些花卉和园艺植物、经济作物以及药用植物等。

植物组织培养除了其本身可以作为生物技术应用于植物改良以外,它还是转基因技术实现目标的基础技术。优良的基因通过组织培养转入细胞,然后将转基因细胞进行培养和分化,再生出含有外源基因的转基因植株。1993 年,我国通过组织培养方法成功将 *Cry1A*/*Bt* 双价抗虫基因导入棉花中,成为继美国之后世界上第 2 个拥有 *Bt* 抗虫棉知识产权的国家。1997 年,抗虫棉商业化生产,成功遏制了棉铃虫的暴发。2008 年,我国抗虫棉种植面积达到 200 万 hm^2,占全国种植面积的 70%,标志着我国转基因作物育种进入产业化发展阶段。2006 年,我国培育的 4 个转基因抗环斑病毒番木瓜新品系在广东省示范种植,2010 年环斑病毒番木瓜全面进入商业化生产阶段。2018 年 1 月转基因抗虫水稻华恢 1 号获得美国食品药品监督管理局(FDA)商业化生产许可。

植物组织培养与分子标记辅助育种也有密切联系,很多植物利用花药培养获得性状分离并纯合的双单倍体群体,然后进行分子标记分析,为育种或基因的图位克隆提供参考。与传统育种选择技术相比,分子标记辅助育种效率更高,也更省时省力,大大缩短了育种进程。Wang 等根据抗虫基因 *Cry1AC* 特异序列作为标记,成功将抗虫基因导入 3 个棉花主栽品种中。陈志伟等利用抗稻瘟病 *Pi1* 基因和分子标记 RM224 和 MRG4766,以金山 B-1、金山 S-1 及珍籼 97B 作为亲本进行辅助育种。

在育种技术的开发方面,以 CRISPR/Cas9 为代表的基因编辑技术不断升级改造,进一步提高了植物育种的精准度和效率。此外,基因编辑技术与无融合生殖、单倍体诱导等其他传统育种技术相结合,进一步丰富了育种工具的类型。在产品培育方面,基因编辑技术已经应用于大豆、小麦、水稻等 10 余种植物。首款基因编辑高油酸大豆已于 2019 年在美国上市销售。

随着生物技术的不断改进,生物育种呈现出极好的应用前景。周文彬等从碳-氮协同调控作物产量出发,在水稻中鉴定出一个重要的转录因子 *OsDREB1C*。该转录因子可使水稻籽粒灌浆速率加快、抽穗期提前、实现高产早熟。*OsDREB1C* 在水稻品种日本晴中过量表达,水稻产量显著增产,产量提高 41.30%～68.3%,该研究成果发表在《科学》(*Science*)。郭房庆等发现了 D1 蛋白能使水稻增产 8.1%～21.0%,相关成果发表在 *Nature Plants*。*Nature Plants* 评论指出,植物科学研究领域的巨大进步使中国农业科学重新走在世界前沿。

1.2.2 应用于植物保护

在植物生长的过程中,由于自身的抗逆性较差,植物往往会遭受病虫害的侵袭以及恶劣的自然灾害的影响。农药的使用会导致环境污染以及植物农药残留超标,对人体的身心健康产生很大的影响。应用生物技术,既能打破传统形势下农业技术的束缚,也能提高农业生产力，在带动农村地区经济发展的同时，将传统技术和生物技术优势进行结合，推动病虫害防治工作高效开展。植物生物技术在植物保护中的应用，主要体现在以下 3 个方面：①研发无毒害的微生物农药，让植物产生抗药性，或利用由昆虫杆状病毒基因研制的昆虫毒素和激素干扰植物虫害，如除草剂、杀菌剂等；②通过基因工程技术，把抗虫、抗病基因转移到受体植物中，使取食的幼虫因此中毒死亡，受体植物具有抗虫、抗病性，如把苏云金芽孢杆菌中的杀虫基因转移到受体植物中，使受体植物具有抗虫性；③利用组织培养技术，获得无病毒苗和抗病虫新型植物，如对马铃薯中不带某些病毒的部分进行离体培养，产生无病毒马铃薯种苗。应用植物生物技术，能培育出更优良的植物，在提高植物抗性的同时，降低成本、增加产量，展现出良好的应用前景。

1.2.3 获取作物信息

农业高效生产离不开有效的作物栽培与相应的管理措施。随着信息化、自动化技术的发展，传统栽培也呈现出一定的短板，如投入大、收益少、种植效率低、过度依赖大量的人力物力等。机械化、智能化的作物栽培与管理方式成为研究的热点。据报道，生物传感器能够对植物信号分子进行亚细胞监测和分析，科研人员借助遗传编码传感器研究在食草动物攻击下全植物中钙水平的实时成像。目前，在转基因植物模型系统中，如拟南芥、水稻，遗传编码传感器可在亚细胞水平上检测叶绿体和细胞核中的 H_2O_2，并在激发子诱导的氧化爆发期间以 15 s 的时间分辨率检测生理 pH 范围的 H_2O_2。遗传编码传感器在植物生理范围和时间分辨率尺度上拥有良好的灵敏度，能够检测各种植物信号分子，从而捕获作物信息，对农业生产具有指导作用。

思考题

1. 简述植物生物技术的发展过程，并举例说明各阶段的重要成就。
2. 简述植物生物技术的应用前景及其存在的问题。
3. 试述现代生物技术的发展对人类社会将产生什么影响。

参考文献

[1]黄耀辉，焦悦，吴小智，等．生物育种对种业科技创新的影响．南京农业大学学报，2022，45(3)：413-421.

[2]赖文昶，黄森豪，祁成民，等．生物技术在水稻育种中的应用初探．种子科技，2022(9)：34-36.

[3]李家其，吴晗，陶云鹏，等．智慧农业研究进展：应用纳米生物技术获取作物信息．智慧农业导刊，2021(11)：1-6.

[4]刘庆昌．植物生物技术导论．北京：中国农业大学出版社，2020.

[5]王玉杰，冷春旭，孙中义，等．浅析生物技术在作物育种中的应用．农业科技通讯，2022(2)：4-6.

[6]张献龙．植物生物技术．2 版．北京：科学出版社，2012.

第2章 植物组织培养操作技术

本章主要介绍植物组织培养技术的基本理论，培养基的配制，植物离体操作技术和植物愈伤组织的诱导、增殖及形态建成，使学生掌握植物组织培养的理论基础、操作程序和操作技术。通过本章学习，重点理解植物组织培养技术的关键概念，细胞全能性理论的内容及内涵，重点掌握植物组织培养的一般程序，培养基的成分、功能及配制步骤，植物离体操作技术的环节和操作要领，植物愈伤组织的诱导、继代和增殖技术。学习和掌握这一技术的理论与实践对有志于从事生命科学、农业科学研究或投身农业产业化建设的大学生具有重要意义。

2.1 植物组织培养的理论基础

2.1.1 植物组织培养的概念、特点及分类

植物组织培养(plant tissue culture)是一种无菌技术，利用特定的培养基，对离体的植物器官、组织、细胞、原生质体及植株进行培养。这项技术为繁殖植物、生产无性系、基因转化等领域提供了有力工具，并为植物生理学和分子生物学研究提供了重要的实验手段。

相对于植物栽培，植物组织培养有以下特点：①无菌环境。植物组织培养必须在无菌条件下进行，以避免细菌、真菌等微生物和害虫对植物的影响。②环境控制。在植物组织培养中，各种环境因素(如营养物质、激素、光照和温度等)需要在人工控制下以达到最适合植物生长的条件。③分离和培养。植物组织培养可以打破正常的植物生长发育过程和格局，从而实现对植物组织、细胞和遗传物质等的分离和培养。④应用广泛。植物组织培养技术可用于繁殖优质植株、生产无性系、进行基因转化等领域，具有广泛的应用价值。

植物组织培养可根据培养材料、再生途径、培养基类型进行分类。根据培养的植物材料不同，可以将植物组织培养分为器官培养、组织培养、细胞培养、胚培养等。根据组织、器官再生的途径不同，可以将植物组织培养分为直接再生和间接再生。直接再生是指在培养基上原来的细胞直接再生为植物组织或器官；间接再生则是指经过愈伤组织或胚性组织等中间步骤，再由这些中间组织分化为新的植物组织或器官。根据培养基的类型不同，可以将植物组织培养分为基本培养基和特殊培养基。基本培养基是指包含较少植物生长素和植物激素等生长因子的培养基，主要用于植物细胞和组织的增殖和分化；特殊培养基是指添加了特殊植物生长素、激素、抗生素等物质的培养基，可以用于特定植物组织的培养、调控植物生长发育等。

2.1.2 植物细胞全能性理论

植物细胞全能性理论是植物组织培养的核心理论。这个理论的提出是基于植物细胞在一定条件下能够分化为完整植物体的事实。在理论上，每个植物体的细胞都携带着该植物体的完整遗传信息，并在特定的离体培养条件下，具备发育成完整植株的潜能。

用于组织培养的离体材料叫作外植体。外植体细胞在合适的营养和环境条件下，表现出生命的特征，通过经历脱分化(dedifferentiation)和再分化(redifferentiation)的过程，可以表达出该细胞的所有遗传信息。在这个过程中，外植体细胞基于植物细胞的全能性，得益于外界营养和环境的控制与提供，通过分化成为不同类型的细胞，形成多样化的器官和胚状体，最终可以再生为完整的植株。

分化是指多能细胞在发育过程中逐渐转化为特定类型细胞，形成不同组织或器官的过程。在分化过程中，细胞的形态、结构和生理功能会发生显著的改变，以适应其所处的组织或器官的功能需求。脱分化是指在离体条件下，生长的细胞、组织或器官经历逆境或适当诱导后，失去其原有的分化状态和特化功能，重新进入一种多能状态。在这种状态下，它们能够恢复分裂并重新分化成各种类型的细胞、组织和器官，形成无组织结构的细胞团或称为愈伤组织。再分化是指由脱分化形成的、无定型、无分化特异性的愈伤组织或原生质体，在一定的生理和环境条件下，重新获得分化能力，发育成为具有特定功能的细胞、组织或器官的过程。

愈伤组织(callus)最初指植物体受到局部损伤或刺激后在伤口处新生长的组织，由具有活力的薄壁细胞组成，可由植物体的各种组织中的活细胞产生。在植物组织培养中，外植体的活细胞经过诱导后恢复其潜在的全能性，转变为分生细胞，进而分化为薄壁组织形成愈伤组织。愈伤组织来源于植物器官、组织、细胞的离体培养，在特定条件下可进一步诱导器官再生或胚状体发生，最终发育成完整植株。

虽然理论上每个细胞都具备全能性，但在实际操作中，不同植物种类、组织和细胞之间在表达全能性的难易程度上存在差异。

2.1.3 植物组织培养的一般程序

(1)准备阶段　参考相关文献，设计可行的实验方案，用于成功培养类似植物。根据方案，制备适宜的消毒剂和培养基，以满足不同培养阶段的要求，并通过高压灭菌或过滤除菌的方法进行备用。

(2)外植体获取与消毒　选择合适的组织或器官(如幼嫩茎尖、芽、子叶等)作为外植体，进行消毒和处理，以防止细菌、真菌等微生物的污染。

在无菌条件下，将经过消毒处理的外植体切割成一定大小的小块，或者剥离茎尖、挑出花药，并将它们接种到愈伤组织诱导培养基上。

(3)诱导外植体脱分化　将接种后的植物材料置于培养室或光照培养箱中，利用适宜的培养基和培养条件，促使外植体中已分化的细胞脱分化，并进而形成愈伤组织。

(4)分化与继代培养　将已经形成的愈伤组织转移到分化培养基中，以促进其进一步分化成不同的器官原基或胚状体，并推动再生植株的生长发育。

由于分化形成的芽和原球茎数量有限，需要通过多次切割和转接的方式，在适宜的增殖培养基上进行繁殖，以增加其数量。当芽苗繁殖到一定数量后，一部分可以用于生根培养，另一部分则可以进行保存或继续扩繁。

(5)生根培养　通常新形成的芽苗生长缓慢，缺少根系，此时可降低培养基中细胞分裂素的浓度或完全不添加细胞分裂素，同时增加生长素的浓度，还要每隔一段时间更换一次培养基，以保持营养物质的充足，促进芽苗生根并增强其健壮程度。

(6)炼苗移栽　植株移栽的第一步是选择生长健壮且具有3～5条根的小苗进行精细育苗。将小苗移栽到疏松透气的基质中，移栽后，需注意保温、保湿和遮阳等措施，以促进苗木的存活和生长。待苗木完全存活后，可将其移植至田间地里进行栽培。

2.2　培养基的配制

培养基好比土壤，是组织培养中培养物赖以生长、分化的基质。研究表明，在离体培养条件下，不同种植物的组织器官对外界营养有不同的要求，同一种植物不同部位的组织器官对营养的要求也不相同，配制适宜生长的培养基是组织培养成功的关键。因此，在开展组织培养的各环节中(图2-1)，应重点掌握培养基配制环节，了解它的成分及配制方法。

2.2.1　培养基的成分

根据培养物的差异及使用目的的差异，培养基的种类有几十种，当前大多数培养基的组成主要包括无机营养物、有机营养物、碳源、激素、琼脂和水等6类物质。

2.2.1.1　无机营养物

无机营养物主要由外植体的细胞分裂、生长和分化必需的大量元素和微量元素两部分组成。其主要生理作用概括如下：①是组成各种化合物的结构物质；②形成复杂化合物，参与外植体代谢过程；③维持离子平衡、胶体稳定及电荷平衡等电化学作用；④影响形态发生和组织、器官的建成等。国际植物生理学会根据植物所需浓度的不同，将无机营养物分为大量元素和微量元素，将植物所需浓度大于0.5 mmol/L的元素称为大量元素，所需浓度低于0.5 mmol/L的元素称为微量元素。

大量元素主要包括碳(C)、氢(H)、氧(O)、氮(N)、磷(P)、钾(K)、钙(Ca)、镁(Mg)、硫(S)等。其中，硝态氮或铵态氮通常

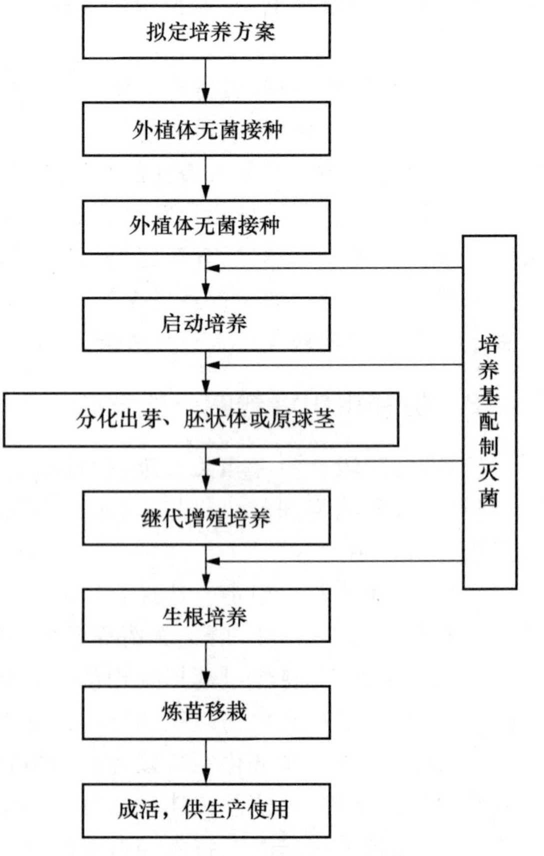

图2-1　组织培养的一般程序

作为氮源，但在培养基配制中使用频率较高的氮源为硝态氮，也可根据培养基的用途将硝态氮和铵态氮混合使用。培养基中的磷和硫则常以磷酸盐和硫酸盐提供。钾是培养基成分中的主要阳离子，在近代培养基配制中的使用率逐渐上升；相反，钙、钠和镁在培养基成分占比中均有所下降。所需的钠和氯化物，主要来源于钙盐、磷酸盐或微量营养物等。

微量元素包括碘(I)、锰(Mn)、锌(Zn)、钼(Mo)、铜(Cu)、钴(Co)和铁(Fe)。植物组织对微量元素需求量极少，但作用大，而吸收过多会对植物组织造成毒害，产生如蛋白质变性、酶系失活、代谢功能障碍等影响。

在植物组织培养过程中，各种微量元素都发挥着特定的生理功能，如硼参与蛋白质的合成及糖类的运输；铜能促进植物组织形成离体根；锰参与植物的光合作用和呼吸作用；钼在氮代谢中起重要作用；钴能促进茎、芽和胚芽鞘伸长等。在微量元素中铁的需要量较大，主要在叶绿素合成过程中发挥重要作用，较高 pH 条件下，$FeCl_3$ 极易形成 $Fe(OH)_3$ 沉淀，难以被吸收，故采用乙二胺四乙酸二钠(Na_2-EDTA)与硫酸亚铁($FeSO_4$)形成的螯合物作为铁源，使用时需单独制备。

2.2.1.2 有机营养物

组织培养中所需有机营养物主要包括维生素、氨基酸和有机附加物。

维生素类物质直接参与酶的合成以及蛋白质、脂肪代谢等生命活动。虽然大多数培养物都能自身合成所有必需的维生素，但受合成能力的限制，其合成数量不足以满足生长所需。为使组织能够稳定且优质生长，通常在配制培养基中适量添加维生素。维生素类物质主要有盐酸硫胺素(维生素 B_1)、烟酸(维生素 B_3，又称维生素 PP)、泛酸钙(维生素 B_5)、盐酸吡哆醇(维生素 B_6)、叶酸(维生素 B_9)、抗坏血酸(维生素 C)、钴胺素(维生素 B_{12})、生物素(维生素 H)和肌醇(环己六醇)等。硫胺素(维生素 B_1)一般认为是培养基的必需成分；在其他各种维生素中，已知维生素 B_3、维生素 B_5、维生素 B_6 和肌醇能显著改善培养植物的组织生长状况；其中，肌醇在糖类的转化中发挥重要作用，不仅具有参与磷脂代谢、维持离子平衡等生理作用，还有助于提高维生素 B_1 的效应。

氨基酸是蛋白质的组成成分，也是一种有机氮源，培养基中常用的氨基酸来源有甘氨酸、精氨酸、谷氨酰胺、丝氨酸等，有时也可添加牛乳的水解产物如水解乳蛋白或水解酪蛋白，这类蛋白质是含有 20 种氨基酸的混合物，适用于培养原生质体等，通常用量范围在 10～1 000 mg/L。

为了加快植物某些愈伤组织和器官的生长，有时可添加一些天然的有机附加物，如椰子汁、乳熟期玉米浆、麦芽浸出物、番茄汁和酵母提取液等。但由于天然的有机附加物成分复杂，实验结果的重复性较差，建议有选择性地使用。

2.2.1.3 碳源

碳源主要为细胞提供构建细胞骨架的化合物，为细胞呼吸和代谢提供底物与能源，还能调节细胞的渗透压。蔗糖是最常用的碳源，使用浓度一般为 2%～5%，糖浓度的高低直接影响组织形态建成。此外，果糖、葡萄糖、麦芽糖、山梨糖、甘露糖及可溶性淀粉等也常被用于植物组织培养。

2.2.1.4 激素

植物激素是植物代谢过程中产生的天然化合物，能以极少量直接影响植物细胞的分裂、分化和发育，以及影响植物生长发育等一系列的生理活动，如形态发生、开花、结实、成熟、衰老脱落、休眠和萌发。

植物组织培养中添加植物激素及生长调节物质，能有助于调控离体组织、器官的形态发生，包括诱导细胞分裂、愈伤组织生长、根芽分化以及体细胞胚胎发生等。植物组织培养常用的激素为生长素和细胞分裂素；另外，还有赤霉素、脱落酸、乙烯、油菜素内酯等也被用于调控植物组织细胞的生长。

(1)生长素　促进细胞脱分化和细胞伸长，诱导愈伤组织产生，促进根的分化。常用于植物组织培养的生长素有二氯苯氧乙酸(2,4-D)、萘乙酸(NAA)、吲哚乙酸(IAA)、吲哚丁酸(IBA)、萘氧乙酸(NOA)、对氯苯氧乙酸(P-CPA)和三氯苯氧乙酸(2,4,5-T)。其中2,4-D对诱导愈伤组织和细胞悬浮培养的效果最好，但它对芽的分化常有抑制作用，因此在诱导分化时常与细胞分裂素配合使用，使用时一般溶于95%乙醇或0.1 mol/L的NaOH，后者的溶解效果更好；IBA和NAA广泛用于生根，并能与细胞分裂素互相作用促进茎的增殖；2,4,5-T对愈伤组织的诱导和生长非常有效。

(2)细胞分裂素　促进细胞分裂和扩大，调节器官分化，促进蛋白质合成，延缓组织衰老。离体培养中，可诱导形成胚状体和不定芽，与生长素协同作用可有效控制培养物的生长与分化。细胞分裂素还能通过消除腋芽的顶端优势来促进茎的增殖。常用的细胞分裂素有激动素(KT)、玉米素(ZT)、6-苄基腺膘呤(6-BA,BAP)、异戊烯基氨基嘌呤(2-IP)、苯氨基嘌呤等，以激动素和6-BA使用得较为广泛。

(3)赤霉素类　促进细胞伸长生长，诱导花芽形成，打破种子休眠以及诱导单性结实等。与生长素协调作用对形成层分化有影响，刺激体细胞胚进一步发育成植株。常见的赤霉素类有20多种，目前主要是赤霉酸GA_3使用较广泛。

(4)脱落酸　抑制蛋白质的形成，抵消或抑制生长素和细胞分裂素的作用，但对一些培养物的芽的形成有促进作用。

(5)乙烯　促进植物果实成熟，促进植物的器官衰老以及发生脱落，还能提高细胞膜的通透性，加强植物的呼吸作用。乙烯含量的增加，会使果实中的有机物质加速转化，加快果实成熟。

(6)油菜素内酯　油菜素内酯是一种能促进植物茎秆伸长和细胞分裂的高活性物质。作为最近几十年来新确认的植物激素，油菜素内酯被称为是继生长素、细胞分裂素、赤霉素、脱落酸、乙烯后的第六大激素。

2.2.1.5　琼脂

琼脂在组织培养中用作固化剂，对植物起支持作用，但不提供营养。它是从海藻中提取的一种凝胶状大分子化合物，配制培养基时只需在热水(90 ℃以上)中溶解，冷却后(40 ℃以下)即凝固为凝胶。通常，琼脂的用量在4～10 g/L。

2.2.1.6　水

细胞在体外培养时对水的质量非常敏感，普通自来水含有大量离子及其他杂质，对细胞生长不利或不可重复，因此植物组织培养中所用的水必须非常纯，尤其是在单细胞培养、小孢子培养和原生质体培养时。

实验室用的纯化水一般有两种：蒸馏水和离子交换水。细胞培养主要用蒸馏水，离子交换水在细胞培养中使用不多。外购或自制蒸馏水大部分为金属蒸馏器所制备，往往会混有金属离子，所以仍需经过玻璃蒸馏器重新蒸馏，才能用于培养液的配制。蒸馏水的储存和储存容器的开启次数对保证水的质量有很大影响。因此蒸馏水不宜储存时间过久，且应尽量减少与外界的接触。单细胞培养、小孢子培养和原生质体培养应使用新鲜蒸馏的双蒸水。

2.2.2 常用培养基的种类及特点

根据物理状态的不同分为固体培养基和液体培养基；根据培养过程分为初代培养基和继代培养基；根据作用分为诱导培养基、增殖培养基和生根培养基；根据营养水平分为基本培养基和完全培养基。

长期以来，人们针对组织培养的培养目的和培养材料，设计了许多种培养基。在培养基的配方中营养成分（特别是维生素、激素和其他有机附加物）常随植物种类、外植体的来源而有所变动，应通过预实验来选择最适合的培养基配方。表 2-1 列出了几种常用的基本培养基。

表 2-1　几种常用的基本培养基　　mg/L

成分	培养基种类						
	MS	White	B_5	N_6	ER	NT	Nitsch
NH_4NO_3	1 650	—	—	—	1 200	825	720
KNO_3	1 900	80	2 527.5	2 830	1 900	950	950
$CaCl_2 \cdot 2H_2O$	440	—	150	166	440	220	—
$CaCl_2$	—	—	—	—	—	—	166
$MgSO_4 \cdot 7H_2O$	370	750	246.5	185	370	1 233	185
KH_2PO_4	170	—	—	400	340	680	68
$(NH_4)_2SO_4$	—	—	134	463	—	—	—
$Ca(NO_3)_2 \cdot 4H_2O$	—	300	—	—	—	—	—
Na_2SO_4	—	200	—	—	—	—	—
$NaH_2PO_4 \cdot H_2O$	—	19	150	—	—	—	—
KCl	—	65	—	—	—	—	—
KI	0.83	0.75	0.75	0.8	—	0.83	—
H_3BO_2	6.2	1.5	3	1.6	0.63	6.2	10
$MnSO_4 \cdot 4H_2O$	22.3	5	—	4.4	2.23	22.3	25
$MnSO_4 \cdot H_2O$	—	—	10	—	—	—	—
$ZnSO_4 \cdot 7H_2O$	8.6	3	2	1.5	—	—	10

续表 2-1　　mg/L

成分	培养基种类						
	MS	White	B_5	N_6	ER	NT	Nitsch
$ZnSO_4 \cdot 4H_2O$	—	—	—	—	—	8.6	—
$ZnNa_2$-EDTA	—	—	—	—	15	—	—
$NaMoO_4 \cdot 2H_2O$	0.25	—	0.25	—	0.025	0.25	0.25
MoO_3	—	0.001	—	—	—	—	—
$CuSO_4 \cdot 5H_2O$	0.025	0.01	0.025	—	0.002 5	0.025	0.025
$CoCl_2 \cdot 6H_2O$	0.025	—	0.025	—	0.002 5	—	—
$CoSO_4 \cdot 7H_2O$	—	—	—	—	—	0.03	—
$Fe_2(SO_4)_3$	—	2.5	—	—	—	—	—
$FeSO_4 \cdot 7H_2O$	27.8	—	—	27.8	27.8	27.8	27.8
Na_2-EDTA·$2H_2O$	37.3	—	—	37.3	37.3	37.3	37.3
NaFe-EDTA	—	—	28	—	—	—	—
盐酸硫胺素	0.1	0.01	10	1	0.5	1	0.5
盐酸吡哆醇	0.5	0.01	1	0.5	0.5	—	0.5
烟酸	0.5	0.05	1	0.5	0.5	—	5
甘氨酸	2	3	—	2	2	—	2
肌醇	100	—	100	—	—	100	100
叶酸	—	—	—	—	—	—	0.5
生物素	—	—	—	—	—	—	0.05
蔗糖	3%	2%	2%	5%	4%	1%	2%
D-甘露醇	—	—	—	—	—	12.7%	—

MS：Murashige and Skoog(1962)；White(1963)；B_5：Gamborg 等(1968)；N_6：朱至清等(1978)；ER：Eriksoon(1965)；NT：Nagata and Takebe(1971)；Nitsch(1969)。

注：本表不包括生长调节物质和各种复杂的天然提取物；蔗糖和 *D*-甘露醇的浓度以百分数表示。

常用培养基各有特点，使用时可根据研究对象的特点和要求确定适合的培养基种类。MS 培养基的使用最为广泛，能满足植物细胞的营养和生理需要，其所含无机盐浓度高，元素种类齐全且比例适当，氮、钾含量高，营养丰富，离子平衡稳定，缓冲能力较强，能使组织保持较好的稳定性。B_5 培养基具有较高含量的硝酸盐和盐酸硫胺素，但铵盐含量较低，适用于双子叶植物特别是木本植物的组织培养。White 培养基无机盐浓度和有机成分含量均较低，多用作生根培养和胚胎培养。N_6 培养基是花药培养中常用的培养基，其成分较为简单且 KNO_3 和$(NH_4)SO_4$ 含量高。

2.2.3　培养基制备

2.2.3.1　制备母液

为避免每次配制培养基需要称取数种化学药品，减少每次称量造成的误差，应将培养基中的各种成分按原量 10 倍、100 倍或 1 000 倍配制成浓缩液，这种浓缩液称为母液。因此，每次配制培养基时，取其总量的 1/10、1/100 或 1/1 000，稀释，即成培养液。现将培养液中各类物质制备母液的方法说明如下。

(1)大量元素　包括硝酸铵等用量较大的几种化合物,在制备时可按一定的顺序,以10倍的用量,分别称取并溶解各物质,溶解后的各物质混合一起,最后用蒸馏水补充至1 L,即为大量元素母液。

(2)微量元素　因用量少,为称量方便,确保配制精确,应配成100倍或1 000倍的母液。配制时,每种化合物的量加大100倍或1 000倍,依次溶解混合,制成微量元素母液。

(3)铁盐　必须单独配制。分别称取硫酸亚铁($FeSO_4 \cdot 7H_2O$)5.57 g和乙二胺四乙酸二钠(Na_2-EDTA)7.45 g,溶于1 L水中配成。每配1 L培养基,加铁盐5 mL。

(4)有机物质　主要指氨基酸和维生素。这些物质分别称量,并配成所需的质量浓度(0.1～1.0 mg/mL),用时按培养基配方所要求的量分别加入。

(5)植物激素　最常用植物激素是生长素和细胞分裂素。所需激素的质量浓度很低,其质量浓度范围为0.01～10 mg/L。母液可按剂量配制100倍或1 000倍,配制时应分别称重溶解,并单独存放。

配制植物生长素时,应按所需浓度称量好药品,置于小烧杯或容量瓶中,用1～2 mL 0.1 mol/L氢氧化钠溶解,再用蒸馏水稀释至所需浓度。制备细胞分裂素,用少量0.5或1 mol/L盐酸溶解,然后加入蒸馏水至所需浓度。以上各种混合液(母液)或单独制备的试剂均应置于冰箱保存,避免变质和发霉。而蔗糖、琼脂等物质,根据配方要求,随称随用。

2.2.3.2　具体操作步骤

(1)根据培养基配方要求,用量筒或移液管量出各母液所需用量,置于同一烧杯中,并用天平称量蔗糖、琼脂的所需量,放在一旁备用。

(2)将(1)中称好的琼脂加蒸馏水300～400 mL,加热并不断搅拌,直至煮沸溶解呈透明状,即可停止加热。

(3)将(1)中称取好的各类物质(包括蔗糖),加入煮好的琼脂中,再加水至1 000 mL,搅拌均匀,制备成培养基。

(4)用1 mol/L的氢氧化钠或盐酸调节培养基的酸碱度,在(3)配制好的培养基中分别缓慢滴加几滴氢氧化钠或盐酸溶液,每次滴后搅拌均匀,并用pH试纸测试培养基的pH,将培养基的pH调节至5.8。

(5)将上述配好的培养基,用漏斗分装至三角瓶(或试管)中,瓶口用棉塞塞紧,并在瓶壁标好记号。一般瓶中培养基的量约为容量的1/5或1/4。

培养基的成分较为复杂,为避免配制时遗漏某些部分,在配制前可准备一份培养基配制成分单,将培养基所需全部成分和用量填写清楚。配制时,要按所列内容的先后顺序,按项按量称取,避免成分缺失和称量不精确。

2.2.3.3　培养基的灭菌与保存

培养基配制后应立即灭菌。培养基通常应用高压蒸汽灭菌器,在120 ℃条件下,灭菌20 min。如果没有高压蒸汽灭菌器,也可采用间歇灭菌法进行灭菌,即将培养基先煮沸10 min,24 h后再煮沸20 min,如此连续灭菌3次,即可达到完全灭菌的目的。

经过灭菌后的培养基应置于10 ℃下保存,特别是含有生长调节物质的培养基,应在4～

5 ℃低温下保存。含吲哚乙酸或赤霉素的培养基应在配制后的 1 周内用完，其他培养基的使用期限最长不应超过 1 个月。大多数情况下，应在灭菌后 2 周内用完。图 2-2 为培养基制备的一般流程。

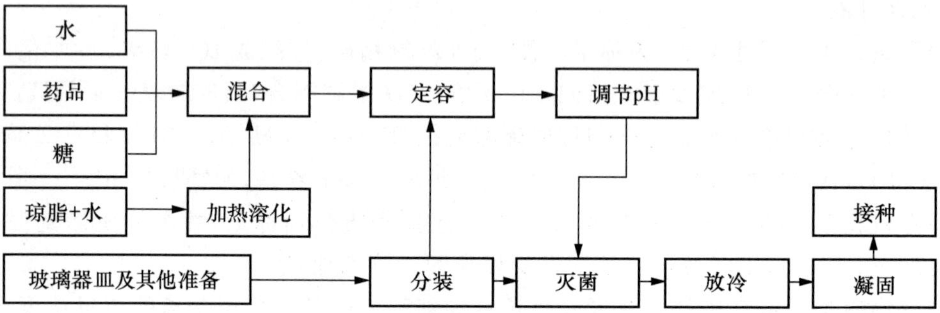

图 2-2　培养基制备的一般流程

2.3　植物离体操作技术

2.3.1　培养用品的清洗

离体细胞对有害物质敏感度非常高，因此对培养器皿的清洗要求更为严格。要求每次进行植物组织培养实验后，器皿都必须及时清洗，并且不同种类的培养器皿清洗方法和程序也不相同，必须分类处理。

2.3.1.1　玻璃器皿

玻璃表面不但要清洗干净，而且要带适当的电荷。具体要求为器皿干净透明、表面及内部无油迹，且不能有任何毒性物质残留。为了保证清洗的质量，玻璃器皿清洗通常要经过稀盐酸溶液浸泡、刷洗、清洁液浸泡或超声波清洗、冲洗 4 个步骤。

(1)浸泡　新生产的玻璃器皿表面常呈碱性，并带有有毒物质和灰尘，使用前应彻底清洗。首先用自来水初步刷洗，然后在 5%的 HCl 溶液中浸泡过夜，以中和玻璃器皿表面的碱性物质。每次实验后的玻璃器皿应立即放入清水中浸泡，以防器皿内有机物质黏附在玻璃上不易清洗。浸泡时应将器皿完全浸入水中，避免气泡空隙遗留杂质。

(2)刷洗　玻璃器皿经浸泡后必须刷洗，以去除器皿内外表面的杂质，通常用毛刷配合洗涤剂或洗衣粉进行。刷洗时要注意为了防止损坏器皿内表面光洁度影响细胞生长，建议用软毛毛刷，并避免用力过猛。刷洗不能留死角，瓶角等部位要刷洗到位。刷洗后冲净晾干。

(3)清洁液浸泡或超声波清洗　对于难以清洗的器皿、移液管等实验用品，可用清洁液浸泡后再用清水冲洗的方法清洗，也可用超声波仪进行清洗。常用的清洁液由浓硫酸、重铬酸钾及蒸馏水配制而成，具有很强的氧化作用，去污能力很强，且对玻璃器皿无腐蚀作用。

常用清洁液的配制和使用方法见表 2-2。

表 2-2 常用清洁液的配制和使用方法

清洁液	配制方法	使用方法
铬酸洗液	重铬酸钾 20 g,溶于 40 mL 水中,加入 360 mL 浓硫酸	用于浸泡玻璃器皿,去除器壁残留油污。洗液可重复使用
浓盐酸洗液		用于洗去玻璃器皿中的水垢、碱性物质及某些无机盐沉淀
碱性洗液	10%氢氧化钠水溶液	水溶液加热(可煮沸)使用,去除器皿中残留油污
碱性高锰酸钾洗液	4 g 高锰酸钾溶于水中,加 10 g 氢氧化钠,稀释至 100 mL	清洗油污或其他有机物质,洗后容器沾污处有褐色二氧化锰析出,再用浓盐酸或乙二酸洗液、硫酸亚铁、亚硫酸钠等还原剂去除
乙二酸洗液	5～10 g 乙二酸用 100 mL 水溶解,加 5～7 滴浓盐酸酸化	可洗去高锰酸钾的痕迹;必要时可加热使用
30% 硝酸溶液		洗涤 CO_2 测定仪及微量滴定管,洗滴定管时,可先在滴定管中加 3 mL 乙醇,然后沿管壁缓缓加入 4 mL 浓硝酸,盖住管口洗涤
碘-碘化钾溶液	1 g 碘和 2 g 碘化钾溶于水中,稀释至 100 mL	洗涤硝酸银滴定液残留的黑褐色沾污物,也可用于擦洗沾染硝酸银的白瓷水槽
5%～10% Na_2-EDTA 溶液		加热煮沸可洗涤玻璃器皿内壁沉淀物
尿素洗液		用于洗涤盛蛋白质制剂及血样的容器
有机溶剂	苯、丙酮、乙醇等	用于洗涤油脂、脂溶性染料等污痕。二甲苯可洗去油漆等污垢

清洁液具有强腐蚀性,在配制及使用时必须按要求穿戴围裙和手套,防止皮肤及衣物被强腐蚀性的清洁液损伤或烧坏。在配制清洁液时,应先将重铬酸钾完全溶于水中(加热可帮助其完全溶解),然后缓慢加入浓硫酸,以免热量产生太多,导致容器破裂而发生危险。浸泡器皿时,轻轻将器皿浸入,使之不留气泡,一般至少浸泡 6 h 及以上。

(4)冲洗　经清洁液浸泡后必须用流水冲洗。冲洗需要用流水将玻璃器皿灌满后倒掉,且这个过程必须重复 10 次以上,直至清洁液彻底被冲洗干净为止,然后用蒸馏水漂洗 2～3 次,放入烘箱内烘干备用。

2.3.1.2 玻璃滤器

玻璃滤器主要用于各种培养液的过滤除菌。因容易堵塞滤板小孔,不宜单独过滤黏稠液体。玻璃滤器每次使用后清洗过程约需 1 周,具体方法如下:①用洗衣粉擦洗(用手,不得用毛刷),自来水漂洗,水滴滤过夜;②自来水抽滤 3～5 次至无白沫,水滴滤过夜;③洗涤液抽滤 1 次,洗涤液滴滤过夜;④自来水漂洗抽滤 5 次,水滴滤过夜;⑤蒸馏水抽滤 3 次,蒸馏水滴滤过夜;⑥烤干备用。

2.3.1.3 胶塞、盖子等杂物

在植物组织培养实验中,要注意使用过的胶塞、培养瓶盖子、针头不可以用清洁液浸

泡。由于新的胶塞带有滑石粉,应先用自来水冲洗干净,再进行常规清洗;用后的胶塞、盖子应及时浸泡在清水中,用洗涤剂刷洗。针头需用自来水冲洗,然后放入 2% NaOH 溶液中煮沸 10～20 min,冲洗干净。再用 1%稀盐酸浸泡 30 min,冲洗,用蒸馏水漂洗 2～3 次,晾干备用。

2.3.1.4 塑料器皿

通常购买的用于组织培养的培养皿、培养板、培养瓶等塑料器皿,出厂前已灭菌消毒并密封包装,打开包装即可使用。为节省实验开支,很多实验室尚未做到一次性使用,多次使用需经过清洗和消毒灭菌。一般清洗方法是:用后立即用流水冲净或浸入清水中,防止干涸难以洗净。使用超声波清洗机清洗时应加入少量洗涤剂,然后用流水冲洗干净,浸泡在清洁液至少 12 h,浸泡后用流水冲洗干净,蒸馏水漂洗 2～3 次,晾干备用。

2.3.2 包装

实验器皿及用具在消毒前应进行包装,以防落入灰尘和再次污染。常用包装材料为牛皮纸、硫酸纸、棉布、包装纸等。对培养瓶、滤器、培养液瓶、消毒瓶等的瓶口做局部包装密封,再用牛皮纸或棉布包起来备用。对于较小的培养皿、加样器吸头等可以采用全包装封闭的方式。注射器、金属器械则可直接装入铝盒内。对重复使用的培养板则用优质塑料纸严密封口。

2.3.3 灭菌和消毒

植物组织培养过程的污染主要包括 4 个环节:①培养基,②器皿和用具,③外植体,④接种室和培养室。可分别用以下灭菌措施防止或减少污染。

2.3.3.1 培养基灭菌

用防菌棉塞塞严装有培养基的瓶口,置于高压蒸汽灭菌器中灭菌。灭菌温度通常为 121 ℃,灭菌时间随着要进行灭菌的液体的体积而略有变化,一般 20～25 min 即可。到达灭菌时间之后,灭菌器内温度和压力开始下降,此时如果压力下降速度超过了温度下降的速度,灭菌器内液体可能会滚沸,应注意安全防止烫伤。严禁在灭菌器的压力表指针未降到零点时打开灭菌器。

有些遇热分解的物质(如 IAA、ABA、GA_3、玉米素、尿素以及某些维生素等),不能在高压蒸汽灭菌器中灭菌,应采用过滤灭菌。先将培养基的其他成分置于高压蒸汽灭菌器中灭菌,超净工作台无菌条件下冷却后再加入过滤灭菌后的这些物质。

过滤灭菌一般使用孔径为 0.45 μm 或更小的细菌滤膜。首先,将滤膜安放在支座上,用铝箔包裹起来,或玻璃瓶内进行高压灭菌。过滤器的灭菌温度非常重要,不应超过 121 ℃。然后,把装有待灭菌溶液的注射器(不必灭菌)安装到已灭过菌的过滤器组件的一端,缓慢地推动溶液使之穿越细菌滤膜,过滤后的溶液由过滤器组件的另一端滴下来,直接加入培养基中。

2.3.3.2 器皿和用具灭菌

玻璃器皿通常与培养基一起在高压蒸汽灭菌器中进行灭菌,也可置于烘箱中在 160～

180 ℃下干热处理 3 h。干热灭菌需待烘箱冷却下来后再取出玻璃容器。如果尚未足够冷却就急于取出，外部的冷空气就会被吸入烘箱，有可能导致里面的玻璃器皿受到微生物污染，甚至有发生炸裂的危险。

以聚丙烯、聚甲基戊烯、同质异晶聚合物等为材料的塑料器皿可在 121 ℃下进行高压蒸汽灭菌重复使用。聚碳酸盐（polycarbonate）经反复高压蒸汽灭菌后机械强度会有所下降，因此每次灭菌的时间不应超过 20 min。

植物组织培养操作中的各种器具，如解剖刀、解剖针、镊子和扁头小铲等应采用灼烧灭菌。先在 95％的乙醇溶液中浸泡一下，然后移至酒精灯上灼烧灭菌，待冷却后使用。同时在实验操作过程中也应适时灼烧灭菌几次。

2.3.3.3 外植体消毒

外植体表面携带有许多污染微生物，若直接将其置于培养基中培养，污染微生物迅速繁殖，导致实验失败。因此，为了消灭这种污染源，外植体接种到培养基之前必须进行彻底的表面消毒，内部已受到真菌或细菌侵染的外植体应坚决淘汰。

外植体组织的消毒原则是杀死材料表面附着的污染微生物而尽可能不伤害外植体组织活细胞，因此一般采用消毒剂浸泡消毒。消毒时采用的消毒剂、浓度和浸泡时间等均应根据外植体的组织类型及对消毒剂的敏感程度而定。常用的外植体消毒剂有近 10 种，其中次氯酸钙和次氯酸钠溶液使用较普遍，见表 2-3。

表 2-3　几种常用消毒剂的消毒效果

消毒剂	浓度	去除的难易程度	浸泡时间/min	消毒效果
次氯酸钙	9％～10％	易	5～30	很好
次氯酸钠	2％	易	5～30	很好
过氧化氢	10％～12％	最易	5～15	好
溴水	1％～2％	易	2～10	很好
硝酸银	1％	较难	5～30	好
氯化汞	0.1％～1％	较难	2～10	最好
抗生素	4～50 mg/L	中	30～60	较好

次氯酸钠能分解成具有杀菌效能的氯气；低浓度的氯化汞溶液消毒效果最好，但消毒后汞离子附着在材料上不易去掉，所以消毒后必须经无菌水多次冲洗。在材料浸入消毒液前，可先在 70％乙醇中浸泡 1 min 左右，使材料表面湿润以便于消毒剂的渗入，增加杀菌能力。

较大、较坚硬的外植体可直接用消毒剂进行处理。培养未成熟胚珠、胚或胚乳，可对子房或胚珠进行表面消毒，然后在无菌条件下把外植体解剖出来，以避免柔软的外植体组织受到消毒剂的毒害。同理，培养柔嫩的茎尖或花粉，需分别把茎芽或花药进行表面消毒，然后在无菌条件下取出外植体。在进行茎尖培养时，只要在解剖时十分小心，即使不对茎芽进行表面消毒处理，也能得到很高比例的不受污染的茎尖。表面消毒处理之后，必须在无菌水中把材料漂洗 3～4 次，以除去残留的消毒剂，若用乙醇消毒，可不必漂洗。

对表面污染较重的外植体，应先用流水冲洗 1 h 以上，或先通过种子培养得到无菌种苗，然后再用其无菌组织或器官作为外植体进行组织培养。

2.3.3.4 接种室和培养室灭菌

植物组织培养是外植体在人工处理条件下打破正常发育进程和格局的过程，对环境条件要求极其严苛，每一个非预期的因素都可能对实验结果产生不可逆转的影响，因此其各个环节的操作都必须在无菌的条件下进行。无论是接种还是继代，当培养容器敞着口的时候，必须防止任何污染物进入容器。

接种室和培养室是外植体处理和培养的场所，保持其良好的环境条件关乎组织培养实验的成败。为降低污染机会，必须在实验前制定清晰明确的实验计划和操作程序。根据实验需要，准备各种所需器材和物品，清点无误后将其放置操作场所（培养室、超净工作台）内进行消毒，避免因物品不全往返拿取。接种室和培养室每天都要用 0.2％的新洁尔灭或 2％～5％甲酚皂溶液拖洗地面一次（拖把要专用），紫外线照射消毒 30～50 min。

2.3.4 无菌操作技术

无菌操作是指在无菌室或超净工作台中进行以防止微生物污染实验材料的操作技术。无菌操作是决定植物组织培养实验成功与否的首要条件。无菌操作要求：操作前将操作空间中的细菌和病毒等微生物杀灭；操作过程中确保操作空间与外界隔离，避免微生物的侵入。

工作人员要经常洗头、洗澡、剪指甲，保持个人清洁卫生。在接种室穿医护用的特制工作衣帽。工作衣、帽、口罩也要经常清洗，洗净晾干后用纸包好进行高温高压消毒。工作衣使用前后应挂于预备间，并用紫外线照射灭菌。接种前洗手，最好用肥皂水或新洁尔灭、洗手液等清洗，然后用乙醇擦洗或喷洒。

接种时，要穿好工作衣，戴好工作帽和口罩，不准说话和对着植物材料或培养容器口呼吸。打开包塞纸和瓶塞、瓶盖时注意不要污染瓶口。在近酒精灯火焰处倾斜培养瓶，并打开培养瓶瓶口，以免微生物落入瓶内。瓶口可以在拔塞、开盖前灼烧灭菌，接种工作宜在近火焰处进行。手不可以接触接种器械的前半部分（即直接切割、触碰植物材料的部分），接种操作时（包括拧开或拧上培养瓶盖时），培养瓶、试管或三角瓶宜水平放置或倾斜一定角度（45°以下），避免直立放置而增大污染机会。手和手臂应避免在培养基、植物材料、接种器械上方经过。已消毒的植物材料接种时不慎掉在超净工作台上，不宜再用。接种期间如遇停电等事件使超净工作台停止运转，重新启动时应对接种器械及暴露的植物材料重新消毒。

2.3.5 植物组织无菌培养的一般步骤

（1）将植物组织块置于一个有螺丝盖的玻璃瓶中，注入几滴含有适宜浓度活化剂的消毒液，并确保材料完全浸没在消毒液中，盖上瓶盖，并将玻璃瓶放置在超净工作台。消毒期间需把玻璃瓶摇动 2～3 次，确保消毒液充分接触植物组织。

（2）消毒处理后，打开玻璃瓶盖，倒出消毒液，在玻璃瓶中注入适量的经灭菌后的蒸馏水，盖上瓶盖摇动数次后将蒸馏水倒掉，此步骤重复 3～4 次。

（3）将材料取出，置于已灭菌的培养皿中。

（4）对植物材料及所需使用的实验器械分别进行消毒处理。器械消毒方法为将它们在 95％乙醇溶液中浸泡后，置于酒精灯火焰上灼烧，待冷却后即可使用。注意实验所需所有操作器械均需使用一次，消毒一次。

(5)用经过消毒处理的器械对已经过表面消毒的材料切取或剥取适当的外植体。

(6)将培养容器的盖或塞子打开，将外植体接种到培养基上，若使用的是玻璃培养容器，需要将瓶口置于酒精灯火焰上烘烤数秒钟，然后迅速用瓶盖或瓶塞封严。

2.4 植物愈伤组织的诱导、增殖和形态建成

植物体内的每个细胞都具有该物种的全部遗传信息，这是植物离体细胞在特定培养方法下发育成完整植株的基础，因此植物细胞具有全能性。细胞全能性学说是植物组织及细胞培养的理论基础。在自然情况下，分化了的雌、雄配子经过受精作用形成合子，完成自然的脱分化过程，恢复为具有全能性的分生细胞。经历脱分化过程后，合子通过一连串的有丝分裂反应发展成细胞团，细胞团具有再分化能力，细胞团的再分化能发育成各种组织或器官，最终发育成完整的植株。由于在个体发育过程中，各个细胞受发育阶段及所在组织、器官的环境约束，只能表现一定的形态、行使一定的功能，但其遗传全能性的潜力没有丧失，所以一旦脱离原来的组织或器官成为离体状态，在一定的培养条件下，就可以经脱分化而恢复其遗传全能性，由单细胞或小细胞团发育成愈伤组织或胚状体，进一步分化形成再生植株。

植物细胞的全能性只是植物细胞的一种潜在能力，要把这种潜在能力变为现实必须经历脱分化和再分化两个过程。在绝大多数情况下，植物细胞全能性的表达都要经过一个从分化状态到脱分化的愈伤组织(或悬浮细胞)的中间阶段，然后进行再分化和植株再生。

2.4.1 愈伤组织的诱导和继代培养

2.4.1.1 愈伤组织的诱导

愈伤组织最初是指植物受到机械损伤时，在愈合伤口处长出的一团瘤状突起，该瘤状突起内的细胞相对于植物体内成熟体细胞已发生了脱分化的变化。这种创伤愈伤组织的概念后来被引入植物组织培养领域。愈伤组织现多指将植物体的某个部分切下，用作外植体，接种到适宜的培养基上培养，外植体组织增生而产生的一团脱分化的细胞组织。

愈伤组织的诱导，是有特定形态结构和生理功能的已分化的外植体细胞重新恢复到分生状态的一种“返老还童”现象。愈伤组织来源于植物外植体受外界环境和培养基条件共同影响下，经一系列复杂反应发育而成，一般被分为3个时期：诱导期、分裂期和形成期(图2-3)。

(1)诱导期　又称启动期，是愈伤组织形成的起点。指外植体组织受外界条件刺激后，开始改变原来的分裂方向和代谢方式，合成代谢活动加强，呼吸加剧，酶活力增强，大量合成蛋白质和核酸物质，为细胞分裂做准备。

通常情况下，接种的外植体细胞是处于静止的成熟细胞，一般不进行分裂。但静止细胞并未丧失其在分生组织状态时的那种分裂潜能，只是在分化过程中产生了一类抑制物，抑制了其分裂的能力。这类抑制物通过阻碍DNA的复制，使具有分化能力的体细胞失去分裂能力，因此如果加入能够与之抵消的物质就可以使细胞恢复复制能力，继而进入细胞分裂周期中的S期，并发生同步分裂。诱导植物细胞分裂，受很多环境因素的影响：机械损伤是引起

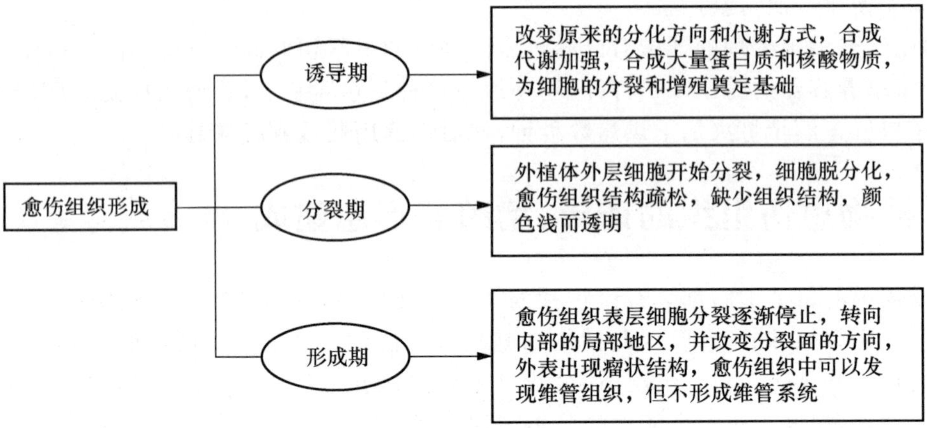

图 2-3　愈伤组织的形成特点

诱导组织细胞分裂的一种因素；外源激素是一种能诱导细胞开始分裂的诱导剂，通常可以通过调整外源激素的种类和浓度来诱导细胞开始分裂。

植物的种类、外植体的生理状态及其他因素都是影响诱导期长短的关键原因，不同基因型但属同种物种的外植体也会具有不同的诱导期。新鲜收获菊芋的愈伤组织诱导期仅为 1 d，但胡萝卜的诱导期则长达数天；而经贮藏 5 个月后的菊芋其诱导期则会延长至 2 d。

(2)分裂期　外植体的外层细胞开始细胞分裂，由于细胞的迅速分裂使细胞体积变小，逐渐恢复到分生组织状态，表明它们由原来已分化的细胞恢复变化为分生状态的脱分化细胞，这一时期的特点是细胞分裂快、细胞体积小，细胞核和核仁大，细胞质稠密，液泡小而少，RNA 含量高。培养组织在形成愈伤组织的过程中需要不断进行细胞分裂和生长，直到形成肉眼可见的颗粒状组织。

不同的植物种类、器官以及生理状态对外植体脱分化的难易程度影响非常大。就植物种类而言，伞形科的胡萝卜和茄科的烟草脱分化比较容易，而禾谷类则比较难脱分化成为愈伤组织；就器官类型而言，生殖器官(如花器官)较易脱分化而营养器官(如根、茎和叶)则较难(脱分化)；就生理状态而言，幼嫩程度越高的组织较易脱分化，而成熟度越高的组织则较难进行脱分化。

愈伤组织具有分化能力，如果进入分裂期后的愈伤组织仍培养在原来的培养基上，那么愈伤组织可能会分化成新的结构；如果进行继代培养(将愈伤组织转移到新鲜的培养基上)，愈伤组织则会保持未分化状态并继续进行细胞分裂增殖。

(3)形成期　随着愈伤组织的进一步发育，外层细胞的分裂逐渐减慢，细胞分裂从愈伤组织的周缘细胞转向愈伤组织内部的细胞。形成期的愈伤组织外表呈现出瘤状结构，同时内部发生分化，产生呈分散的节状和短束状结构的维管组织，但不形成维管系统，在愈伤组织中出现的瘤状结构的拟分生组织就成为暂时不再进一步分化的生长中心。

尽管愈伤组织从形态上可划分为 3 个时期，但这些时期并非一个个独立的单元，它们之间的界限并非十分严格和清晰，如分裂期和形成期之间就比较模糊，往往可以在同一组织上观察到这两个时期。所以，根据组织和细胞的形态、结构、大小以及一系列生理生化代谢水平划分3个时期，只是便于更好地了解愈伤组织生长时的相对状况。

2.4.1.2 愈伤组织的形态特征

来源不同的外植体，其愈伤组织的发生部位不同，有的发生自形成层、皮层、髓，有的则可能发生在次生韧皮部、木质部薄壁组织或表皮等。不同植物外植体的愈伤组织，颜色和质地有很大差异。有的疏松脆弱或呈胶质状，有的很紧密坚实，有的呈奶黄色，有的呈白色或淡绿色等。野生稻组织培养实验中，发现从短花药野生稻的幼穗和茎节均能诱导出质地致密的呈奶黄色的愈伤组织，宽叶野生稻的幼穗愈伤组织呈疏松的白色。禾本科植物组织培养中，经常可以见到形成紧密的、不透明的、白色到淡黄色的愈伤组织，这种愈伤组织表面光滑光亮、呈球状，不久由球状变为杯状结构。胚性愈伤组织(embryonic callus)指在培养过程中形成体细胞胚、分生组织区、管胞或色素细胞的愈伤组织。常常需要把培养基中的胚性愈伤组织分离出来进行单独继代培养。

同一外植体在不同的诱导条件下，其产生的愈伤组织的形态和物理性质也不尽相同。离体培养的中华猕猴桃茎段中所产生的愈伤组织通常为致密的瘤状，并呈淡绿色或绿色，生长缓慢；而在2,4-D的作用下，愈伤组织则变为黄白色，脆弱易于分散。柑橘子叶培养中，在MS附加1 mg/L NAA和0.2 mg/L 6-BA的培养基上形成的愈伤组织紧密坚实呈瘤状，而在MS附加0.2 mg/L 2,4-D和0.2 mg/L 6-BA的培养基上形成的愈伤组织则疏松易脆。一般而言，愈伤组织会因高浓度的生长物质变得松脆；相反，如果想让愈伤组织达到坚实的效果，则需要减少培养基中生长物质的含量。

具有相似的细胞团块的愈伤组织也常常包含着形态和机能各不相同的细胞群。在固体培养时，通常处于最表层部位的细胞与处于最下层而靠近培养基的细胞，其生长环境有着明显差异，而且其代谢活动和生长形式也不同。在不与琼脂培养基接触的表面，细胞的蛋白质合成能力较强，富含细胞质，膜系统发达，其外缘区迅速增殖形成近表面瘤状物的生长。而与培养基接触的一面细胞极少发生增生，细胞中蛋白质的合成能力较弱，液泡巨大，生长缓慢，仅仅是细胞分化形成紧密的组织块。

2.4.1.3 愈伤组织的继代培养

若愈伤组织在原有的培养基上继续培养，继续消耗原有培养基的营养物质并不断分泌自身的代谢产物，则会令培养基的养分消耗殆尽，有害物质积累到毒害水平后会影响愈伤组织的生长，使其老化甚至死亡。因此，继代培养(subculture)一般在愈伤组织保持在原有培养基2～3周后进行，即将愈伤组织转移到新鲜的培养基上。继代培养要求把原来的愈伤组织分割成一定大小的小块，一般直径为5 mm，质量约为100 mg，并将这些小块转移到新的培养基上，否则在新鲜的培养基上难以迅速恢复分裂和生长，或者生长十分缓慢。应当注意的是，在分割愈伤组织时不能破坏其生长核心，一旦破坏，愈伤组织就难以恢复分裂和生长。因此，在分割愈伤组织时要顺其自然进行分割，视情况进行分割。另外，愈伤组织继代培养应选择新鲜健康组织。

将愈伤组织转移到培养基后，3～7 d即可恢复生长，2～3周内愈伤组织细胞分裂处于最活跃时期，且生长达到高峰。随之，愈伤组织生长速度变缓，此时愈伤组织体积达到最大。因此，继代培养一般选择在愈伤组织中的细胞处于分裂旺盛状态时，才有利于继代的愈伤组织快速恢复生长。否则,愈伤组织在停止生长一段时间后,再转移到新的培养基上,其细胞分裂的恢复较难实现。有研究表明,大豆细胞系的愈伤组织在 24 ℃和弱光条件下可以保存 15 年,这种条件下更有利于愈伤组织的保存。

长期的继代培养会使愈伤组织在遗传上表现出不稳定性和变异性,如染色体会产生倍性变化或结构变化,甚至影响分子水平。由于遗传信息的变化,这类愈伤组织诱导产生的植株会与原始亲本表现出不一致,所以可以利用这种特性对作物进行品质改良及次生代谢产物的生产。

不同的基因型、外植体、培养基成分以及培养时间十分影响愈伤组织遗传上的稳定性。基因型相同的外植体在不同培养基上会产生不同的变异。组织培养中的遗传变异,主要是细胞核组分的改变,这种变异不可逆,包括染色体畸变、细胞核破碎以及由细胞内基因复制引起的多倍性和分子水平上的变异等。培养基成分中外源激素的成分与变异的产生密切相关。此外,培养时间对变异的产生影响也很大。

2.4.2 愈伤组织的形态建成

愈伤组织由无定性状态分化形成根和芽等器官,最终发育成完整植株的过程叫作形态建成。愈伤组织以无规则方式发生细胞分裂,并进行细胞分化,从而形成不同类型的细胞,如分生组织细胞、薄壁细胞、导管和管胞等。愈伤组织的再分化只有在特定的培养条件下才能发生,从而形成新的器官或完整植株。愈伤组织的再分化有两种发育途径:器官发生和体细胞胚胎发生。大多数植物可以同时通过以上两种途径实现植株的再生,但通常以其中一种为主要途径,另一种途径作为辅助途径较难实现。也有一些植物只能实现以其中一种途径进行植株的再生培养。培养条件是影响培养细胞选择哪一途径的重要因素。

2.4.2.1 器官发生

器官发生是指离体培养的组织、细胞在诱导条件下经分裂和增殖再分化形成根和芽的过程。外植体可以通过脱分化形成愈伤组织,再分化成为器官,这类器官发生的过程称为间接器官发生;同时由茎尖、腋芽等外植体直接分化成器官的过程被称为直接器官发生。器官原基的形成对以上两种器官发生途径都尤为重要。通常一个细胞或一团分化的细胞作为器官原基的发生起点,经分裂后形成拟分生组织,拟分生组织的进一步分化形成不同的器官原基。芽大多起源于愈伤组织表面或近表面的分生细胞团,因此称它为外源发生的;根则大多发生在较深层的愈伤组织中,所以称它为内源发生的。器官发生是单极性的,器官(根或芽)里面长出原形成层束,与原先存在于愈伤组织或外植体中的维管组织连接在一起,成为器官发育的营养运输通道,愈伤组织的器官发生顺序有 4 种类型:①先形成芽,芽伸长后在其基部长出根,最后形成小植株,多数植物是这种类型;②先形成根,从根的基部分化出芽,最后形成小植株,这种类型在双子叶植物中较普遍;③在不同部位分别形成芽和根,且维管束要相连,最后形成的再生植株,才能成活;④仅有根或芽器的分别再生,形成无芽的根或无根的苗。根据组织培养中对根、芽器官形成的大量观察,常常是先形成芽者,其基部多易生根,反之,如果先形成根,则往往抑制芽的形成。不管愈伤组织的来源如何,生根常比其他形式的再生容易发生。

2.4.2.2 体细胞胚胎发生

体细胞胚胎发生是指双倍体或单倍体的体细胞在未经性细胞融合(受精)的情况下,模拟有性合子胚胎发生的各个阶段而发育出新个体的形态发生过程。由愈伤组织的类薄壁细胞不经过有性过程而直接产生类似胚的结构,称为胚状体。在组织培养中,胚状体的发育过程与受精卵发育成胚的过程一样,需经历原胚期、球形胚期、心形胚期、鱼雷形胚期和子叶形胚期等时期。胚状体的最根本特征是具有双极性,即在发育早期阶段,茎端和根端分别从两端分化出,胚根的顶端是封闭的,与母体愈伤组织或外植体无维管束相连,其维管组织的分布是独立的"Y"字形。胚状体的诱导和形成可以分为两种方式:直接发生和间接发生。直接发生是指外植体原先就存在的胚性细胞在进行人工培养之后直接进入体细胞胚胎发生而形成胚状体,这种在培养前就存在的胚性细胞被称为前决定的胚性细胞,如某些植物外植体(下胚轴、子叶或幼花序等)的表皮细胞中的胚性细胞可以直接产生胚状体。间接发生是通过对外植体中已分化细胞的发育方向的重决定过程诱导出胚性细胞,然后由这些诱导的胚性细胞发育成胚状体。间接发生与直接发生的最大不同之处在于,前者必须经历愈伤组织培养的过程,同时也是一种普遍的方式。在直接发生方式中,外植体的胚性细胞在合适的培养条件下一旦进入细胞分裂就可直接开始胚胎发生的过程,外源激素(或其他因子)的调节仅起启动这些细胞胚性发育趋势的作用。在间接发生中,外源激素首先要使外植体中已分化的细胞经历脱分化步骤,诱导愈伤组织,然后重新决定其分化发育的方向,使其转变为诱导的胚性细胞,再进入胚胎发生期形成胚状体。胚状体的发生及其再生的过程是对植物细胞全能性最有力的证明,也是获得再生植株最理想的途径。

2.4.2.3 愈伤组织诱导及形态建成的调控

愈伤组织诱导、增殖及形态建成是一个连续的过程,主要受外植体、培养基和培养条件等因素的调控(图 2-4)。

(1)外植体基因型　不同物种外植体有着不同的基因型,其诱导的愈伤组织器官分化发生也会不同。外植体基因型对控制愈伤组织形态建成的影响较大,如烟草、胡萝卜、苜蓿等较易发生器官分化,而禾谷类、豆类、棉花等作物的愈伤组织形态建成相对较难。同一物种不同品种的愈伤组织器官因基因型的不同,其分化的能力也会有差异,如不同基因型春小麦成熟胚经离体培养后,愈伤组织的出愈率和增殖速度明显不同,所有基因型的成熟胚几乎在接种后 2 d 开始萌动,4 d 开始形成愈伤组织,不同基因型间出愈时间没有差异,但出愈率明显不同。

(2)外植体来源及其生理状态　从理论上说,植物体细胞均具全能性,同种植物不同器官或组织所形成的愈伤组织,在形态及生理上差别不大。但是,在一些植物中,不同的离体培养的器官或组织会有不同的器官分化类型,其分化过程具有一定的倾向性。在莎草科植物的组织培养中,由根的愈伤组织分化成根的比例明显高于形成其他器官;由芽的愈伤组织分化形成的芽较多。甜菜花芽和花茎切段愈伤组织能分化形成芽,而根切段的愈伤组织不能形成芽器官。大多数植物的花器官较营养器官的愈伤组织容易分化成苗和根。

通常来说,薄壁细胞和处于分裂时期的分生组织细胞的分化水平较低,因此具有较大的可塑性,比较容易能诱导出愈伤组织。这类细胞分裂的潜力可保持很多年,如 25 年树龄的

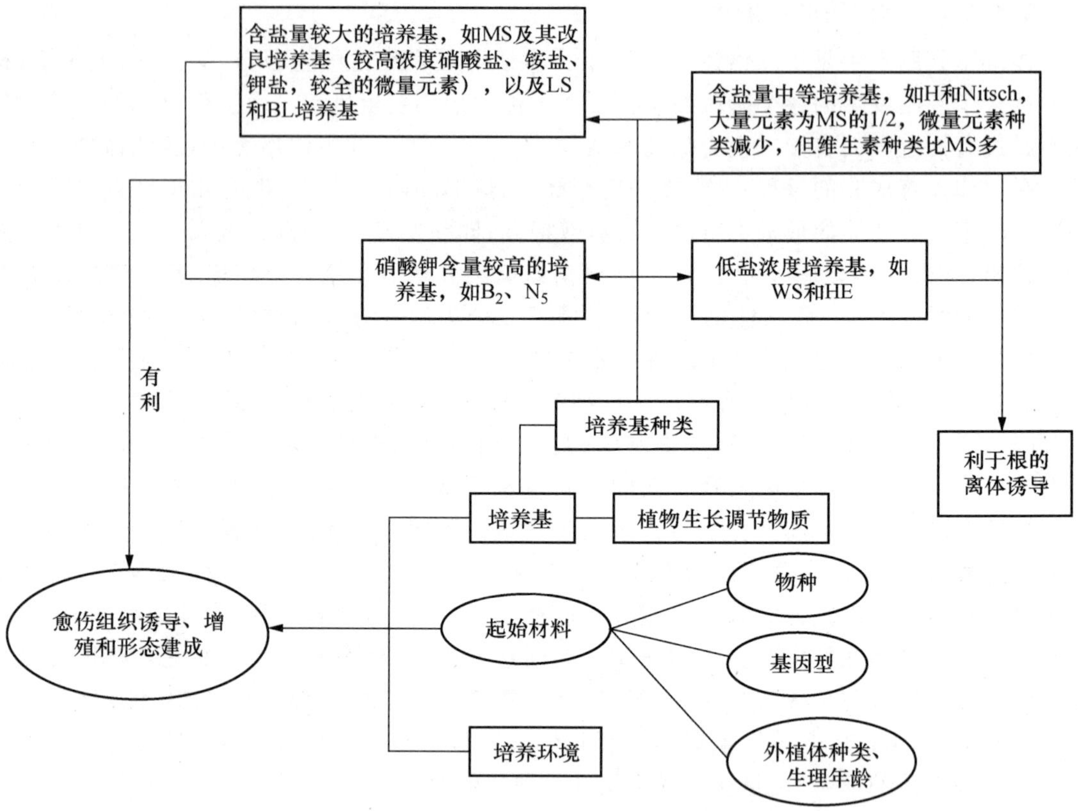

图 2-4　影响愈伤组织诱导、增殖和形态建成的因素

椴树茎的薄壁细胞仍可诱导形成愈伤组织。

愈伤组织器官发生的能力与外植体的生理年龄息息相关，如油菜植株的茎段培养，下部茎段器官因生理年龄老，形成的愈伤组织的苗分化率低，而上部茎段形成的愈伤组织的苗分化率则较高。

(3)愈伤组织继代培养时间　一般而言，愈伤组织年龄越大，其再生植株的频率越低。也就是说，愈伤组织或悬浮培养物继代培养时间越长，其胚性逐步丧失，从而导致植株再生能力的下降。因此，为了提高植株的分化率，必须及时转移愈伤组织或悬浮培养细胞并进行分化培养。例如，烟草愈伤组织的培养中，继代培养一年半后，其再生根的能力丧失；培养两年后，其再生茎的能力也丧失。所以，选取处于旺盛生长时期的愈伤组织有利于器官分化的形成。而一些禾谷类作物的再生频率随愈伤组织的继代次数而下降，一般继代培养 10 代左右，几乎全部丧失分化再生植株的能力。

(4)培养基种类　根据培养基配方中的无机盐含量可将目前常见的培养基大致分为 4 类：第 1 类是含盐量较高的培养基，其代表是 MS 及其改良的类似培养基，它们具高浓度的硝酸盐、钾离子和铵离子，微量元素种类齐全，LS、BL、ER 培养基也属这一类，其基本成分与 MS 相类似，只是某些有机物的成分和含量进行了改变；第 2 类是硝酸钾含量较高的培养基，如 B_5、N_6、SH，这类培养基的盐浓度也较高；第 3 类是中等含量无机盐的培养基，如 Nitsch 培养基，其大量元素相当于 MS 的一半，微量元素种类减少，但含量增加，维生素种类增加；

第 4 类是低盐浓度的培养基，如 White、WS、HE 培养基。

前两类含盐量较高的培养基比较适合愈伤组织诱导和细胞培养，但在实验前具体选择则要充分考虑植物种类、外植体本身的生理状态和实验目的，最佳配方往往要通过实验比较以及实验者的经验来确定。

(5)植物生长调节物质　在诱导愈伤组织培养基中起最大调控作用的植物生长调节物质，主要是生长素和细胞分裂素。植物种类、外植体类型及所处生理状态不同，对生长素和细胞分裂素种类、浓度和比例的要求也不同。对多数植物材料而言，2,4-D 是诱导愈伤组织和细胞悬浮系的最有效物质，常用质量浓度为 0.2～2.0 mg/L，同时加入一定量的 KT(0.5～2.0 mg/L)。烟草茎如果带一些维管柱及髓部则只需外加生长素，如果不带有这些组织则除加生长素外还需加酵母或麦芽提取物(含有细胞分裂素)。对禾本科愈伤组织诱导及增殖而言，2,4-D 有其独特的作用，在不含 2,4-D 的 MS 培养基上不能诱导甘蔗外植体形成愈伤组织，而在含有 2,4-D 的 MS 培养基上则能很快诱导出愈伤组织。KT 往往抑制禾本科植物愈伤组织的形成，即使质量浓度低至 1 mg/L 都可能抑制小麦、大麦、水稻、雀麦及许多牧草愈伤组织的诱导。另外，生长素不仅对愈伤组织的诱导起着决定性作用，而且对愈伤组织块的大小也有影响。

植物生长调节物质在愈伤组织的形态建成过程中起着非常关键的作用。目前在组织培养中，大多数植物特别是双子叶植物的组织或器官再生符合 Skoog 和 Miller 早年所创立的器官分化经典模式，即当生长素与细胞分裂素的比例高时形成根，反之形成芽，两种激素比例适中时则可促进愈伤组织的生长。不同物种所需的生长素与细胞分裂素的配比不同。但也有例外，如苜蓿的器官分化正好与经典模式相反；在莴苣子叶的培养中，不管两种激素的比例是高还是低均有利于苗的形成。对胚状体分化的研究发现，2,4-D 可有效诱导外植体形成愈伤组织并促使愈伤组织内分化出胚性细胞团，但如果愈伤组织持续地培养在含有高浓度 2,4-D 的培养基中，胚性细胞团的进一步发育就会受到抑制，不能形成正常的胚状体。因此为了促进愈伤组织的分化，在继代培养时应降低或去掉 2,4-D。其他激素如 ABA、GA_3 对某些植物的愈伤组织的植株再生具有显著的促进作用。

另外，培养基的渗透压是影响愈伤组织形成和分化的一个重要因素，通常以糖类、无机盐、甘露醇或较高分子质量的聚乙二醇(PEG)等以维持培养基的渗透压，糖的用量因培养材料而不同，一般来说，高的渗透压对愈伤组织的增殖不利。活性炭具有吸附培养物代谢所产生的有害物质的作用，对愈伤组织的生长和分化有时起促进作用，有利于愈伤组织的器官发生和体细胞胚胎的发生，在某些容易产生有毒物质的组织培养过程中，添加活性炭具有较好的去除有毒物质的效果。

(6)培养条件　不同物种愈伤组织诱导和增殖所要求的温度不同，最适温度一般为 20～30 ℃。愈伤组织分化的最适温度为 24～28 ℃，过高或过低对器官发生的数量和质量均有影响。

光对愈伤组织的诱导、增殖及分化既有促进作用，又有抑制作用。光的作用反映在光照时间、方式、强度及波长上。一般光照强度为 1 500～2 500 lx。另外，光质对苗的再生也有影响，蓝光有利于茎芽分化，红光有利于发根。

思考题

1. 植物组织培养的理论基础是什么？
2. 简述培养基的主要成分和功能。
3. 植物组织无菌培养的一般步骤有哪些？
4. 简述愈伤组织的诱导过程。
5. 影响愈伤组织诱导及形态建成的因素有哪些？

参考文献

[1]陈佩度．作物育种生物技术．北京：中国农业出版社，2020.

[2]桂耀林，马诚．植物组织培养．北京：北京农业大学出版社，1985.

[3]李浚明，朱登云．植物组织培养教程．3版．北京：中国农业大学出版社，2005.

[4]颜敬昌．植物组织培养手册．上海：上海科学技术出版社，1990.

[5]张献龙，唐克轩．植物生物技术．北京：科学出版社，2004.

[6]周维燕．植物细胞工程原理与技术．北京：中国农业大学出版社，2002.

[7]He P, Shen L, Lu C, et al. Analysis of quantitative trait loci which contribute to anther culturability in rice(*Oryza sativa* L.). Molecular Breeding, 1998, 4: 165-172.

[8]Zimmerman J L. Somatic embryogenesis: A model for early development in higher plants. Plant Cell, 1993, 5: 1411-1423.

第3章

胚胎培养

胚胎培养(embryo culture)是植物组织培养的一个重要领域。植物胚胎培养是指对植物的种胚、子房、胚珠等进行人工离体培养,使其发育成幼苗的技术。本章主要介绍胚培养、胚珠与子房培养胚乳培养以及离体授粉的理论和技术。

3.1 胚培养

胚培养是指从植物的种子中分离出胚组织进行离体培养的技术,根据组织的成熟度不同,分为幼胚培养和成熟胚培养。幼胚培养是指对早期未成熟胚进行离体培养,并使其发育成植株的技术。成熟胚培养是指对发育成熟的种子胚离体培养,并使其发育成植株的技术。

1904 年,Hanning 首次进行了无菌条件下的离体胚培养实验,将萝卜属(*Raphanus*)和辣根菜(*Cochlearia officinalis*)植物的未成熟胚放在含有糖、无机盐、氨基酸和植物提取物的培养基上培养,成功获得萝卜属和辣根菜这两种十字花科植物的成熟胚。随后很多研究者都利用成熟胚进行离体培养并成功获得植株。1924 年,Dieterieh 培养了多种植物的离体胚,发现 Knop's 无机盐和 2.5%~5.0%蔗糖的固体培养基能使成熟胚正常生长,但未成熟胚发生“早熟萌发”(precocious germination),形成畸形苗。这表明未成熟胚培养需要的营养条件较为复杂,而成熟胚在简单培养基上就可以生长。胚培养是远缘杂种获得杂交植株的一种很有价值的技术。1925 年,Laibach 首次将离体胚培养技术用于种间杂交研究,在无菌条件下对从亚麻属种间杂交形成的不能正常发育的种子中剥离出未成熟的杂种胚进行培养,成功获得了亚麻种间杂种,开创了幼胚培养用于远缘杂交胚拯救的先河。自此以后,离体胚培养技术被广泛用于远缘杂交研究。

3.1.1 胚培养的方法

3.1.1.1 取材和消毒

离体胚培养的材料选择因植物类型和实验目的而异。如果是培养成熟胚,一般选择大粒饱满的种子。如果是对远缘杂交的胚进行培养以获得植株,则必须在杂种胚夭折之前,将胚或种子剥离下来进行培养。如需获取在特定发育时期的胚,就要了解该物种的开花和结实习性,以保证取到所需材料。例如,禾谷类作物玉米的幼胚,在同一个穗上胚的大小有一定的差异,穗中部胚的发育要比两端早。如果对某种植物材料开花受精规律还不十分清楚,则需要进行预备试验,研究胚胎发育和授粉天数的相应关系,为该物种实验取材提供依据。

外植体的消毒应先对整个胚珠进行表面消毒,消毒的方法和消毒剂根据外植体的大小、表面特性等情况来确定。一般可以先采用洗涤剂漂洗,然后使用自来水冲洗,再用75%乙醇进行30 s的表面消毒,0.1%氯化汞灭菌10~30 min,最后在无菌条件下把胚剥离出来。由于大多数植物的胚处在珠被和子房壁的双重保护下,剥离前一直处于天然的无菌环境中,所以不需要进行表面消毒,就可直接置于培养基上培养。某些物种只能进行胚珠培养,则把整个蒴果进行表面消毒,然后在无菌条件下取出胚珠,接种在培养基上。

3.1.1.2 胚的剥离

胚的成功剥离是进行胚培养的前提,一般是先将灭菌后的材料在无菌条件下切开子房壁,再用镊子取出胚珠,剥离株被,获得完整的胚。在操作过程中需要根据植物类型和实验目的进行胚的剥离。一般来讲,成熟胚的剥离较为容易,但有些植物的种皮较硬,在进行胚的剥离前需要进行软化处理,如浸泡在水中。在剥离过程中要注意保持无菌并尽量减少对胚的损伤。幼胚的剥离比较复杂,有的需要在解剖镜和特制工具的辅助下才能完成。

单子叶禾本科作物玉米(*Zea mays*)幼胚的剥离方法是将从田间取回的玉米穗(授粉后9~12 d)逐层剥去苞叶,每剥去一层苞叶后用75%的乙醇喷洒表面,在超净工作台的无菌风口剥去最后一层苞叶,然后迅速放入超净工作台内。用手术刀将玉米种子顶部从大约1/3处切去,然后用镊子尖部从侧面种皮与胚乳的结合处插入,将玉米幼胚挑出。

3.1.1.3 接种

从胚珠中取出胚后要迅速接种到培养基上,以免影响其生活力。不同的接种方式对胚培养效果有明显的影响。任海燕等报道把枣的幼胚平放接种,其萌发率为34.12%,而竖放时萌发率可达70.54%,认为胚珠合点端插入培养基的竖放方式可显著促进幼胚生长发育。

3.1.1.4 看护培养

在进行幼胚离体培养时,很多植物的幼胚在一般人工培养基上很难培养成功,尤其是对杂种胚的培养。Ziebur和Brink等将大麦幼胚放置在另一个大麦种子的胚乳组织中培养,比单独放在培养基中的效果好。Kruse把大麦和黑麦属间杂交未成熟胚放置到培养的大麦胚乳上进行培养,能够显著提高成功率。任海燕等报道把胚龄为30 d的枣的幼胚经胚乳看护培养45 d,幼胚的发育率为56.82%,且有效减少畸形苗的发生,利于幼胚沿胚性生长。研究表明,培养基中含有同一物种或相近物种的离体胚乳对胚的生长发育有明显的促进作用。

3.1.2 影响胚培养的因素

在胚培养的过程中,影响培养成功的因素很多,其中主要有胚龄、基因型、培养基和培养条件等。

3.1.2.1 胚龄

胚龄是指从授粉开始到离体的时间。胚发育的时期不同对培养的要求也不同,一般来说,胚龄越小,对培养条件的要求就越严格,进行培养时难度越大。胚龄大小与成活率呈正相关关系,特别是子叶期以前的幼胚培养,成功与否很大程度上取决于胚的大小。早期的研究结果表明,小于0.5 mm的幼胚很难进行培养,因为幼胚细胞分化不完全,细胞可以逆转。

杜学海等以"六月鲜"枣为材料,对花后12~82 d的幼胚进行了培养,结果表明,适宜于胚挽救的最小胚龄为50 d左右。Luca等通过切片技术和不同时期胚的脱落酸(ABA)含量测定,建议四倍体月季胚抢救的最佳时间为15~30 d。马策等报道"犹太花环"现代月季品种与"月月粉"古老月季品种的杂种的胚挽救最早胚龄为30 d。徐明磊和孙亚楠对授粉后不同时期的番茄幼果进行幼胚培养,结果发现,授粉后30 d的幼胚培养出苗率达88%,与授粉后35 d幼胚的培养效果无显著差异,认为授粉后30 d为最佳幼胚培养时期。

3.1.2.2 基因型

外植体的基因型对胚培养的萌发率有着一定的影响。刘义存等通过对不同基因型的枇杷属植物的胚进行离体培养,选用相同的培养基(MS+KT+NAA),结果发现台湾枇杷零星变型的胚萌发率最高为100%,而广西枇杷的萌发率只有31.25%。何桂梅等研究报道牡丹花 *P. rockii* 和 *P. ostii* 授粉后90 d的幼胚离体培养成苗率分别为21.4%和1.7%,不同的基因型成苗率差异显著。

3.1.2.3 培养基

胚培养成功与否的关键之一是能否为胚的发育提供适合的营养。胚龄的大小不同对培养基的要求不同,培养的胚对外源营养的要求随着胚龄的增加而渐趋简单。成熟胚培养时只需要添加含无机营养元素、几种维生素和少量激素的基本培养基即可。Hanning进行十字花科的成熟胚培养时,只使用了一种无机盐和蔗糖营养液培养。而未成熟胚一般不能在这类简单培养基上生长,它们对营养的要求更为复杂,必须同时考虑无机营养、有机营养、生长调节物质等方面的因素。另外,对幼胚进行培养时,培养基的渗透压、植物浸提物和胚乳看护培养也必须加以考虑。

(1)基本培养基　胚培养的基本培养基分为成熟胚培养基和未成熟胚培养基。前者主要有Tukey、Randilph和Cox、White等培养基,后者主要有Rijven、Rappaport、Norsyog、MS、Nitsch等培养基。最常用的是改良后的White和MS培养基。

(2)氨基酸　在培养基中加入氨基酸或其复合物能刺激胚的生长。最初Hanning认为天冬氨酰对促进胚的生长最有效。但后来的研究表明,对离体胚的生长最有效的氨基酸是谷氨酰胺,其使用质量浓度为500 mg/L。除氨基酸外,水解酪蛋白也被广泛用作胚培养的附加物,其使用浓度因植物种类而异,如紫花曼陀罗(*Datura stramonium* L.)为50 mg/L,栽培大麦的最适浓度为500 mg/L。黄赛麟等通过对N_6基本诱导培养进行改良,添加300 mg/L水解酪蛋白、2.8 g/L *L*-脯氨酸对水稻成熟胚进行培养,发现诱导效率比N_6基本诱导培养基高20%~30%,差异极显著,其中水稻日本晴的诱导率达100%,而且所长出的愈伤组织质地较硬、呈颗粒状、颜色淡黄。

(3)维生素　维生素一直被用于植物离体胚培养,一般对幼胚培养是必不可少的。但对于特定维生素的作用,文献报道不尽相同,甚至有相反的结论。因此,需要通过实验证实其在胚培养中的必要性后,再在培养基中加入维生素。常用的维生素有维生素B_1、维生素B_2、烟酸等。

(4)蔗糖　成熟胚和未成熟胚的离体培养,一般都需要加入适量的蔗糖。在培养基中加入蔗糖主要有两个目的:一是保持适当的渗透压以刺激胚的正常生长,在自然条件下,原胚是被具有高渗透压的胚乳液所包围，离体培养后若在低渗透压的培养基中，常常造成幼胚生长停顿，甚至死亡；二是作为一种碳源为胚的生长提供所需的能量与碳元素。研究表明，蔗糖对于植物幼胚的离体发育具有一定的刺激作用，而高渗透压可以阻止离体幼胚早熟萌发。也有研究表明，高糖浓度会诱导产生较多的胚性愈伤组织从而导致不定胚的形成。然而，Raghavan 等认为，胚在离体条件下的生长和分化并不依赖于渗透压的大小，而是取决于某些生长调节物质的存在与否。宋西德的研究结果表明，柴松胚培养基中不同量的蔗糖对柴松种胚芽增殖的影响差异显著，蔗糖为 3％时平均不定芽数目最多。除蔗糖外也有使用葡萄糖、果糖等作为碳源的。

（5）植物浸提物　Van Overbeek 等在培养曼陀罗时发现，在培养基中添加不经高压灭菌的椰子汁，可以使原来不能发育的心形胚正常成苗。研究表明，椰子汁中存在对胚培养有促进作用的因子，这些因子也称为“胚因子”。“胚因子”的发现是胚培养历史上的一个转折点，此后在很多类植物的幼胚培养中都使用了“胚因子”。刘晓青在研究虎头兰（*Cymbidium grandiflorum*）胚培养时发现，10％椰子汁有利于培养。除椰子汁外，其他植物提取物也能用于离体胚的培养，如水解酪蛋白、干酵母、脱脂牛奶、银杏胚乳浸提物、被子植物种子浸提物等。

（6）激素　不同植物和不同时期的胚培养对激素的需求很不一致。对于成熟胚培养而言，培养物已成为组织可自己合成生长发育所需要的激素，但未成熟的胚在培养过程中受激素类型和配比的影响。研究表明，离体幼胚自身合成的内源激素不能满足其正常的发育，这是早期幼胚培养不易成功的原因之一。离体培养过程中，加入一定量的生长素和细胞分裂素可以刺激组织的发育。Horstman 等报道对拟南芥离体胚培养施加生长调节子 2,4-D 能够诱导内源生长素的合成，促进胚性愈伤组织的发育（图 3-1）。吲哚-3-乙酸（IAA）可以促进向日葵（*Helianthus annuus* L.）幼胚的生长，却抑制陆地棉幼胚生长。李扬等认为在野生一粒小麦幼胚愈伤组织分化过程中添加 0.25 mg/L IAA 和 0.5 mg/L 6-BA 的分化效果最佳，分化率达 50.7％，成苗率达 26.5％。

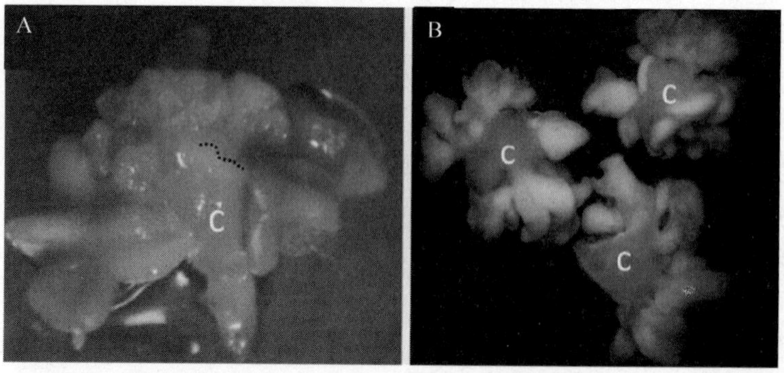

A. 在固体培养基上用 2,4-D 处理的未成熟合子胚直接诱导体细胞胚。胚胎从原始外植体的边缘发育而成（虚线），而下面的组织形成愈伤组织　B. 经 2,4-D 处理的未成熟合子胚在液体培养基中间接形成体细胞胚　C. 为愈伤组织

图 3-1　拟南芥体细胞胚发生过程（Horstman 等，2017）

图 3-1　彩图

ABA 对于胚培养具有显著影响。Ahn 等发现，随着大豆（*Glycine max*）胚的成熟，减少

ABA可使胚培养的离体能力增强。Quatrano和Rajasekeran等研究表明种子胚发育期间，内源ABA起正调节作用。内源ABA可使胚正常发育成熟及抑制过早萌发。在未成熟胚培养中，外源ABA能加速形成某些特殊储藏蛋白质。目前已报道的激素有6-BA、ZT、Kn、GA_3、IAA、2,4-D等。不同植物和不同时期的胚培养对激素的需求很不一致，常常多种激素组合使用。6-BA、GA_3和NAA组合是使用最广泛的激素。宋杰报道6-BA、NAA和GA_3共同使用能诱导月季未成熟胚的发育。

(7)活性炭和维生素　活性炭用于组织培养是因为它的吸附作用。活性炭能提供暗环境，减少由光照造成培养基中激素IAA和IBA降解，促进根的生长；另外，活性炭还能吸附培养基中的多酚类物质以及蔗糖在高压灭菌时产生的有害物质，如5-羟基糠醛，减少褐变。朱际君等在培养基中加入活性炭能促进早熟桃的胚萌发成正常苗，且促进根系生长，幼苗健壮，提高试管苗的质量。李林的研究表明，培养基中加入1%的活性炭有利于白皮松离体胚培养不定芽的形成和生长。崔波在进行管唇兰(*Tuberolabium kotoense*)胚培养时，发现活性炭对管唇兰胚的萌发也有重要的影响。未添加活性炭的管唇兰不但萌发率低于添加活性炭的，而且产生的圆球茎和小植株也很容易发生褐化。另外，维生素也一直被用于离体胚培养中，特别是幼胚培养时，常添加维生素C。维生素C在组织培养中的作用是减少养化、减少褐变，维生素C与活性炭搭配使用效果会更好。

(8)pH　培养基的pH对胚培养也十分重要，合适的pH能确保其正常生长发育。在一般情况下pH为5.0～7.5。对于不同的植物，胚的生长有最适的pH，如大麦为4.9～5.2、水稻为5.0～9.0。Norstog等研究表明，大麦未成熟胚培养基的pH对器官分化非常重要，最适pH约为4.9。当pH在5.2以上时，胚虽能生长，但不能发生明显的分化。培养基的pH也常会受一些因素的影响，如高压灭菌会使pH下降0.4～1.0。因此，为了弥补高压灭菌过程中pH的变化，在配制培养基时可以将pH上调0.5。

3.1.2.4　培养条件

(1)温度　大多数植物的离体胚培养温度为25～30 ℃。不同的植物类型对温度的要求也不相同，有的需要较高的温度，有的需要较低的温度。起源于低纬度地区的喜温植物要求较高的温度，而起源于高纬度地区的耐低温植物所需的温度相对较低。例如，马铃薯的最适温度为20 ℃，月季的最适温度为24 ℃，棉花的最适温度为32 ℃。也有研究表明，在昼夜采用不同的温度有利于胚培养。Ayotte等报道，对花椰菜(*Brassica oleracea*)的胚培养应采取白天20 ℃、夜间16 ℃的培养条件。

(2)光照　幼胚培养对光照的需求因植物种类而异，光对某些植物的胚胎发育并不重要，但对某些植物却有很大影响。任燕海等对“冷白玉”枣的幼胚进行研究，认为暗培养有利于幼胚正常发育，而光照可诱发幼胚出现早熟萌发，产生畸形苗现象，使幼胚不能沿胚性正常发育。黄仕周在进行无籽蜜橘的幼胚培养时，接种后置于光下比事先暗培养9 d再转入光培养下的生根率高。不同植物对光质的反应也不相同。桂耀林进行的烟草(*Nicotiana tabacum*)胚培养实验表明，诱导烟草愈伤组织形成芽关键的光质是蓝光，红光没有效应。此外，光强对于胚培养也很重要，不同植物对光强的反应也不同。有研究表明，香雪兰的幼胚需要1 800 lx的光照强度，梨的幼胚需要2 500 lx的光照强度。

3.1.2.5 胚柄的作用

在被子植物中，胚柄是指受精卵第一次分裂形成的基部细胞经几次分裂构成的组织，位于原胚的胚根一端，存在时间较短。胚柄对胚早期的正常生长发育是必不可少的。胚柄对胚培养的作用可能是胚柄细胞内富含原生质，可以提供给胚营养物质，还能分泌一些激素促进胚的发育，胚柄中具有较高的赤霉素活性。例如，红花菜豆心形胚柄中的赤霉素活性比胚体高 30 倍。Cionini 等发现在幼胚培养中，去掉胚柄就会显著降低成苗率。也有研究表明，在培养基中添加一定浓度的赤霉素能有效地取代胚柄的作用。

3.1.3 胚培养的应用与意义

胚培养技术在打破种子休眠、缩短育种周期，以及获得杂交种子方面具有广泛的应用价值。随着转基因技术的发展，幼胚和成熟胚成为植物遗传转化的受体材料，成功应用于多种植物离体胚愈伤组织的诱导及植株再生体系的建立，从而使离体胚培养技术得到更为广泛的应用。

3.1.3.1 克服杂种胚的败育，获得稀有杂种

植物胚培养的最大用途是获得种间或属间杂种。在很多种间和属间杂交中，受精作用能正常完成，胚也能进行早期的发育。但是，由于两套基因组的表达不协调，常常导致杂种胚和胚乳发育不正常，阻断水分和营养向胚的输送；以及由胚与胚乳不相容导致的胚乳对胚胎的毒害作用，造成种子的败育。Laibach 证实，在此类难以成功的杂交中，杂种胚乳往往最先败育，而杂种胚常常具有正常生长的潜力，若杂种胚在夭折以前将其置于适宜的培养基上培养，则能获得杂种植株。1944 年，Brink 等首次采用胚培养的方法获得了大麦和黑麦的属间杂种。

1960 年，Davies 为培育耐寒和抗白粉病的大麦品种，曾试图用大麦（*Hordeum vulgare*）和球茎大麦（*H. bulbosum*）杂交，但颖果缺乏胚乳，胚在种子成熟之前死亡，最后通过将授粉后 14～28 d 的杂种胚取出培养，获得了幼苗。Iyer 和 Govilla 在 1964 年采用一种含有 10% 完全培养基(CM)和 0.1%麦芽浸出物的琼脂培养基对 10～25 d 的水稻（*Oryza sativa*）种间杂种胚进行培养，并最终获得了成熟植株。胚培养技术也在其他作物的杂交育种上得到了广泛应用。Webster 和 Szigate 通过胚培养的方法获得了豆科植物黄香草木（*Melilotus officinalis*）和白香木樨（*M. alba*）的杂种植株。杨红花和陈学森对桃、杏属间杂交成熟的胚进行培养，获得了完整的植株，人为创造了新种质。在棉花育种中，常用陆地棉（*Gossypium hirsutum*）与亚洲棉（*G. arboreum*）进行种间杂交，目的是将杂交棉的早熟、抗性等优良性状转移到陆地棉中，以培育早熟、丰产、优质、抗逆的品种。但在杂交后，由于胚乳不能正常发育，仅形成少量的胚乳，并提前解体，导致幼胚没有足够的营养供给而死亡。1940 年，Bleasley 从授粉后 20 d 至成熟期间的不同成熟度棉铃中取出幼胚进行离体培养，结果从 30 d 的胚珠中取出的胚能顺利生长，并形成幼苗。

3.1.3.2 获得单倍体

单倍体已在植物遗传与育种研究中得到了广泛的应用，特别是在作物自交系选育研究方面。常规育种方法选育自交系需要很长的时间，周期也较长，而单倍体育种直接利用配子

体进行选择，提高了有利基因型的入选频率，甚至一季就可能获得新的自交系。这样，极大地缩短了自交系选育年限，所以单倍体育种是一种快捷而有效的育种方法。但是获得单倍体的途径有限，效率也亟待提高。通过远缘杂交，结合胚培养技术是获得单倍体的有效方法之一。栽培大麦×球茎大麦和小麦×玉米进行杂交，受精作用几乎完全正常。但由于父母本的细胞分裂周期不同，合子胚在经过几次有丝分裂以后，父本的染色体被淘汰，子细胞中只留下母本的染色体，即单倍体。然而，这种单倍体胚生长非常缓慢，且受精后不久胚乳逐渐解体，自然条件下难以获得单倍体植株。因此，为了得到大麦或小麦的单倍体植株，必须把幼胚剥离出来进行培养。

3.1.3.3 打破种子休眠，促进胚萌发和缩短育种周期

种子的休眠期因植物的种类而异，种子长时间休眠会拖延育种研究工作。很多园艺植物的种子都具有休眠特性，甚至过了休眠期的种子在合适的温度、氧气和湿度条件下也不能萌发。而胚培养技术常常可以克服这一类种子发育上的障碍，促进胚的生长发育，可不经休眠而长成发育良好的幼苗。苹果属的一些品种，种子播种后在土壤中需几个月才能萌发，离体培养的胚却能在 48 h 后萌发。红豆杉（*Taxus chinensis* var. *mairei*）和短叶红豆杉的种子在自然条件下需要几年才能萌发，且种子的萌发率和出苗率很低，采用胚培养技术可获得较高的萌发率和出苗率。

在育种实践中，有的品种需要较长的育种周期，为加快育种进程，可采用离体胚培养的方法缩短育种周期。蔷薇属植物的栽培品种常需 1 年才能进入花期，从培养幼胚获得的幼苗只需 2～3 个月即可开花，而利用这种花作为父本，1 年内可产生 2 个世代，大大加快了育种进程。一个番茄世代，利用常规育种方法需要 114 d，而采用番茄幼胚培养方法仅需 62 d。

3.1.3.4 种子活力的快速测定

应用一般的萌发实验测定休眠种子的生活力所需时间很长，有的还必须预先进行后熟处理。木本植物种子后熟期长，打破休眠常常需要较长时间的层积处理。1977 年，Rahavan 通过研究发现，一些木本植物的种子，在经过层积处理和没有经过层积处理的情况下，其种胚在离体培养时，萌发速率基本一致。因此，取胚进行萌发实验，被认为是快速检测种子，尤其是检测休眠期种子活力的有效方法。目前，这种方法已被广泛应用于种子活力测定，与染色法相比，离体胚培养技术对种子生活力的检测更可靠、更精确。

3.1.3.5 快速繁育创造植物种质资源

果实成熟初期，由于胚仍然未发育成熟，种子不能萌发。利用胚培养也可以对这些植物的不育种子进行培养。椰子（*Cocos nucifera*）的胚乳是液体型胚乳。有一种椰子的变异类型不能形成液体胚乳，取而代之的是软质胚乳（椰肉），这一特性深受消费者喜爱。这些果实被称为“Makapuno”，但其种子在自然条件下不能发芽，因而十分稀罕。De Guzman 等应用离体胚培养技术，成功获得了“Makapuno”植株。一种著名的龙眼（*Dimocarpus longan*）——焦核龙眼，其果实在胚胎发育过程中受阻，果实成熟时，因种子皱缩、肉厚、含糖量高而表现出较好的品质。胚胎学研究发现，这种龙眼的胚胎发育初期正常，但授粉后 40 d 左右开始败育，种子的胚干涸，胚胎逐渐坏死，种皮皱缩，果实成熟前种胚坏死，种子丧失生活力。若在开花后 60～70 d 剥离胚进行离体胚培养，20 d 左右就可获得焦核龙眼的幼苗。

3.1.3.6 诱导胚性愈伤组织

转基因技术在基础研究和育种中的应用越来越广泛，植物的转化再生体系是基因遗传转化的一个关键环节。胚是人工诱导胚性愈伤组织的优良外植体，而获得胚性愈伤组织是提高愈伤组织分化率的基础。在主要农作物中，通过成熟胚培养获得胚性愈伤组织在水稻上已建立完整的体系，通过幼胚培养获得胚性愈伤组织在玉米和小麦上也建立了成熟的技术体系。张月琴等通过对小麦 15 个品种的成熟胚进行诱导与分化研究，认为诱导 12 d 左右、转接至分化培养基上干燥处理 8～12 d 及分化培养基上添加 0.5 mg/L 的 KT，可以获得较为理想的愈伤组织分化率。

3.2 胚珠与子房培养

3.2.1 胚珠培养

胚珠为子房内着生的卵形小体，是种子的前体，由珠柄、珠被、珠孔和珠心组成。胚珠培养是指将胚珠从母体植株上分离出来，在无菌条件下进行离体培养，使其生长发育形成幼苗的技术。胚珠培养可分为未受精的胚珠培养和受精的胚珠培养两种类型。胚珠培养技术应用主要有：①进行杂种的培养，克服幼胚培养的困难，拯救远缘杂交种胚，获得杂种植株；②通过受精前胚珠培养，可为离体受精提供雌配子体，克服远缘杂交不亲和性；③也可用来打破种子的休眠；④未受精的胚珠也可以诱发大孢子发育成单倍体植株；⑤胚珠培养也是进行卵器单细胞遗传研究重要的材料。

White 最早开始进行胚珠培养的研究，有些植物（如兰科）的成熟胚很小，采用胚珠培养较易成功，也同样能达到使胚发育成幼苗的目的。Whihner 培养一些兰花（*Cymbidium* spp.）胚珠，缩短了从授粉到种子成熟的时间，加速了幼苗生长。Maheshwari 将授粉 5～6 d 的罂粟（*Papaver somnierum*）胚珠进行离体培养，得到了种子。目前，胚珠培养已在葡萄（*Vitis vinifera*）等果树方面取得了较为广泛的应用，利用胚珠培养技术使一些无核葡萄培养成苗，为培育无核葡萄新品种提供了新的方法和思路。

20 世纪 70 年代末 80 年代初开始进行未授粉胚珠培养，成功地进行了非洲菊（*Gerbera jamesonii*）和烟草的胚珠培养，并通过愈伤组织分化得到单倍体植株。1990 年，中国农业科学院柑橘研究所对柑橘（*Citrus reticulata* Banco）未受精胚珠进行离体培养，获得了单倍体植株，并培育成无病毒的珠心苗。然而，由于胚珠培养的外植体数量远少于花粉粒，采用未受精的胚珠培养方法成功诱导植株产生单倍体的报道不多。Susaki 等报道通过离体胚珠培养体系记录了拟南芥在细胞化的过程中，雌性细胞从 1-细胞阶段到 7-细胞阶段的核动力学和细胞板形成的时间，显示核分裂是沿着珠孔-合点（远端-近端）轴发生（图 3-2）。

心形期以前的未成熟胚培养，因胚失去生长发育的自然环境而难以成功，而采用胚珠培养的方法可使这类未成熟胚培养的成功率显著提高。此外，在棉花种间杂交中，通过胚珠培养可以防止杂种胚随棉铃的脱落而丧失。因此，受精后的胚珠培养较幼胚培养易成功，培养要求也不如幼胚培养严格。另外，胚珠培养还可以加速育种进展，如木薯通过近亲繁殖连续自花授粉，需要 10～15 年才能得到纯合系。Lentini 等报道利用开花后 1 d 的未授粉胚珠的

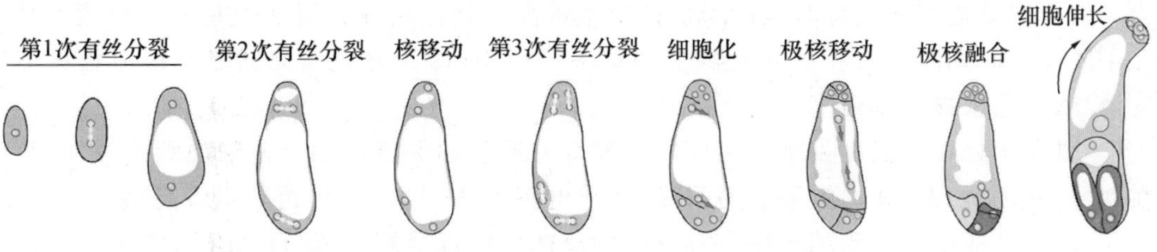

图 3-2　拟南芥胚珠内雌性细胞从 1-细胞到 7-细胞的发育阶段(Susaki 等,2021)

离体诱导来获得雌核发育的双单倍体(DH)植株,就可以大大加速育种进程。

3.2.2　子房培养

子房是指雌蕊基部膨大的部分,由子房壁、胎座和胚珠组成。子房将来发育成果实。子房培养是指将子房从母体中取出,放在无菌的人工环境条件下,让其进一步生长发育,最后成苗的过程。子房培养可分为授粉子房培养和未授粉子房培养。培养授粉子房可以用来挽救子房内杂种胚的发育,培养未授粉子房是通过子房内单倍体细胞的培养获得单倍体植株。子房培养研究最早在 1942 年,对番茄等授粉小花进行培养,结果是子房增大而且花柄生根。Nitsh 发展了较为完整的子房培养技术,并在 1949 年和 1951 年进行番茄、菜豆和小黄瓜等授粉前后的子房培养,其中已授粉的黄瓜和番茄的子房在简单培养基上获得了有种子的成熟果实,未授粉的番茄子房在添加生长素的培养基上只获得了较小的无籽果实。1976 年,San Noeum 从未授粉的大麦子房培养中得到了单倍体植株。目前,很多植物(如水稻、小麦、大麦、烟草、向日葵和杨树等)的未授粉子房培养已获得单倍体植株,有些已在育种中得到应用。

3.2.3　胚珠与子房培养的方法

受精后的子房需要表面消毒后再接种,未受精的子房可将花被消毒后,在无菌条件下剥取子房。从子房中就可剥取胚珠。子房培养所需的培养基较为简单,如 MS、White、Nitsch 等,可以不添加或添加少量有机成分和激素。但胚珠培养对培养基要求更复杂,一般需要在培养基中添加激素、糖和维生素等成分。

3.2.4　影响胚珠与子房培养的因素

影响胚珠与子房培养的因素主要有基因型、发育时期、温度预处理、培养基成分和附带组织等。

(1)基因型　无论是受精还是未受精的胚珠或子房,不同植物及同种植物不同品种之间的诱导率和发育情况大部分表现出较大差异。单芹丽等报道 45 个非洲菊基因型胚珠不定芽的诱导率在 0～17.7%,差异极显著。朱献辉等对辣椒 8 个品种的未受精子房愈伤组织诱导率进行研究,其中辣优八号品种的诱导率为 25%,而咏春一号仅为 12%,两者差异极显著。

(2)发育时期　与幼胚培养相似,即发育程度低的时期所需的培养基更复杂,培养更困难，随着发育程度的增加，对营养的要求降低，培养越容易。朱献辉等以农城椒2号为材料，认为辣椒单核靠边花药发育时期的子房诱导率最高。刘栓桃等利用9个基因型西葫芦品种研究不同开花时期雌花对胚诱导及再生植株率的影响，认为开花当天的雌花最适宜离体胚珠的诱导，再生植株产率最高。

(3)温度预处理　温度处理对离体雌核发育有明显的促进作用。孙守如等研究发现，南瓜在35 ℃热激处理5 d的效果最为明显，胚珠出胚率达32.2%，出苗率也最高达44.8%。

(4)培养基成分　未受精子房(或胚珠)的离体培养也受培养成分的影响，常用的基本培养基为MS、B_5、N_6和White。不同的植物，对基本培养基的要求稍有不同。目前，在南瓜属蔬菜上成功获得单倍体植株主要应用的是MS和N_6培养基。如果需要诱导子房产生愈伤组织或胚状体再生植株，需要添加适当的外源激素。孙守如等报道2,4-D、NAA和6-BA组合有利于南瓜胚状体的形成，出胚效果最好的培养基为在MS培养基中添加1.0 mg/L 2,4-D、0.5 mg/L 6-BA和0.25 mg/L NAA，出胚率达31.1%。

(5)附带组织　花被有利于授粉后的子房培养。例如，单子叶本科植物保留颖片有利于胚的发育；带有胚座组织或部分子房组织有利于受精后的胚珠离体培养。

3.3 胚乳培养

胚乳培养(endosperm culture)是指在无菌的条件下以胚乳组织为外植体，通过离体培养获得不同倍性的再生植株的技术。被子植物的胚乳是双受精的产物，由两个极核和一个雄配子融合而成，所以在染色体上属于三倍体；裸子植物则比较特殊，胚乳形成在受精之前，是配子体的一部分，由大孢子直接分裂发育而成，因此是单倍体。胚乳的主要功能是为发育中的胚提供营养，因而随着胚的生长，胚周围的胚乳细胞会不断解体和消亡。在种子发育过程中，如果胚乳的生长量大于胚的生长量，将来形成的种子就成为有胚乳种子；反之，胚乳的生长量小或在胚发育中停止生长，胚乳储藏的养分不足以供应种子形成期间胚的生长，就形成无胚乳种子。例如，豆科植物的胚在发育过程中可以把胚乳完全消耗掉，因此在这些植物的成熟种子中没有胚乳。而一些禾谷类作物，如水稻、小麦与玉米的胚乳在种子成熟时依旧存在，并在其中储存了大量的营养物质。

早在1933年，Lampe和Mills就进行了玉米胚乳培养的一些尝试。1949年，Larue进行了胚乳组织在离体培养中的生长和分化的广泛研究，并首次报道了由玉米未成熟胚乳获得不断生长的愈伤组织，不过未分化出器官。在此之后，Straus、Sternheimer、Tamaoki和Sehgal等继续对玉米胚乳培养进行研究，遗憾的是研究都未有突破，只得到同Larue的相类似的结果。在这段时间前后，研究者对其他一些植物也进行了胚乳培养，都未能分化出正常器官，直到1965年，Johri和Bhojwani对一种檀香科寄生植物柏形外果的研究中发现，成熟胚乳培养可直接分化出三倍体茎芽，由此推动了胚乳研究的深入发展。1973年，印度学者Sruvastava首次在被子植物罗氏核实木的成熟胚乳培养中获得了三倍体胚乳再生植株。

我国学者在20世纪70年代初开始进行植物胚乳培养研究。据不完全统计，截至21世纪初，已获得49种植物的胚乳愈伤组织，其中25种能成功分化出器官、24种能再生成完整的三倍体植株，11 种再生植株移栽成活。这些植物分别属于 18 个科，在这些科中，除了禾本科和百合科属于单子叶植物外，大部分都属于双子叶植物。

3.3.1 影响胚乳培养的因素

胚乳培养主要有带胚培养和不带胚培养两种方式，一般情况下带胚培养比不带胚培养的更容易诱导形成愈伤组织。胚乳培养的一般过程与胚培养的过程大致相同，首先是选择适宜发育时期的胚乳作为外植体进行培养，筛选合适的培养基和培养条件。胚乳培养的过程中能直接从胚乳组织分化出器官的植物很少，大都是先形成愈伤组织，然后在分化培养基上进行胚状体或不定芽的分化。胚乳培养具有较大的难度，主要受材料的基因型、胚乳的发育时期和类型、基本培养基、外源激素、胚因子作用和培养条件等因素的影响。

3.3.1.1 材料的基因型

供体植株的基因型是影响胚乳培养的重要因素，不同基因型的胚乳对培养基的反应不同，对营养成分和培养条件的要求也有所不同。例如，在猕猴桃属中，不同种之间的愈伤组织的诱导率在相同培养基上存在明显差异，硬毛猕猴桃愈伤组织的诱导率为 87.9%，而中华猕猴桃愈伤组织的诱导率为 56.9%。

3.3.1.2 胚乳的发育时期和类型

胚乳是由胚乳原始细胞发育而成的，在增殖时期，胚乳细胞具有生命，而在成熟时，有些淀粉状的胚乳没有生命，如禾本科、石竹科等；而有些淀粉状的胚乳有生命，如蓖麻属、胡萝卜属等。只有有生命的胚乳才能作为胚乳培养的材料，所以必须掌握胚乳组织的发育阶段。

胚乳是由受精极核（初生胚乳核）分裂开始发育的，首先形成游离的胚乳核（游离核型期），然后发育产生细胞壁，形成许多小的细胞（细胞型期）。按时间可分为早期、旺盛生长期和成熟期。处于发育早期的未成熟胚乳，比较难产生愈伤组织并分化成器官。旺盛生长期的胚乳是取材的最适合时期。一般情况下，旺盛生长期的胚乳在进行离体培养时的诱导效率最高。根据这一特点，水稻的最佳取材时期在授粉后 5～7 d，玉米和小麦在授粉后 8～12 d，大麦在授粉后 10～20 d，黑麦草和黄瓜在授粉后 7～10 d，小黑麦在授粉后 7～14 d。接近成熟或完全成熟的胚乳，愈伤组织诱导率很低，甚至不产生愈伤组织。例如，种子发育中后期的苹果胚乳，愈伤组织诱导率不超过 5%。接近成熟的葡萄胚乳几乎不产生愈伤组织。完全成熟的猕猴桃种间杂种胚乳，在离体条件下不能生长和增殖。授粉后超过 12 d 的玉米和小麦胚乳、授粉后 21 d 的小黑麦胚乳，产生愈伤组织的能力也极低。但是水稻以及一些大戟科、桑寄生科和檀香科植物，它们的成熟胚乳表现出较高的愈伤组织诱导率和一定的器官分化能力，甚至能产生完整的再生植株。

3.3.1.3 基本培养基

选择合适的基本培养基是胚乳培养的重要环节。在胚乳培养中，常用的基本培养基有 White、B_5、MS、BLG 和 MT 等，B_5 具有较低的褐变率，其次是 BLG 和 MS。为了促进愈伤组织的产生和增殖，在培养基中经常添加一些有机物，如水解酪蛋白或酵母浸提物等。据报道，进行小麦、变叶木（*Codiaeum variegatum*）和葡萄的胚乳培养时，在培养基中添加一定数量的椰子汁有助于愈伤组织的诱导和生长。Larue 培养玉米胚乳时，在培养基中尝试添加了很多种补充成分，如番茄汁、葡萄汁、青玉米汁、酵母提取物或牛奶等，其中含 20%番茄汁的培养基效果最好。随后的研究表明，酵母提取物可以在很大程度上取代番茄汁的作用，也能促进黑麦草胚乳愈伤组织的生长。Straus 发现一定量天冬酰胺的作用比番茄汁或酵母浸出液的效果更好。但是，有机添加物对胚乳愈伤组织茎芽分化的效果因植物种类而异。例如，水解酪蛋白对罗氏核实木愈伤组织分化是必不可少的，而对枸杞的胚乳愈伤组织分化具有抑制作用。

胚乳培养可使用蔗糖作为碳源，研究表明，2%～4%的蔗糖对玉米和蓖麻胚乳愈伤组织生长的效果最好，8%的蔗糖有利于小黑麦愈伤组织的形成。阿拉伯糖、纤维二糖、半乳糖和乳糖等则表现出抑制作用。

不同植物种类胚乳培养的最适 pH 有一定的差异，因植物类型而异。例如，玉米的最适 pH 为 6.1～7.0，苹果的最适 pH 为 6.0～6.2，蓖麻(*Ricinus communis*)的最适 pH 为 5.0。

3.3.1.4 外源激素

越来越多的研究表明，除基本培养基和有机添加物外，补充植物生长调节剂的适当种类和浓度对胚乳愈伤组织的诱导和生长起着十分关键的作用。大麦在有 2,4-D 存在的条件下才能产生愈伤组织，猕猴桃在有 ZT 的条件下效果最好。另外，培养基中的激素种类及配比与胚乳愈伤组织的分化密切相关。大麦胚乳在含酪蛋白水解物(CH)和 IAA 的培养基上，愈伤组织诱导率可达 60%以上。水稻胚乳愈伤组织在含有 KT(2.0 mg/L)和 IAA(4.0 mg/L)的培养基上分化频率高于只含有单一生长素的培养基。枸杞胚乳愈伤组织在含有 BA 或 BA+IAA 的培养基上，茎芽分化频率达 80%左右，但在含有 ZT 或 ZT+NAA 的培养上不能分化。Li 等认为对紫杉的胚乳进行培养时，添加 0.5 mg/L 6-BA 和 2.5 mg/L 的 2,4-D，其诱导率可达 70.89%(表 3-1)。

表 3-1 激素不同浓度对紫杉胚乳愈伤诱导的影响(Li 等，2016)

培养基(激素浓度)/(mg/L)	诱导率/%
B_5	57.20 ± 2.65^{b}
B_5+2,4-D 1.0+6-BA 0.5	5.56 ± 2.41^{f}
B_5+2,4-D 2.5+6-BA 0.5	70.89 ± 2.31^{a}
B_5+2,4-D 3.5+6-BA 0.5	55.56 ± 2.41^{bc}
B_5+2,4-D 4.5+6-BA 0.5	30.83 ± 2.20^{d}
B_5+NAA 1.0+6-BA 0.5	52.67 ± 2.32^{c}
B_5+NAA 2.0+6-BA 0.5	27.03 ± 2.09^{e}
B_5+NAA 4.0+6-BA 0.5	4.17 ± 0^{g}

注：Duncan's 多重检验，具有相同字母的列中的值在 5%水平差异不显著。

胚乳愈伤组织的芽分化培养中，单子叶植物往往要去掉 2,4-D 或降低生长素浓度，并添加适当浓度的细胞分裂素，才能促进愈伤组织的分化并进一步长成胚乳植株。例如，大麦胚乳愈伤组织在添加 NAA 0.2 mg/L 的培养基上，能产生较多的完整植株。

3.3.1.5 胚因子作用

胚因子(embryo factor)是指胚在萌发时产生的某种物质，这些物质利于胚乳的培养。

有关胚因子在胚乳培养中的作用一直不明确，不同实验的结果也不一致。胚乳培养中是否有原位胚的参与，主要与接种时胚乳的生理状态和成熟度有关。很多植物的未成熟胚乳在诱导培养基上不需要胚的参与就能形成愈伤组织。而成熟种子的胚乳在进行培养时，由于整个种子的生理活动十分微弱，胚乳的生理活动几乎停止，在诱导其脱分化前，必须在原位胚的萌发帮助下才能使其活化。刘淑琼等在桃的未成熟胚乳培养中，在胚存在的情况下，愈伤组织的诱导率从60%提高到95%；但在旺盛生长阶段的未成熟胚乳，只要培养条件合适，不需要胚的参与就能脱分化而形成愈伤组织。

Bhojwani 用巴豆、Srivastava 用核实木和蓖麻为实验材料，将成熟胚乳组织在培养之前用不同浓度 GA_3 或 IAA 分别进行浸泡处理，发现用一定量 GA_3 浸泡过的核实木胚乳组织，在无胚的情况下可形成愈伤组织并分化出绿色芽体，因此，赤霉素具有部分代替“胚因子”的作用。

3.3.1.6 培养条件

胚乳愈伤组织诱导和生长的最适温度为 25 ℃左右，喜温植物略高，耐寒植物略低。光照、温度等条件因植物种类不同而异。林颖等研究在猕猴桃的胚乳培养中，发现暗培养可以显著促进愈伤组织的生长和器官形成。米佳丽等报道枸杞胚乳在 4 ℃下预处理 3～4 d 可显著提高愈伤组织的诱导率。

3.3.2 胚乳培养的应用

3.3.2.1 研究胚乳组织中特有的天然产物的生物合成和代谢的理想实验系统

胚乳细胞是一种均质的薄壁细胞组织，完全没有微管成分的分化。因此对实验形态发生学研究来说，胚乳培养是一个很好的途径。很多研究表明胚乳细胞在离体条件下具有无限增殖和器官分化的能力。自然条件下，胚乳细胞储存了大量的淀粉、蛋白质和脂类等营养物质，供胚胎发育和种子萌发。因此，胚乳培养对研究某些天然产物，如淀粉、蛋白质和脂类的生物合成和调控具有重要的意义。Keller 等的研究表明，培养的咖啡（*Coffea arebica* L.）胚乳能够合成咖啡碱。在培养 2 周后，这种生物碱在胚乳愈伤组织中的含量增加了 2 倍，培养 4～5 周后增加了 5 倍。

3.3.2.2 创建三倍体植物

胚乳在被子植物中是双受精的产物，属于三倍体组织。三倍体在后代分离中，由于染色体分离的紊乱，导致种子败育。然而，在有些情况下，无籽正是人们所追求的目标，如无籽西瓜、无籽葡萄等。通过三倍体植物胚乳培养获得再生植株，也可以产生无籽果实。1982 年，桂耀林对猕猴桃胚乳进行培养，成功获得了三倍体植株。

三倍体在植物产量与品种改良中也具有十分重要的意义。有些具有重要经济价值的植物，如苹果、香蕉、甜菜、茶和西瓜等植物的三倍体已在生产中得到利用，并显示出较好的经济效益。对于园艺植物来讲，培育三倍体是一种良好的育种途径。以营养体为生产对象的植物，一般来说，三倍体的性状比二倍体好。三倍体的毛白杨生长速度快，也是制造纸浆的较好原料。

3.3.2.3 创造不同倍性的新种质

事实上,胚乳培养在形成三倍体植株的同时,可以产生大量不同倍性的混合体和非整倍体。例如,通过三倍体可获得附加一条同源染色体的三体。三倍体植株加倍可产生同源六倍体,同源六倍体在植物育种上也具有重要的价值。

3.4 离体授粉

3.4.1 离体授粉的概念及意义

离体授粉是指在人工控制条件下通过对离体的胚珠或子房授粉,使其受精并最终发育成种子的过程,又称试管受精或离体受精。1962 年,在罂粟离体胚珠上授粉首次获得成功,得到活的种子。禾本科作物的离体受精稍晚,1991 年,Kranz 等用分离的玉米精卵细胞借助电融合法,在体外培养人工合子生成再生植株。2007 年,水稻离体受精也获得了成功。离体授粉是创造单倍体的有效方法。开花植物的花粉落到柱头表面,萌发出花粉管,随后花粉管释放出 2 个精细胞,精细胞沿着花粉管进入珠孔,分别与 1 个卵细胞和 2 个极核完成双受精。花粉落到柱头上,要经过一系列的过程才能完成受精,其中任何一个环节受到抑制,都会影响受精过程。植物柱头的表面有薄膜状的蜡质层,能阻止不亲和花粉粒的萌发和吸水;有些不亲和花粉粒虽在柱头上能萌发,但在延伸的过程中会产生大量的胼胝质,阻碍其到达卵器。柱头和花粉这种特殊作用机制,往往导致不同的种间和属间存在生殖隔离。通过离体授粉,把花粉粒直接送入子房就可以克服这些受精障碍。因此离体授粉也是克服远缘杂交不亲和性的有效方法。离体授粉的意义主要有以下 4 个方面。

3.4.1.1 克服远缘杂交的不亲和性

离体授粉是克服种间或属间杂交不亲和性的一种十分有效的方法。Inomata 利用离体授粉子房培养成功获得油菜与甘蓝种间杂种。Vantuyl 等针对离体子房授粉形成种子比率低的问题发展了柱头嫁接法和嫁接子房法,这些方法已广泛应用于百合的种间杂交育种。许超等以麝香百合系的新铁炮(L 型)和亚洲百合系的凤眼(A 型)为实验材料配制杂交组合,采用切割花柱、柱头嫁接、子房切断等授粉方法,并结合授粉前在子房和柱头切面上涂抹花粉萌发培养液的方法,对获得的杂交种子进行离体培养,其成活率达 70%～90%。

3.4.1.2 克服自交不亲合性

自交不亲和物种自身的花粉在柱头上不能萌发,或虽花粉萌发但花粉管不能进入子房,造成自交不实。Rangaswamy 等的研究结果表明,自交不亲和植物进行胎座授粉,受精和结实大都能正常进行。例如,腋花矮牵牛(*Petunia axillaris*)是一个自交不亲和的物种,在自花授粉的雌蕊中,花萌发的情况很好,但花粉管不能进入子房。如果先将子房壁去除,把附着在胎座上的胚珠进行离体培养,并以同株植物的花粉进行授粉,结果在胎座和胚珠上能观察到花粉的萌发,并完成受精,进而发育成种子。应用离体胎座或胚珠培养并辅之以自交授粉是克服自交不亲和性的一种有效方法。刘清琪等应用离体胎座授粉克服了怀庆地黄(*Rehmannia glutinosa*)的自交不亲和性。Casta 等通过对菊苣(*Cichorium intybus* L.)的单个胚珠授粉，获得了有生活力的种子。Popielarska 建立了一套向日葵（*Helianthus annuus* L.）的离体胚珠自交授粉体系。

3.4.1.3 诱导单倍体植株

对于运用花药培养、未授粉子房培养等技术仍然难以获得单倍体的植物，可通过离体授粉技术诱导产生单倍体。通过离体授粉技术，利用异源花粉粒授粉诱导或酶解分离卵细胞、助细胞和反足细胞等，以及进入胚囊的精核细胞等单倍体细胞产生单倍体胚，进而发育成单倍体植株。Hess 等以蓝猪耳（*Torenia fournieri*）花粉授于锦花沟酸浆（*Mimidus luteus*）的裸露胚珠上，成功获得锦花沟酸浆的单倍体植株。Germana 等通过给柑橘（*Citrus clementina*）的离体柱头授以三倍体柚子栽培品种"Oroblanco"的花粉，获得了柑橘的单倍体植株。目前，利用异源花粉粒授粉诱导产生单倍体已在大麦、烟草和小麦等植物中广泛应用。菅明霞等利用 0.2%的果胶酶 Y23、0.8%果胶酶、0.8%纤维素酶和 0.5%半纤维素酶成功分离了葱的卵细胞、助细胞，为建立葱离体受精创立了条件。利用酶解法也在玉米、水稻、大麦等禾谷类作物成功分离出卵细胞。

3.4.1.4 植物受精机制和胚胎发育机理研究

在人工控制条件下完成雌、雄配子受精，可以系统地研究植物受精机制和受精规律，研究雌、雄配子在受精过程中的生物学特点。离体授粉的整个过程是在一个稳定的、可控制的环境中进行的，有利于进行胚胎早期发育生理生化分析及研究。郝慧等进行枣（*Ziziphus jujuba*）的离体子房授粉研究时发现，胚珠及胚的败育随着培养时间的增加不断加深。子房愈伤组织化虽然不利于子房的膨大，但可延缓甚至阻止胚珠的褐化和死亡。胚的发育程度是影响胚挽救成功率的关键因素。Wang 等的研究结果表明，水稻离体授粉后的胚胎发育途径与体内自然发育基本相同，而合子和初生胚乳核首次启动分裂及以后的发育均较延缓，但最终也能萌发成幼苗。

3.4.2 离体授粉的方法

3.4.2.1 收集花粉

首先选择将要开花的幼穗或花蕾，经过常规消毒后，在无菌条件下让花药自然开裂，用无菌培养皿或滤纸收集开裂花药撒出来的花粉。也可以将收集的花粉预先配制成花粉悬浮液。配制方法：将收集的无菌花粉用 10.0～20.0 mg/L 的硼酸溶液附加 5.0%蔗糖配制成花粉悬浮液，每滴悬浮液中含有 100～300 粒花粉。

3.4.2.2 子房或胚珠的剥离

通常在开花前 1 d 将雌穗或花蕾取下，经过表面常规消毒后，剥取完整子房或胚珠，也可保留部分附属花器（内稃、花萼、胎座等）。如果用子房进行离体授粉，注意勿使雌蕊受伤。如果用胚珠进行离体授粉，可将分离的子房进行表面消毒后，于无菌条件下将子房壁剥掉，除去花托，取出带胎座的裸露胚珠。剥离的子房或胚珠应及时接到预制的培养基中，避免其脱水而导致活力降低。

3.4.2.3 离体授粉

（1）胚珠离体授粉　胚珠离体授粉是将花粉或花粉管授在裸露胚珠表面，并通过离体培养授粉胚珠而获得种子或子代植株的过程。一般包括以下操作过程:①无菌胚珠的获取。对子房进行表面消毒,在无菌条件下将子房壁剥掉,除去花托,取出带胚座的裸露胚珠,放在培养基上。②人工授粉。主要有两种方法:一种是在接种好的胚珠表面授以无菌花粉;另一种是先将花粉撒播在培养基上,再将胚珠接种到培养基上。该方法已在甘蓝、棉花、向日葵等植物中得到验证。

(2)子房离体授粉　子房离体授粉是指通过切除全部或一部分花柱,将花粉撒播到子房和花柱切面上;或者将无菌花粉注射入子房而获得含有可育种子的果实的过程。应用此方法可以克服花粉与柱头、花粉管与花柱组织之间的不亲和性。具体操作方法有两种:一种是直接引入法,即用刀切开子房顶端,把花粉悬浮液滴入切口处;另一种是注射法,即在子房上切两个注射孔,分别在子房顶端和基部,用注射器将花粉悬浮液从基部孔注入,当从另一个孔溢出时停止。然后采用凡士林密封两个孔,接种于培养基上培养。

(3)雌蕊离体授粉　雌蕊离体授粉是一种较为接近自然授粉情况的体外授粉技术。一般的操作方法是取出母本花蕾,消毒后在无菌条件下除去花瓣、雄蕊,保留萼片,将整个雌蕊接种于培养基上,然后在其柱头上授以无菌的父本花粉。

3.4.3 影响离体授粉的因素

离体授粉技术在很多植物上已经获得成功,但效率与自然授粉相比还有较大的差距。还有很多因素影响离体授粉的效率。

3.4.3.1 外植体的发育程度及生理状态

在进行离体子房或胚珠授粉后培养时,与幼胚和胚乳培养相似,子房和胚珠的发育程度对培养的反应各异。一般来说,接近成熟的胚囊较易培养成功。另外,一些组织或器官的存在也会在一定程度上有利于培养成功。例如,腋花矮牵牛(*Petunia axillaris*),只有当胚珠都原封不动地连在完整的胎座上时,离体授粉后的花粉萌发、受精作用以及种子形成的整个过程才能正常进行。Wagner 等报道,去掉花柱对矮牵牛(*Petunia hybrida* Vilm)胎座授粉结实率有不利影响。玉米连穗轴组织上的子房比单个子房离体授粉效果更好,减少外植体上的子房数目不影响受精作用,但对籽粒的发育会产生有害的影响。Balatkova 等在烟草中发现,从已自花授粉或授了苹果属植物花粉的烟草雌蕊中剥离出来的未受精胚珠,比从未授粉的雌蕊中剥离出来的胚珠,经烟草花粉离体授粉后的结实率更高。

此外,柱头和胚珠的物理状态及生理状态对离体授粉也有明显的影响。操作时尽量避免在柱头、胎座或胚珠表面形成水膜,否则可促进花粉萌发。例如,柱头表面的水分会导致花粉管的破裂,直接影响花粉萌发,从而引起结实率降低。

3.4.3.2 培养基

离体授粉的基本培养基一般采用 MS、Nitsch、White 等培养基,以 Nitsch 培养基更为普遍。Sladky 等曾试验过几种不同的基本培养基,包括 White、MS 和 Nitsch 培养基等,结果表明,不同培养基对离体授粉的反应无显著差异。Jain 等报道离体授粉子房在 White、MS 及 Nitsch 培养基中生长反应没有显著差异。吴昌斌等认为亚麻离体授粉子房在 N_6 培养基上的结实率要高于 MS 和 B_5 培养基。离体授粉培养基中蔗糖浓度一般为 4%～5%,但也有报道使用更高浓度的蔗糖。Dziedzic 等曾使用 15%的蔗糖培养李(*Prunus*)的杂交授粉胚珠。

关于在基本培养基中添加各种植物生长调节剂及其他附加物对离体培养影响的研究报道较少。一般认为,在基本培养中添加 200～500 mg/L 的酸水解酪蛋白、0.1～0.5 mg/L 赤霉素以及 0.2～0.5 μg/L 激动素能够促进花粉萌发,提高授粉后子房成活率,促进初期胚生长并提高结实率。Balatkova 等研究了 IAA、激动素、番茄汁、椰子汁等对烟草胎座授粉后种子发育的效果,发现椰子汁、番茄汁、酵母浸出液对种子发育有抑制作用,10 μg/L 的 IAA 或 0.1 μg/L 的激动素能显著提高每个子房的结实数,但高浓度的激动素(1.0 μg/L)则表现抑制作用。Razdan 报道兰花胚珠从授粉子房分离可在单一的 10%蔗糖溶液中培养成功,菖蒲莲胚珠需在 Nitsch 培养基中添加椰子汁或酪蛋白水解物,而白三叶草的胚珠需添加黄瓜或西瓜幼果汁才能发育成熟。

3.4.3.3 培养条件

离体培养子房和胚珠发育的温度一般为 22～26 ℃,最好模拟自然界中该植物授粉季节的温度,培养初期宜在近乎黑暗或散光条件下进行。温度可以影响离体授粉的结实率。Balatkova 等研究表明,较低温度下(15 ℃)进行水仙属(*Narcissus*)植物离体授粉的结实数比常温(25 ℃)高。然而,对于喜温的罂粟来讲,低温培养并不能提高结实率。

3.4.3.4 杂种鉴定

离体授粉是否成功可以采用标记的方法来鉴定。最方便的标记方法是性状标记。例如,具有“胚乳直感”现象的性状是离体授粉的优良标记性状。选用具有紫色胚乳(显性)的玉米品种为父本,白色胚乳(隐性)的玉米品种为母本。如果种子的胚乳表现紫色,证明试管受精成功。但标记性状存在不稳定的现象,也可以用简单重复序列(SSR)、单核苷酸多态性(SNP)、插入缺失(InDel)等分子标记来鉴定,利用两亲本间的多态性分子标记来检测杂种的基因型,判断是否为真的杂种。

思考题

1. 什么是胚培养？胚培养的意义是什么？
2. 离体幼胚培养和成熟胚培养有什么不同？
3. 影响幼胚培养的主要因素有哪些？
4. 简述胚乳培养的意义。
5. 什么是离体受精？简述离体受精的意义。

参考文献

[1]李守岭,庄南生.被子植物胚乳培养研究及其影响因素.广西农业科学,2006,37(3):228-232.

[2]李扬,徐凤,柴乖强,等.基本培养基及激素对野生一粒小麦幼胚培养的影响.麦类作物学报,2016,36(5):583-588.

[3]刘庆昌.植物生物技术导论.北京:中国农业大学出版社,2020.

[4]马策，赵小慧．月季远缘杂交未成熟胚培养初探．分子植物育种，2021，19(19)：6468-6475.

[5]张献龙．植物生物技术．2版．北京：科学出版社，2012.

[6]Horstman A，Bemer M，Boutilier K. A transcriptional view on somatic embryogenesis. Regeneration，2017，4：201-216.

[7]Li Y L，Huang S W，Zhang J Y，et al. A protocol of homozygous haploid callus induction from endosperm of *Taxus chinensis* Rehd. var. *mairei*. Springer Plus，2016，5：659.

[8]Susaki D，Suzuki T，Maruyamal D，et al. Dynamics of the cell fate specifications during female gametophyte development in *Arabidopsis*. PLoS Biol.，2021，19(3)：e3001123.

第4章

单倍体培养

单倍体培养是利用组织培养技术进行体外诱导产生单倍体的方法，其与杂交育种、诱变育种、群体改良以及数量性状的遗传研究等相结合，具有快速纯合基因、缩短育种年限、提高育种效率等优势，现已成为植物育种实践中的重要途径。单倍体培养主要包括花药培养、小孢子培养和未受精的子房或胚珠培养，其中花药和小孢子培养是单倍体诱导的主要途径。本章主要从单倍体的特点、发育途径以及花药培养和花粉培养等方面阐述单倍体的创制与应用前景。

4.1 单倍体的特点及应用前景

单倍体(haploid)是指具有配子染色体数目的个体或组织，即体细胞染色体数目为 n。在真核生物中，二倍体通过减数分裂形成染色体数目减半的配子体，通过配子体诱导可以产生仅含有配子染色体组的单倍体。单倍体植株含有完整的一套染色体组，携带有生长发育需要的全套基因，因此，在适宜的条件下，能够正常生长发育。但是，单倍体植株仅含正常体细胞($2n$)的一半，植株一般矮小，生活力弱，同时，减数分裂时会发生联会紊乱，无法产生正常的配子，表现出高度不育。单倍体加倍后，可获得 $2n$ 染色体数目的纯合后代。双单倍体(double haploid，DH)育种技术便是利用自然或人工诱导产生单倍体，筛选出单倍体后，通过染色体加倍获得二倍体，只需两个世代就能获得纯系。与常规育种相比，通过单倍体育种技术可以和杂交育种、诱变育种、群体改良以及数量性状的遗传研究等相结合，具有快速纯合基因、缩短育种年限、提高育种效率等优势，成为植物育种实践的重要途径。

据报道，禾本科、茄科和十字花科等 250 多种植物可以通过花药离体培养和小孢子离体培养诱导产生单倍体。而离体培养小孢子密度高，数量远大于花药形成的胚胎数量，可以避免体细胞干扰，并且已成功应用于小麦、大麦和水稻等重要作物，批量获得双单倍体植株。Cistue 等对硬粒小麦(*Triticum turgidum* var. *durum*)材料进行小孢子培养，诱导产生再生植株，其中 67.0%的植株可以自然加倍产生双单倍体。蒋金金等报道利用小麦(*Triticum aestivum*)和大麦(*Hordeum vulgare*)的高效基因编辑技术体系，建立了高效的小孢子培养体系，缩短了优异种质的纯合时间。然而，豆科作物属于单倍体诱导顽拗型植物，难以通过花药离体培养和小孢子离体培养产生单倍体。

4.2 单倍体的来源及其发育途径

单倍体可以在自然条件下产生，也可以在植物体内诱导获得。其中，自发产生单倍体的植物很多，有来自10科26属36种的植物，包括番茄、棉花、小麦、油菜等。但在自然条件下，单倍体产生的频率仅为0.01%左右。单倍体在育种中的巨大应用价值促使科学家创造了诸多有效、简单高效的单倍体诱导技术。主要有雌、雄配子体的离体培养，远缘杂交介导染色体消除，单倍体诱导系诱导3种技术。

4.2.1 雌、雄配子体的离体培养

花药、小孢子和未受精子房或胚珠的离体培养是产生单倍体的主要途径。通过对花药、小孢子等雄配子体进行体外组织培养直接产生单倍体胚，或者先诱导生成愈伤组织，再诱导产生单倍体植株。该途径在玉米、小麦、水稻、烟草等很多物种中都可行，但该技术受母本基因型影响较大且愈伤组织分化具有不确定性，产生单倍体植株的效率较低，因此不宜大规模进行。不管单倍体来源如何，其结果均是先形成一个小的细胞团，细胞团的继续发育途径决定了单倍体植物的形成途径：一是通过胚胎发育途径形成单倍体植株。在早期的分裂中，单个花粉粒细胞形成胚性细胞团，在继续培养进程中逐渐进入胚胎发育途径，进而形成完整植株。植株来源于单个花粉粒，所以大多为单倍体。这是最理想的单倍体形成途径，但实际培养中，受到不同植物体细胞胚的诱导效率的影响，不同植物通过该途经形成单倍体的难易程度不同。茄科植物在花药培养进入胚胎发育途径较容易，但是单子叶植物，如水稻、小麦等则较困难。二是通过愈伤组织形成单倍体植株。花粉粒早期分裂的细胞团如果一直保持无序分裂状态，就会形成愈伤组织，愈伤组织可以分化成植株。大多数植物是通过该途径获得单倍体。但是，通过该途径获得的再生植株的倍性比较复杂，常常既有单倍体，也有二倍体，甚至出现多倍体和嵌合体。

4.2.2 远缘杂交介导染色体消除

远缘杂交中，异种植物虽然不能与母本受精，但因远缘花粉的诱导作用，卵细胞可在未受精的情况下受刺激发育成胚。通过种间或属间杂交，不同种属间亲本的染色体有丝分裂周期不同，导致其中一个亲本的染色体在受精后细胞分裂过程中不断消失，产生只含有单一亲本染色体组的单倍体植株。李大玮等利用栽培大麦作为母本、球茎大麦作为父本进行杂交，可产生仅含有大麦染色体组的单倍体植株，该方法具有较高的单倍体诱导率。蔡华等发现小麦和玉米杂交后的受精频率不受 *Kr1* 基因影响，对小麦单倍体的产生十分有利，但种间杂交过程中单一亲本染色体组消除的机制尚未清楚，且物种组合具有一定的特异性，因此该方法还无法推广应用到其他重要农作物品种中。

4.2.3 单倍体诱导系诱导

通过基因编辑技术定点突变关键基因，创制高效单倍体诱导系，然后与目标选育材料杂交的方式即可获得仅含有目标植株染色体组的单倍体。利用 CRSIPR/Cas9 技术创制高频

的单倍体诱导系，可以极大程度提高单倍体诱导效率。与传统单倍体诱导技术相比，利用单倍体诱导系杂交诱导单倍体，不需要体外组织培养，克服了物种基因型的限制，诱导技术相对稳定，且单倍体诱导基因功能相对保守，可在多种作物品种加以利用。

4.3 花药培养与小孢子培养

虽然花药培养与小孢子培养最终都可以诱导产生单倍体，但是从严格的组织培养的角度上来讲，花药培养和小孢子培养具有不同的含义。花药培养是将花粉发育到一定阶段的花药在人工培养基上进行培养，诱导其花粉粒改变发育进程，形成花粉胚或愈伤组织，进而分化成植株，属于器官培养的范畴。小孢子培养(也称为花粉培养)，是将发育至一定阶段的花粉从花药中分离出来成为分散或游离状态，通过培养使花粉脱分化，进而发育成完整植株的过程，与单细胞培养相类似，属于细胞培养的范畴。花药与花粉培养的成功与否，取决于多个方面的因素，包括供体植物的基因型与生理状态、花粉发育的时期、预处理的方式以及培养基成分与培养条件。

(1)供体植物的基因型与生理状态　植物基因型是影响花药与花粉培养形成单倍体最重要的因素之一。水稻中粳稻比籼稻容易培养，粳稻花药愈伤组织的平均诱导率可达10%左右，而籼稻的平均诱导率只有1%～2%。栽培大豆花药培养研究中，31个不同品种都能产生愈伤组织，但是愈伤组织诱导率变异很大，范围为2.2%～36.6%。供体植株的年龄和所处的生理状态对花药培养也存在直接的影响。相对而言，大田植株比温室生长的植株更适于花药培养，幼年植株对花药与花粉培养的反应较好。

(2)花粉发育的时期　不是任何发育时期的花粉都可以诱导形成愈伤组织或体细胞胚，因此，选择合适的花粉发育时期，是影响培养成功的关键因素之一。被子植物的花粉发育经历四分体、单核期、双核期和三核期4个阶段，单核期又分为早、中、晚(靠边)3个时期。不同植物适合培养的最适发育时期存在差异。对于大多数植物，单核期的花粉培养比较容易获得成功，如水稻花粉发育的单核中期至晚期，小麦和玉米的单核中期，大麦的单核晚期，拟南芥和番茄的减数分裂中期Ⅰ。

(3)预处理的方式　在花药和花粉接种之前，对整个穗子、花蕾或花药进行一定的预处理，可以提高培养效率。不同的植株预处理的方式不同。冷处理可以提高花药培养花粉胚胎发生的能力，能够更好地促使小孢子完成从配子体到孢子体的发育类型的转变，适合水稻、大麦等植物。芸薹属植物则利用热处理更合适，花芽或完整植株在30 ℃下处理24 h或40 ℃下处理1 h，能够刺激花粉的胚胎发生。有些化学药品能够单性生殖，如乙烯利能够促进许多物种单倍体的产生。不管采用哪种预处理方式，目的都是使花粉细胞孤立化，消除其原来所在世代或组织的影响，从预定的发育程序中解放出来，从而从配子体途径转向孢子体发育途径。

(4)培养基成分与培养条件　培养基成分中无机盐的成分，尤其是硝态氮与铵态氮的浓度与比值，如 N_6 培养基中铵离子浓度大幅度降低，调整铵态氮与硝态氮的比值，可以使培养效率大大提高。培养基中的碳源、蔗糖浓度对于培养效果也十分重要。不同植物的花粉细胞渗透压差异很大，烟草3%、禾谷类作物6%～15%、马铃薯6%、甘蔗20%的蔗糖浓度培养效果较好。激素在花药培养的诱导培养期间(脱分化)起着关键作用。细胞分裂素和生长素配比适宜,可以有效诱导花粉细胞启动分裂,同时抑制二倍体细胞的分裂。理论上讲,花药壁二倍体细胞高度分化,脱分化需要较高浓度的激素。因此,培养基中激素浓度要相对较低才能抑制二倍体细胞的分裂。在生长素中,2,4-D 对于许多作物花粉的启动分裂以及胚状体或愈伤组织的形成起着不可或缺的作用,但其对后期分化却存在抑制作用。同时,高浓度的 2,4-D 主要诱导花药形成愈伤组织,而不能形成体细胞胚,从而增加二倍体细胞发育的概率。因此,2,4-D 的使用浓度十分关键,浓度要适宜,可以通过浓度梯度筛选实验来确定。培养条件对于花药和花粉培养效果也会有影响。花药和花粉培养对于温度比较敏感。对于大多数植物而言,25～28 ℃的温度是比较适宜的。温度太高,容易产生白化苗(图 4-1)。诱导期间需暗培养,分化时需光照。一般先暗中培养 3～5 d,再给予光强 1 000～2 000 lx,光周期 14 h 的光照,这样可以提高绿苗分化率。

图 4-1 彩图

图 4-1 白化苗(左)与正常分化苗(右)

4.3.1 花药培养

挑出适宜培养的花蕾或幼穗以后,选用一种适当的消毒方法对材料进行表面消毒。一般先将花蕾或幼穗的表面用 70%乙醇浸泡 1 min,然后再用饱和漂白粉浸泡 10～15 min,也可以用 15%次氯酸钠溶液浸泡 10～15 min,最后用无菌水冲洗 3～5 次,以彻底消除残留在材料表面上的药液。如果花蕾包裹严密,内部一般是无菌的,只要用 70%的乙醇对花蕾表面消毒即可。消毒好的材料置于超净工作台上,无菌剥取花药进行接种。操作过程中尽量避免花药受到损伤,以免刺激花药壁形成愈伤组织或使花药产生不利于花药培养的物质而影响培养效果。

接种时尽量减少花药在空气中暴露的时间,接种密度不宜过密,花药间留有愈伤组织生长的空间。花药培养一般先进行暗培养。一般而言，培养 2～3 周，花药中的小孢子经过增殖分裂形成胚状体或愈伤组织，会慢慢撑破花药壁，在花药表面形成突出物。这时再转移至光培养，促进分化。如果诱导出的组织为胚状体，经过光照培养后，会由淡黄色慢慢转为绿色，并逐渐发育成完整植株。如果暗培养形成的组织为愈伤组织，则先分化成小苗，然后再转到生根培养基上生根，即可获得完整植株。

总体而言，花药培养的基本培养基以 MS 最为常用。MS、White、Nitsch 和 N_6 培养基比较适合于茄属作物，B_5 培养基较适合于芸薹属及豆科植物，B_5 和 N_6 较适合于禾谷类植物。其中，N_6 培养基的特点是铵离子浓度较低，被广泛地用于水稻、小麦、大麦、小黑麦、玉米和甘蔗等植物的花药培养，效果很好。

4.3.2 花粉培养

与花药培养相比，花粉及小孢子培养的取材时期应更早一些。严格来说，花粉和小孢子没有本质的区别，一般习惯上把处于四分体到单核早期的花粉称为小孢子。进入单核以后，则称为花粉。花粉和小孢子培养的取材适宜期多为花粉发育处于四分体到单核早期的材料。比花药培养多一个步骤，便是花粉的分离。花粉分离的方法有机械分离法、漂浮培养自然释放法和磁力搅拌法。相对而言，机械分离法比较常用。将花药置于盛有少量液体培养基或与培养基等渗的蔗糖溶液的培养皿中，用平头的玻璃棒或注射器内管轻轻挤压花药，使花粉散出，然后将得到的混合液利用一定孔径的尼龙网过滤。孔径大小根据花粉粒大小来选择。将过滤后得到的混合液转入离心管中，500～1 000 r/min 离心 1～5 min，花粉粒沉淀，弃去上清液。再加入液体培养基或蔗糖溶液，使花粉粒沉淀重新悬浮，然后离心弃去上清液。如此重复 2～3 次，用血球计数器调整密度后进行培养，接种密度一般为 10^4～10^5 个/mL。

4.3.3 单倍体的鉴定与加倍

花药和花粉培养再生所得到的植株，可能包含单倍体，但也会含有二倍体，甚至有多倍体和非整倍体。因此，再生植株需要进行倍性鉴定。最常见的方法之一，是通过染色体直接计数法，取根尖或茎尖等分生组织区进行染色体制片，直接统计每个细胞中的染色体数目。同时也可以利用流式细胞仪，测定叶片单个细胞中 DNA 的含量，以便确定细胞的倍性。

常规育种在杂交相对比较高代时，如 F_5、F_6，才能获得遗传背景较为纯合的个体，通过花药或花粉培养可以通过染色体加倍迅速产生纯合系。单倍体植株由于染色体在减数分裂时无法正常配对，高度不育，所以需要进行加倍处理，使其成为双单倍体，以便稳定其遗传行为，为育种服务。秋水仙碱处理是诱导染色体加倍的传统方法。以烟草为例，利用 0.4% 的过滤灭菌的秋水仙碱溶液，浸泡幼小植物 96 h，然后转移至培养基上进一步生长。秋水仙碱处理也可以通过羊毛脂进行，即把含有秋水仙碱的羊毛脂涂于上部叶片的腋芽上，然后将主茎的顶芽去掉，以刺激侧芽长成二倍体的可育枝条。秋水仙碱可以诱导染色体加倍，但它同时也可以造成染色体和基因不稳定，产生多倍化细胞，导致出现混倍体和嵌合体，需要经过多个生活周期后进行选择，才能获得正常的二倍体纯合植株。

4.4 单倍体诱导系与育种

基于单倍体诱导系的单倍体技术被国内外种业公司广泛使用，尤其是在玉米育种中应用已十分成熟。这种通过体外诱导单倍体产生的途径包括两种，即孤雌生殖诱导单倍体和孤雄生殖诱导单倍体。

孤雌生殖诱导单倍体是以诱导系作为父本，与被诱导材料进行杂交，在杂交当代的籽粒上就能获得一定比例的只含母本染色体组的单倍体。Coe 在 1956 年首次发现了一个玉米高频单倍体诱导系，将其命名为 Stock6，该诱导系源于硬粒型、白色胚乳的墨西哥农家种，用它作为父本，可以诱导产生 2.29%的孤雌生殖单倍体。为了快速地鉴别单倍体，研究人员将显性遗传的花青素基因 *R-nj* 导入 Stock6。根据后代籽粒颜色就能辨别出籽粒的倍性水平，紫色胚和胚乳的籽粒为杂合二倍体，紫色胚乳和黄色胚的籽粒为单倍体，胚和胚乳均不是紫色的籽粒为异源种，该标记简单实用，是目前应用最广泛的玉米单倍体鉴定方法(图 4-2)。

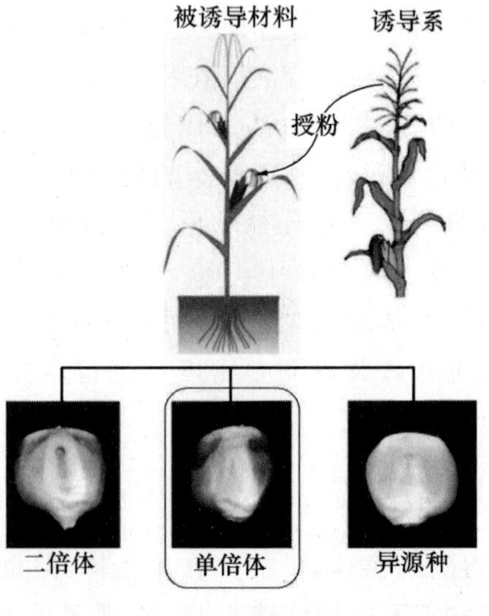

图 4-2　玉米孤雌生殖单倍体诱导及单倍体鉴定示意图(Liu 等，2016)

Stock6 被广泛应用于玉米单倍体育种中，其单倍体诱导效率为 2%～3%，甚至可高达 20%及以上，远远高于自然条件下玉米孤雌生殖的概率。2017 年，3 位来自不同国家的科学家几乎同时克隆了一个 Stock6 来源的控制玉米单倍体诱导性状的基因，分别将其命名为 *MATRILINEAL*(*MTL*)、*ZmPHOSPHOLIPASE A*1(*ZmPLA*1)、*NOT LIKE DAD*(*NLD*)，该基因编码了一个在精细胞特异性表达的磷脂酶，参与磷脂降解和亚麻酸的产生，且是茉莉酸生物合成所必需的。单倍体诱导系中该基因在第 4 外显子 1 572～1 573 bp 间有个 4 bp(CGAG)插入，造成 20 个氨基酸移码突变，使得翻译被提前终止，产生单倍体诱导功能。

MTL 基因不能完全解释玉米中高频诱导的现象。2019 年，另一个非 Stock6 来源的控制玉米单倍体诱导性状的关键基因 *ZmDMP* 被克隆，该基因编码一个 DMF679 结构域膜蛋

白(domain membrane protein)。在 *MTL* 基因突变的基础上,*ZmDMP* 基因第 131 bp 上 T 到 C 单碱基置换使氨基酸发生错义突变,将单倍体诱导率提高 2～3 倍;而 *ZmDMP* 基因敲除则可使单倍体诱导率提高 5～6 倍,显著提高单倍体诱导率。*ZmDMP* 和 *MTL* 都被定位在细胞膜上,且都在成熟花粉中表达,推测这两个单倍体诱导基因可能参与相同的通路。*MTL* 和 *ZmDMP* 在作物中都高度保守,敲除 *MTL* 和 *ZmDMP* 的突变体同样具有单倍体诱导能力,为以单倍体诱导基因为基础的单倍体诱导系统在其他作物中的建立提供了途径。水稻中 *MTL* 同源基因为 *OsMATL*(*OsPLA*,*Os03g0393900*),在籼稻 IR58025B 中对该基因的第 1 外显子和第 4 外显子进行编辑,突变体的结实率为 20%,单倍体诱导率为 2%～6%,说明水稻 *OsMATL* 基因突变可诱导产生单倍体。

孤雄生殖单倍体则是以诱导系作为母本,与被诱导材料进行杂交,在杂交当代的籽粒上就能获得一定比例的只含父本染色体组的单倍体。1969 年,在玉米自交系 W23 中发现了一个突变体,其自交或者作为母本杂交时,可以诱导产生 2%左右的孤雄生殖单倍体。该突变体的不定配子体 *ig*(indeterminate gametophyte)基因突变,在胚囊减数分裂的多核细胞期,干扰细胞骨架,使得细胞核不能被拉向两极,当胚囊中含有 4 个及以上的极核细胞时,胚囊内细胞发育异常,形成多余的卵细胞、助细胞和极核,导致 6%多胚、7%异受精、45%胚乳缺陷等特殊现象,从而产生一定频率的单倍体。

拟南芥中以 *CENH3* 基因为基础的单倍体诱导系也被证明能够诱导产生孤雄生殖单倍体,诱导效率高达 25%～45%。*CENH3* 是一种着丝粒特异性的组蛋白,在着丝粒的组装和正常功能的行使方面起着关键的作用,其 N 端尾部序列高度可变,但功能非常保守,功能缺失的 *CENH3* 突变体无法存活。利用甲基磺酸乙酯(EMS)和定向诱导基因局部突变(TILLING)技术,对 *CENH3* 保守位点进行点突变,鉴定了多个保守位点,如 P82S、G83E、A86V、L130F、A132T、A136T 等,*CENH3* 着丝粒结合功能因折叠区的单个氨基酸改变而降低,其中任意氨基酸突变互补 *cenh3-1* 的突变体,与野生型拟南芥杂交时可诱导 0.61%～12.2%的单倍体。其可能的原因是突变体的合子第一次有丝分裂时,*CENH3* 在着丝粒 DNA 结合、组装和纺锤丝偶联等方面弱于野生型,减缓了染色体分离,导致染色体消除。利用 CRISPR/Cas9 基因编辑技术,在玉米中获得了 *CENH3* 完全缺失突变体,利用其杂合突变体进行杂交,获得了高达 20%的诱导率,并推测可能是细胞内 CENH3 蛋白浓度的稀释或降低到一定程度导致了单倍体的产生。

利用以上两种单倍体诱导途径,研究者们在多种作物中都成功获得了较高频率的单倍体,并用于育种实践中。研究者们还将单倍体诱导和基因编辑巧妙地结合,拓宽了单倍体诱导的应用。利用 CRISPR/Cas9 技术,编辑了水稻 3 个减数分裂相关基因(*REC8*、*PAIR1* 及 *OSD1*)和参与受精的 *OsMATL* 基因,固定了杂交稻 F_1 的杂合性状,实现了无融合生殖,无须额外杂交就能直接繁殖育种。同样,在玉米中,将基因编辑的元件导入单倍体诱导系中,利用携带编辑载体的诱导系作为父本,与待改良的自交系进行杂交,后代就能获得目标性状被编辑且携带基因编辑元件的染色体组被清除的单倍体,对其染色体进行加倍,2 个世代就能创制出性状改良且无转基因成分的自交系,实现了纯系目标性状的快速改良,打破了基因编辑育种对材料遗传转化能力的依赖。单倍体诱导技术已成为未来主要农作物纯系创制与性状改良的共性技术。

思考题

1. 请理解单倍体与双单倍体的概念,并阐述单倍体植株的特点。
2. 简述单倍体的来源。
3. 影响花药培养和花粉培养的主要因素有哪些?
4. 简述单倍体如何进行加倍。
5. 了解单倍体诱导系的概念以及其在育种中的应用价值。

参考文献

[1]蔡华,赵维萍,葛奇,等.*Kr1* 基因在小麦×玉米远缘杂交中的表达及甲基化变异.麦类作物学报,2016,36(7):825-832.

[2]蒋金金,苏汉东,洪登峰,等.植物生物技术研究进展.植物生理学报,2023,59(8):1-27.

[3]王葆生,刘湘萍,廉勇,等.单倍体育种技术研究进展.北方农业学报,2018,46(5):44-49.

[4]Liu C X,Zhong Y,Qi X L,et al. Extension of the *in vivo* haploid induction system from diploid maize to hexaploid wheat. Plant Biotechnology Journal,2020,18(2):316-318.

[5]Liu J,Liang D,Yao L,et al. Rice haploid inducer development by genome editing. Methods Mol Biol,2021,2238:221-230.

[6]Liu Z X,Wang Y B,Ren J J,et al. Maize doubled haploids. Plant Breeding Review,2016,40:123-166.

[7]Wang B B,Zhu L,Zhao B B,et al. Development of a haploid-inducer mediated genome editing system for accelerating maize breeding. Molecular Plant,2019,12(4):597-602.

[8]Wang C,Liu Q,Shen Y,et al. Clonal seeds from hybrid rice by simultaneous genome engineering of meiosis and fertilization genes. Nat Biotechnol,2019,37(3):283-286.

[9]Xie E,Li Y,Tang D,et al. A strategy for generating rice apomixis by gene editing. J Integr Plant Biol,2019,61(8):911-916.

[10]Zhong Y,Chen B,Li M,et al. A DMP-triggered *in vivo* maternal haploid induction system in the dicotyledonous *Arabidopsis*. Nat Plants,2020,6(5):466-472.

第5章 原生质体培养与原生质体融合技术

植物细胞的最外层是细胞壁，去掉细胞壁，细胞膜便成为细胞活物质与外界环境的唯一屏障。被质膜包被的“裸露细胞”便是植物原生质体(protoplast)。原生质体有几个特点：①具有正常的细胞功能，能进行植物细胞各种基本生命活动；②没有细胞壁障碍，更易摄取外源遗传物质，是理想的遗传转化受体；③拥有完整的染色体遗传物质，具有细胞全能性，可以重新再生成完整植株。正是由于原生质体具有这些特点，其在基础研究和作物遗传改良研究逐渐显示出较大的应用潜力。本章主要从原生质体分离、培养及原生质体融合技术等方面阐述原生质体相关技术的应用前景。

5.1 原生质体的应用

由于结构的特殊性，原生质体为植物学基础研究与遗传育种提供了极为有利的实验材料，原生质体的应用主要有以下4个方面。

(1)细胞融合，创造新种质　原生质体培养的成功为原生质体融合提供了可能。在诱导条件下，不同类型的原生质体可以发生融合，从而克服有性杂交的物种障碍，创制远缘杂种甚至新物种。

(2)遗传转化的受体系统　原生质体作为遗传转化的受体具有以下多方面的优势。首先，同一组织可以产生大量遗传背景基本一致的原生质体。其次，原生质体具有再生能力，获得转化植株较为容易。再次，由于没有细胞壁的阻隔，原生质体更容易接受外源遗传物质，如质粒、细胞器、细胞核等。最后，原生质体作为受体系统可以对原生质体采用固体包埋培养，各个原生质体间可以严格区分，从而避免再生植株出现嵌合体。

(3)基础研究的良好材料　原生质体可以为细胞生物学和生理学、发育生物学等基础理论研究提供理想的实验体系，用于研究细胞膜特性、物质跨膜运输、细胞壁再生机制等。

(4)再生植株诱变效率高，有利于突变体创制　去除细胞壁后，细胞膜对外界条件比较敏感，因此在原生质体培养过程中产生体细胞变异无性系的频率相对比较高，可以创制大量的突变体，用于种质筛选。尤其是结合其他物理或化学诱变手段，诱变效率更加高。

5.2 原生质体分离

获得活力强的原生质体是原生质体培养的第一步。除此之外，在分子生物学基础研究中进行目的基因的瞬时表达及亚细胞定位分析也需要进行原生质体分离。理论上，只要去除纤维素、半纤维素、果胶质和少量蛋白质等细胞壁的主要成分，就可以让原生质体得以释放。原生质体分离的方法很多，经常采用的有机械法和酶解法。机械分离法仅限于特定的组织（如具有较大液泡化细胞的组织），因该方法费时费力，且获得的原生质体活力也较低。酶解法效率高，获得的原生质体完整性好，广泛适用于大多数植物原生质体的制备，是目前原生质体分离的主要方法。

5.2.1 影响酶解法分离原生质体效果的因素

酶解法是利用纤维素酶、半纤维素酶和果胶酶等解离细胞壁及胞间层，从而释放原生质体。影响原生质体分离效果的因素很多，如起始材料的选择，酶的种类、组合及浓度，酶解渗透压及 pH，原生质体的纯化方法等。

（1）起始材料的选择　选择合适的起始材料是成功分离植物原生质体的首要条件。在分离原生质体时，根据具体情况选择使用植物组织。叶肉细胞是被广泛用于分离原生质体的材料，选材时首先选择使用叶片。因为植物叶片取材相对简单，叶肉细胞排列疏松，容易酶解，并且含有较多的组织细胞，可以分离出大量的比较均一的原生质体。同时，叶肉细胞有明显的叶绿体存在，为选择杂种细胞提供天然的标记。生长旺盛、分散性好的愈伤组织或悬浮细胞也是用于分离原生质体的较好的原始材料。具体可根据酶解容易程度选择，若叶片不易酶解，可尝试其他组织，如愈伤组织、茎、根等为起始材料。

（2）酶的种类、组合及浓度　酶解法分离原生质体时，选择适合的分解酶非常关键，需要根据不同植物种类细胞壁中纤维素及果胶种类、含量的不同进行调整。针对植物细胞细胞壁的主要成分是纤维素、半纤维和果胶等，需使用对应的能够酶解这些成分的酶类，如纤维素酶、半纤维素酶和果胶类酶等。纤维素酶主要用来降解纤维素。半纤维素由多种不同类型的单糖组成，用半纤维素酶可进行酶解，该酶可以水解覆盖于纤维素表面的半纤维素，以便纤维素暴露。因此，这两种酶的结合使用，可以提升纤维素的水解效率。一般而言，只加纤维素酶和果胶酶即可分离出原生质体，但纤维素和果胶含量在不同植物或不同组织的细胞壁中会存在差异，有时也会根据实验材料的不同性质添加半纤维素酶和崩溃酶（driselase）。崩溃酶同时具有纤维素酶、果胶酶、地衣多糖酶和木聚糖酶等多种酶活性，对于原生质体分离效果比较好。

（3）酶解渗透压及 pH　由于原生质体没有细胞壁的保护，外界渗透压比胞内低，一旦超出质膜可承受范围，就会引起原生质体的破裂。为了保证分离出的原生质体活性和质膜稳定性，可以加入一定量的渗透压稳定剂，如甘露醇、葡萄糖、山梨糖醇等。这些渗透压稳定剂的使用浓度范围一般在 0.3～1.0 mol/L。渗透压调节剂在帮助原生质体维持稳定的同时，也不会被细胞吸收和利用，对细胞生长没有不良影响。pH 对于获得高质量、高活性原生质体也很关键。适宜的 pH 可以确保正常酶活并维持质膜的稳定性。过高和过低的 pH 都会影响细胞稳态。通常用于分离植物原生质体的酶解液的 pH 应该与植物最适生长 pH 相似，具体大小根据不同植物的特点而定。为了维持酶解期间 pH 的稳定，可以在酶液中添加适量 2-氮吗啉乙烷磺酸（MES），以便提高质膜的稳定性，增加完整原生质体的数量和活力。

（4）原生质体的纯化方法　经过酶解后的植物组织混合物除了包含有活力的原生质体

外，还有其他杂物，如细胞碎片、酶类蛋白质等。因此，酶解后获得的原生质体混合液，还需要经过纯化，去除掉非原生质体成分。先用 40～400 μm 孔径的筛网过滤，去除未完全酶解的组织、细胞团、碎片杂质等，然后将滤液在 100～300*g* 速率下离心，弃去上清液，利用含有一定量的渗透压稳定剂的溶液重新悬浮，重复以上步骤 2～3 次，即可得到纯净的原生质体悬浮液。也可以采用其他原生质体纯化方法，如漂浮法和沉降界面法。漂浮法的原理是利用相对分子质量和浮力较大的蔗糖作为渗透压调节剂，从游离到洗涤纯化，原生质体均处于溶液表层。而沉降界面法则是利用两种不同渗透浓度的溶液，使原生质体密度介于两种溶液之间，以便让原生质层位于两层中间。

5.2.2 原生质体活力检测

检测原生质体活力最常用的方法是二乙酸荧光素(fluorescein diacetate，FDA)染色法。FDA 是一种细胞膜渗透性物质，其染色机理是利用死亡细胞和生活细胞在代谢上的差异，FDA 本身并无荧光和极性，但能自由进出完整的细胞膜。当 FDA 进入有生活力的细胞内，会被细胞内具有正常功能的脂酶分解，产生有极性的、能产生荧光的物质——荧光素，而荧光素不能渗透出入细胞质膜，积累在细胞膜内，从而使有活力的细胞在紫外线照射下发出绿色荧光；而无活力的原生质体不能被 FDA 分解，无法产生荧光(图 5-1)。

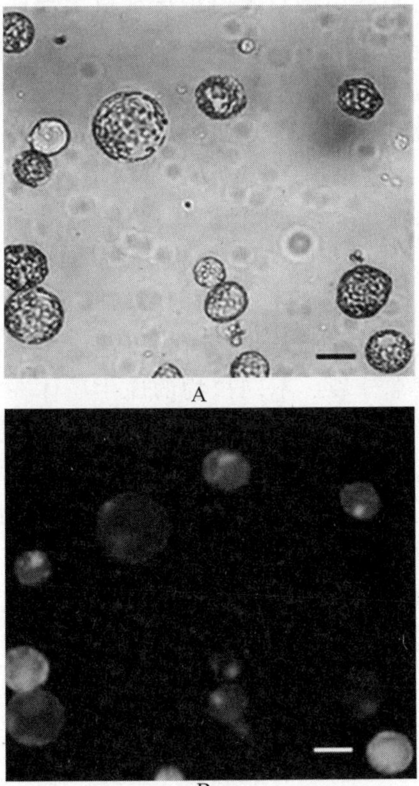

A. 草原龙胆原生质体(自然光)
B. 草原龙胆原生质体(荧光)

图 5-1 龙胆原生质体活力鉴定(李婧瑶等，2023)

图 5-1 彩图

原生质体活力检测时，先吸取纯化后的原生质体悬浮液 0.5 mL，放入 10 mL 离心管中，加入 FDA 溶液（2 mg/L FDA 丙酮溶液，0 ℃储存），并调整其总浓度为 0.01%，室温放置 5 min 后检测荧光。计算发绿色荧光的有活力原生质体数目以及原生质体总数，利用下面的公式计算两者的百分比，即表示原生质体活力。

$$原生质体活力=\frac{有活力原生质体数目}{原生质体的总数}\times 100\%$$

5.3 原生质体培养

5.3.1 原生质体培养中需注意的关键问题

原生质体培养过程中，有许多需要注意的问题，如培养基的选择培养方法和培养条件等。但是相对而言，以下两个方面的问题比较关键。

(1)保持稳定的渗透压，维持膜的稳定性　原生质体培养过程中，必须维持细胞膜的稳定性，使细胞处于一个等渗或者胞内渗透压稍低于胞外渗透压的状态。酶解后得到的原生质体，在培养初期需要加入一定量的渗透压稳定剂，以维持原生质体质膜的完整性，一旦细胞壁形成后，则需逐渐减少渗透压稳定剂的使用量。在原生质体培养初期需尽量避免原生质体“出芽”现象的发生。在新细胞壁的形成过程中，细胞壁的部分较弱或不完整，若膜内外渗透压不平衡，细胞的内压会使得原生质体出现细胞质的局部膨胀，使细胞质突出呈芽状。培养过程中出现原生质体出芽对后续培养不利。周宇波等在马铃薯叶肉原生质体培养中发现，相同渗透压下，只使用甘露醇和蔗糖，细胞虽然能启动分裂但不能继续发育，且原生质体出芽及细胞异常膨大比例显著增加，而添加山梨醇、木糖醇、纤维二糖和葡萄糖等多种糖醇时，则细胞壁形成与细胞持续分裂生长正常。因此，多种渗透压稳定剂综合使用对于渗透压的稳定更有效，可以显著降低原生质体“出芽”的概率。

(2)激素在原生质体细胞壁和愈伤组织的形成及植株再生中起至关重要的作用　质体培养初期不添加激素，则原生质体不能正常分裂。不同植物的原生质体在培养时所需激素种类及含量可能不同，需根据具体植物进行添加和筛选。原生质体分裂早期，主要添加对细胞分裂有促进作用的生长素类，但当只加入生长素类没有生长反应时，需调整激素种类，同时加入生长素类和细胞分裂素类，如矮牵牛原生质体培养基中添加 NAA 和 6-BA、胡萝卜原生质体培养基中添加 2,4-D 和 ZT 可以促进原生质体的细胞分裂。当原生质体诱导形成愈伤组织后，需将愈伤组织转移至分化培养基，降低或移除 2,4-D，同时降低 NAA 浓度或用 IAA 代替，适量增加细胞分裂素，如 6-BA、KT 或 ZT 等。

5.3.2 原生质体培养的方法

原生质体培养的方法很多，主要包括液体浅层培养、固体培养和固-液双层培养。最简单的培养方法是液体浅层培养，即利用相应的液体培养基将原生质体重新悬浮，调整至合适的培养密度后在培养皿中直接培养。该方法操作便捷，对原生质体伤害较小，但容易积累代谢废物，原生质体间易产生粘连，从而影响分化效果。同时，该方法也难以定点观察，需经常添加新的培养基而易造成污染。

固体培养也称为固体包埋培养。该方法先将原生质体悬浮于液体培养基,然后再与琼脂等凝固剂以一定比例混合,薄层平铺于培养皿底部,待琼脂凝固后封口培养。该方法可以实现原生质体的细胞壁再生的定点跟踪和观察。但缺点是对操作要求较为严格,原生质体悬浮液与琼脂混合时需把控好条件,温度不能过高或过低,过高易影响原生质体活力,过低易造成琼脂凝固较快、原生质体分布不均。因此,该方法只在有特殊研究需要时才使用。

目前,培养原生质体最常用的方法是固-液双层培养法。先配制一层固体培养基,然后在其基础上添加薄层原生质体悬浮液。薄层液体层有利于通气,而位于其下层的固体培养基可为原生质体持续提供营养物质,也可以吸收培养时产生的一些代谢废物以减少对细胞生长的伤害。液体层的存在可以保持培养基较好的湿度,不易失水变干,还可以定期注入新鲜液体培养基,保证原生质体的持续生长。水稻、木槿(*Hibiscus syriacus* Linn.)等植物中均采用该方法培养原生质体。另外,在底层的固体培养基中还可以添加适量的活性炭,可吸附培养过程中产生的有害物质,提高培养效率。

还有一些植物在使用固-液双层培养得到的效果不佳时,还可以采用看护培养,又称为饲养层培养。看护培养是指利用 γ 射线、X 射线或紫外线灭活后细胞壁完整但失去分裂能力的原生质体作为看护层,将看护层包埋在下层的琼脂糖中,可以为位于上层培养的正常原生质体提供营养物质,在柑橘(*Citrus reticulata* Blanco)、百合等植物中均利用看护培养法大幅度提高了原生质体的成活率。

5.4　原生质体生长与植株再生

没有细胞壁的原生质体是研究细胞壁再生的理想系统。原生质体的细胞壁再生可以为阐明细胞壁的形成机理提供重要的载体和对象。原生质体一般在分离后几个小时内就开始了细胞壁的再生。不同植物原生质体再生细胞壁所需的时间不同,如香蕉原生质体培养 24 h 可以再生出细胞壁,而梨原生质体细胞壁再生则需要 12～13 d。原生质体再生细胞壁的过程可分为以下 3 个阶段。

(1)细胞壁再生早期　该时期开始有少量纤维素不均匀地沉积在细胞膜表面,纤维素微纤丝随机排列,此时的微纤丝不具有方向性。

(2)细胞壁再生中期　纤维素微纤丝不断在细胞表面积累并且呈现出一定的方向性,此时的细胞壁在细胞表面形成一个多片层系统,在细胞膜与新生壁之间形成一定距离的间隙。

(3)成熟期　成熟期会有少量的果胶质、糖蛋白等分泌到细胞外产生无定形物质,用于填充在原生质体和微纤丝构成的多片层系统之间,直至形成完整的细胞壁,细胞进入分裂期。

拟南芥原生质体培养 6 h 后,在细胞膜表面上即可观察到微纤丝的形成,培养 24 h 后,微纤丝在细胞膜表面大量积累,细胞表面形成致密的微纤丝网络(图 5-2)。

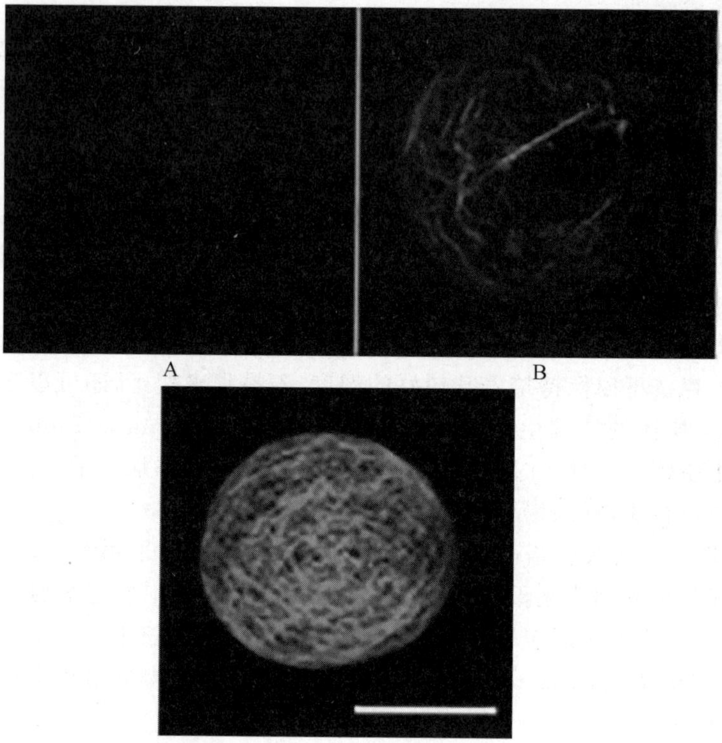

A　　　　　　　　B

C

A. 原生质体培养 0 h，细胞膜表面没有微纤丝产生

B. 原生质体培养 6 h，微纤丝开始在细胞膜表面部分沉积

C. 原生质体培养 24 h，微纤丝在细胞膜表面大量积累，细胞表面形成致密的微纤丝网络

图 5-2　拟南芥原生质体再生细胞壁荧光显微镜成像图

（何其邹洪等，2021）

图 5-2　彩图

细胞壁的形成与否会直接影响后续的细胞分裂，不能再生出完整细胞壁的原生质体，无法进入后续的正常有丝分裂。细胞壁再生越早，细胞分裂也就越快。细胞壁再生之后不久，就会不断分裂形成多细胞团，进而形成肉眼可见的愈伤组织。此时，需将愈伤组织转入分化培养基中，然后可以通过器官发生途径或体细胞胚胎途径再生成完成植株。

原生质体再生植株的染色体倍性及数目容易出现变异，尤其是用悬浮培养细胞，特别是长期继代培养的细胞系分离得到的原生质体培养再生的植株中，出现非整倍体频率较高。

5.5　原生质体融合

原生质体融合，是指两个或两个以上原生质体自发或在外界诱导下融合成为一个杂种细胞的过程，也叫细胞融合、体细胞杂交。原生质体融合可以克服有性杂交不亲和性，打破物种之间的生殖隔离，创造远缘杂种，扩大遗传变异。

原生质体融合在改良现有品种的抗性、转移胞质不育基因及创造自然界不存在的新的种质资源等方面均有成功报道，多种植物的原生质体培养成功再生植株，并已通过原生质体融合获得多种植物种间、属间甚至科间的体细胞杂种，因此，原生质体融合作为一种生物技术育种途径，具有广泛的应用前景。例如，李菲等将小麦族的野生近缘种，如簇毛麦、长穗偃麦草、中间偃麦草，以及玉米和燕麦等与优良小麦品种的原生质体进行融合，将优质、大穗、矮秆、抗病、耐寒和耐盐等性状转移至小麦品种，从而改良了小麦的这些性状，培养出了众多优良小麦品系。

原生质体融合方式主要包括对称融合和不对称融合。利用不同的融合方式可获得对称杂种、非对称杂种(asymmetric hybrid)或胞质杂种(cybrid)后代。在早期的研究中，研究者的兴趣和重点主要集中在亲缘关系较远的植物之间的原生质体融合，Melchers 利用对称融合创制了许多系统发育上无关的植物种间杂种，如番茄与马铃薯原生质体的融合。虽然两者的融合得到了杂种植株，但该植株却未表现出预期性状，而是表型倾向于番茄植株，花和叶具有杂种特点，果实畸形，地下也未形成块茎。在柑橘等植物的对称融合的研究中也碰到了类似情况，即获得的体细胞杂种不仅未把双亲的优良性状结合起来，反而丢失了融合双亲各自原有的有利特性。例如，起初利用细胞融合是想获得一方亲本的优质果实性状和另一方亲本的优良抗性，结果获得的杂种植株果实却是粗皮大果。如果只是将异源种属中的少数有用的染色体或片段导入受体原生质体，就极有可能改善杂种育性且不至于含过多不需要的性状。

不对称融合是指在细胞融合前，先利用物理或化学方法处理双亲之一的细胞核基因组。通常采用 X 射线、γ 射线或紫外线(UV)等对供体原生质体进行照射处理，引起核 DNA 链产生断裂和缺口，从而使染色体片段化，失去遗传功能，而仅作为细胞质供体与完整的另一方受体原生质体进行融合。由于细胞质控制着大多数农艺上需求的优良性状，如雄性不育、抗除草剂、抗病及抗寒等特性，去核后只有细胞质而不含核物质的胞质体为供体，与完整的受体原生质体融合，可以通过胞质体-原生质体融合使亲本一方的细胞质基因转移到全新的核背景中，或是将双亲的叶绿体基因组和线粒体基因组重新组合，实现供体的部分或少量遗传物质转移，由此得到胞质杂种。利用不对称融合已从多种植物的种间或属间获得了非对称杂种，为作物育种提供了新的变异途径。

5.6 原生质体融合方法

植物细胞在进行细胞壁酶解过程中，相邻的原生质体会因为细胞间的粘连而彼此融合，从而产生融合细胞。细胞膜的结构特殊性为细胞间的融合提供了可能。细胞膜由兼具两种完全不同性质的脂质分子组成，单个分子有一个亲水头部和一条或两条疏水烃尾，自然形成三明治式脂双层结构(图 5-3)。这种脂双层的结构对于细胞膜的流动性具有重要意义，它使膜蛋白能在脂双层平面内迅速扩散和相互作用，这为细胞信号传导、膜脂质和蛋白质的扩散以及膜互相融合提供了可能。

在自然条件下发生细胞融合的效率较低，为了提高原生质体融合效率，通常人们会借助化学和物理手段，如聚乙二醇(PEG)法或电融合等。PEG 是一种高分子聚合物，含有醚键而具有负极性，可与蛋白质、水、碳水化合物等一些正极化基团形成氢键，在 Ca^{2+} 的参与下，改变细胞膜结构，使两细胞接触点处质膜的脂类分子发生疏散和重组，从而使细胞发生聚

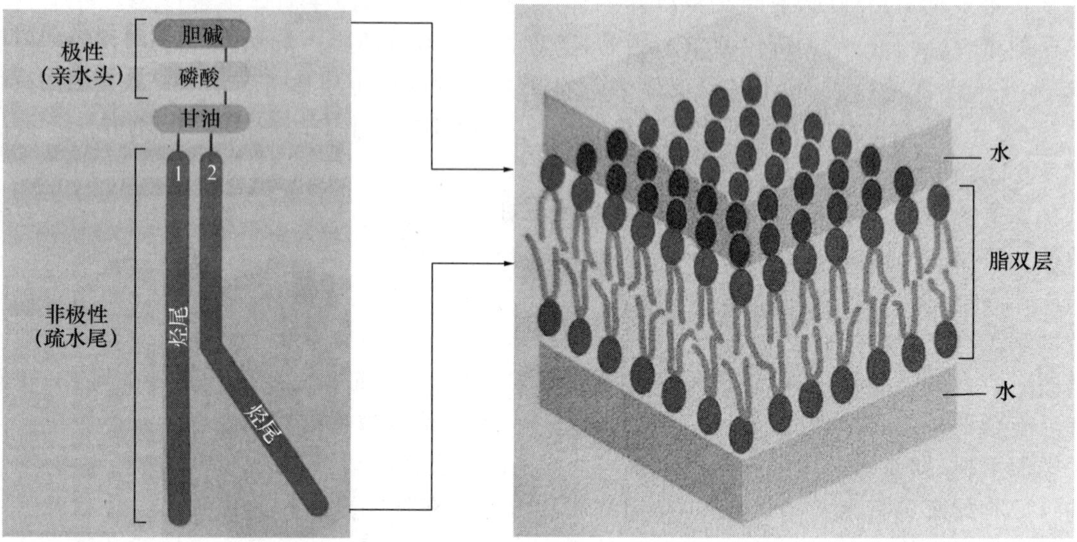

图 5-3　脂质分子与脂双层结构（B. 艾伯茨等，2023）

集、融合。高 pH 环境可加剧电荷的不稳定性，促使重排的快速进行，增加质膜的流动性，提高融合效率。PEG 法可用于动、植物和微生物各种细胞融合，同时易制备和使用。

电融合法（electrofusion）是最常采用的物理诱导细胞融合的方法。该方法利用电场来诱导细胞彼此连接成串，再施加瞬间强脉冲促使质膜发生可逆性电穿孔，从而产生质膜重组，进而促进细胞融合。电融合法不需要额外配制融合溶液，对细胞无毒害，操作起来简便快捷，融合效率高，在细胞融合中使用得越来越广泛。

5.7　原生质体融合在植物育种中的应用前景

原生质体融合技术可以创造出自然界不存在的新种质资源，其与常规育种技术的结合，已在多种作物育种中创制出具有优良特性的种质材料。该技术在作物遗传育种中的应用创造出了许多重要的成果。例如，利用原生质体不对称融合将长穗偃麦草（*Thinopyrum ponticum*）的染色体片段引入小麦栽培种，水稻-菰属（*Zizania*）的不对称融合，可创制用于水稻新品种培育的材料；通过原生质体融合获得陆地棉（*Gossypium hirsutum*）和野生种克劳茨基棉（*G. klotzschianum*）的杂种，并从六倍体融合后代筛选获得高光合效率的种质。与基因工程相比，原生质体融合途径在作物育种中具有独特的优势，既可以转移基因工程无法实现的多基因控制性状，还能避免基因工程技术所带来的生物污染的潜在危害。

当然，原生质体融合育种也具有不可预料性，通常在导入有用基因的同时，也可能会带入不利基因。如果要消除不利基因的影响，必须将其与受体亲本进行反复回交，会降低选育效率。近年来，逐渐发展起来的微核技术可在不同属植物间定向转移单条或多条染色体，使原生质体融合技术可以实现部分基因组的转移，且能获得性状稳定的再生植株，这使其在植物遗传育种中更具有实用价值。作为有性杂交的有益补充，原生质体融合技术可与遗传转化技术和常规育种技术相结合，为将来植物新品种的培育提供更为广阔的途径。

思考题

1. 简述原生质体的概念及特点。
2. 试述原生质体活力的检测方法。
3. 什么是原生质体“出芽”？
4. 简述激素在原生质体培养中的作用。
5. 简述原生质体的培养方法及特点。
6. 原生质体融合的方式有哪些？
7. 原生质体融合最常用的方法技术有哪些？

参考文献

[1]B. 艾伯茨，K. 霍普金，A. 约翰逊，等．细胞生物学精要．原书第5版．张传茂，辛广伟，傅静雁，译．北京：科学出版社，2023.

[2]何其邹洪，鄂一岚，王广超，等．植物原生质体的细胞壁再生．中国细胞生物学学报，2021，43(1)：10.

[3]蒋金金，苏汉东，洪登峰，等．植物生物技术研究进展．植物生理学报，2023，59(8)：1-27.

[4]李婧瑶，刘龙飏，丁兵，等．植物原生质体分离及培养研究进展．分子植物育种，2023，21(2)：620-632.

[5]Godel-Jedrychowska K，Mackowska K，Kurczynska E，et al. Composition of the reconstituted cell wall in protoplast-derived cells of daucus is affected by phytosulfokine (PSK). International Journal of Molecular Sciences，2019，20(21)：5490.

[6]Yokoyama R，Kuki H，Kuroha T，et al. *Arabidopsis* regenerating protoplast：A powerful model system for combining the proteomics of cell wall proteins and the visualization of cell wall dynamics. Proteomes，2016，4(4)：34.

第6章 植物茎尖脱毒与快速繁殖技术

植物茎尖脱毒技术是利用植物茎尖组织培养，结合血清病毒检测等技术，在防蚜、防虫传毒条件下，将影响植物正常生长的植物病毒脱除的高新农业生物技术。本章围绕植物病毒的发现与传染方式、植物茎尖脱毒原理与步骤、无病毒苗检测方法、植物快速繁殖技术原理与操作流程、快速繁殖影响条件等，详细介绍植物茎尖脱毒与快速繁殖的理论和技术，目的是进一步提升农业生物技术创新源头，增强自主创新能力。

6.1 植物茎尖脱毒原理与技术

早在18世纪末，植物病毒病在欧洲流行，危害农作物，致使产量大为损失，品质降低。植物病毒病给世界各地带来重大经济损失。据统计，全世界仅粮食作物因病毒病导致的损失每年高达200亿美元，经济作物因病毒病造成的损失每年高达600亿美元。后来，植物脱毒技术的产生改变了这一困境，该技术可减少农作物病害植物病毒的发生率，提高产量，改善作物品质，对作物生产意义重大，大大提升了农作物经济效益。

6.1.1 植物病毒的发现与生物学特性

植物病毒的发现始于17世纪。当时，荷兰农户在种植郁金香时发现被病毒侵染的植株，染病郁金香形成碎色花纹，且将正常植株球根接种到染病植株球根时，也会造成病毒侵染。这是最早有关病毒病发病的报道。

后续在国内外依次出现马铃薯病毒病、烟草花叶病毒病、黄瓜花叶病毒病等重大植物病害，影响植株正常生长，并成为限制生产的主要因素之一。有报道表明，1936—1937年，黄金海岸东部地区由于非洲可可树感染肿枝病，损失200万英镑，为清除该病害，1955年黄金海岸地区砍伐了4 000万株病树。据我国病毒研究人员报道，复合病原侵染的番茄花叶型病可使番茄出现严重的坏死症。1991—1992年，露地番茄病毒病危害严重，几乎全部致病，失去经济价值。

正是植物病毒病的肆虐促使了植物病毒学的发展。众多研究者通过大量实验与潜心钻研，在植物病毒学的道路上默默探索，从发现病毒，到研究病毒本身结构、复制及遗传变异基本规律，以及如何防治植物病毒对植物的种种危害等。植物病毒学对于农业发展而言意义重大。其一，通过研究病毒与寄主及其环境的关系，可以此为基础提出防治措施，减少植株感病概率，有效增产；其二，研究病毒本身结构、复制及遗传变异基本规律可用于阐述生命的起源与探索人工合成生命的可能性。

那么，植物病毒究竟是何物？早期由于科研技术与环境发展较慢，虽然发现了植物病毒的存在，但无法观察以及对其进行更深入的研究。直至 1939 年，显微镜的问世缓缓揭开植物病毒的面纱，人们对于病毒才有了本质性的认识。病毒是一种必须在活细胞内寄生，以复制方式增殖的非细胞生物，其外壳为蛋白质，内部仅具有一种类型核酸，即 DNA 或 RNA，无完整细胞膜与细胞核等结构，不具备自我复制功能，但可变异。

病毒特殊的结构决定了其功能以及特有的生物学特性，可概括为以下 6 个方面。

(1)传染性　病毒具有一定传染性。1886 年，Mayer 将患有花叶病的烟草植株叶片加水研磨，取其汁液注射到健康烟草植株的叶脉中，结果引起了花叶病，由此证明这种病具有传染性。到 1898 年，Beijerinck 进一步研究发现这是一种区别于细菌的"有感染性的活的流质"，并将其命名为病毒，拉丁名为"virus"。

(2)增殖性　病毒侵入目标对象后，可以自我复制的方式增殖，且在相应的活细胞体内才能增殖。将感染烟草花叶病植株的汁液注射少许到健康植株上，10 多天后便感染病害，并可从感病植株的汁液中提取出病毒，由此推断植物病毒可在寄主体内自我复制。

(3)形态　病毒的形态多种多样。在显微镜下可观察到病毒的形态特征，3 种典型形态的病毒如下：螺旋对称的烟草花叶病毒(TMV)，呈直杆状；烟草环斑病毒，呈球状；马铃薯 Y 病毒，呈线条状。

(4)稀释终点　稀释终点又称稀释限点，指病毒在植物病株的汁液中保持侵染力的最大稀释限度。当接种病株汁液稀释到一定倍数时，每单位体积中所含病毒数就会达到一定限数，超过此限数的稀释度则不再具有侵染性。

(5)钝化温度　钝化温度是指使病毒丧失侵染力的最低温度，习惯上称为"热钝化温度"或"热致死温度"。植物病毒的钝化温度变化幅度很大，番茄斑萎病毒为 45 ℃，而烟草花叶病毒超过 90 ℃，一般植物病毒的钝化温度在 55～70 ℃。

(6)体外存活期　体外存活期指的是病毒汁液在 20～22 ℃能保持侵染力的最长时间。不同植物病毒的体外存活期各有不同。例如，烟草花叶病毒(TMV)和番茄花叶病毒(ToMV)体外存活期约 2 年，而黄瓜花叶病毒的体外存活期仅仅只有 1 周左右。绝大多数病毒的存活时间取决于其寄主的生存时间，一般无法独立生存。为有利于学者对不同病毒开展深入研究，众多延续病毒体外存活期的相关研究也相继展开。研究表明采用去酶、加入稳定剂及低温贮藏等措施可以延长病毒存活期。

6.1.2　病毒的传染方式

病毒可通过多种传播途径传染，如水平传播和垂直传播。水平传播是指植物病毒在外环境中借助传播因素实现植物侵染。例如，通过物理损伤形成的伤口侵染进入植物，或是在某些无性繁殖过程中通过插条、嫁接等方式传播植物病毒。虫媒也是一种传播介质，尤其是某些携带病毒的昆虫。当昆虫自身携带病毒，并与健康植株接触对其损害时，也可完成病毒传染这一过程。垂直传播是指植物病毒通过母体遗传直接传给子代的过程。若母体携带病毒，通过有性繁殖产生的后代也带有病毒；若通过采用根、茎、叶等进行组织培养，也会使幼株携带病毒。

6.1.3 植物无病毒苗的意义

研究表明，当前已有600种以上的病毒可侵染植物并引起病害，特别是无性繁殖类植物，若病毒在母株内逐代积累，病害将不断延续，这对农作物的生长与后期经济收益来说可谓是巨大的潜在威胁。此外，当前对于植物病毒还无法做到彻底根除，只能通过物理、化学或生物防治等减轻植物病毒病害，但在某些程度上会对植株产生一定伤害。随着种质资源交换范围的扩大和生态条件的改变，各种植物侵染病毒的种类越来越多，侵染范围也日益扩大，侵染程度日趋严重，给粮食作物、园艺作物、经济作物和林木生产带来不可估量的损失。而植物组织培养脱毒技术可用于生产脱毒苗，恢复作物种性，增强抗性，有效改善植物病毒病。由此可见，植物无病毒苗的培育意义重大。

自1952年法国莫勒尔等利用感染花叶病毒的大丽花茎尖分生组织离体培养，并获得无病毒植株，众多研究者便开始利用植物组织培养方法对农作物及园林植物展开脱毒研究。近年来的研究主要围绕植物病毒的检测、脱毒方法与脱毒苗的鉴定等。通过物理、化学、生物等方面的技术从表观到分子层面对病毒进行检测。例如，苹果潜隐病毒的常规检测主要是木本指示植物检测法；韦石泉等用负染色技术电镜观察，结果表明可检测出线条状和杆状病毒。例如检测芜菁花叶病毒(TuMV)较为有效，但检测球状和短杆状病毒，如黄瓜花叶病毒(CMV)则甚为困难。

与此同时，研究学者潜心探索多种脱毒方法，并采用多种方法结合的形式，以便更加高效地实现植物脱毒。例如应用最广泛、最有效的植物茎尖组织培养脱毒、热处理结合茎尖培养脱毒法、化学脱毒法、超低温保存结合茎尖培养脱毒法、愈伤组织和花药组织培养脱毒法、基因工程脱毒法以及嫁接脱毒法，同时采取多种脱毒方法结合，以期达到最佳效果。有研究者采用变温、二氧化碳处理与组培结合脱毒法，具体操作是在变温处理和组织培养的基础上结合高浓度二氧化碳和高温短期处理的方法脱去病毒，在葡萄上已初见成效。

6.1.4 植物茎尖脱毒

6.1.4.1 植物茎尖脱毒原理

植物茎尖脱毒的主要原理即病毒在植株体内的不均匀分布，一般老叶与成熟组织和器官病毒含量较高，幼嫩及未成熟的组织和器官病毒含量较低，而生长点(0.1～1.0 mm区域)则几乎不含病毒或病毒很少，并且越靠近尖端，病毒浓度越低，感染概率也越低。原因有以下两点：其一，病毒在植物体内是通过维管系统转移的，但茎尖分生组织无维管束系统，病毒无有效的传输途径；其二，病毒繁殖运转的速度不及茎尖分生区细胞生长速度，病毒在植物体内主要有两个转运途径，即通过胞间连丝在相邻细胞间的短距离胞间运动和通过维管束组织的长距离转运，病毒通过胞间连丝传输较慢，茎尖分生组织细胞增殖快，因此茎尖可免受病毒侵染。最新的研究显示，维持茎尖干细胞区稳态的关键基因能够调控阻断病毒在宿主植物内的蛋白合成，从而在茎尖分生组织区形成无病毒区域。因此可以利用茎尖作为外植体进行组织培养获得无毒苗木。

6.1.4.2 植物茎尖脱毒操作过程

植物茎尖脱毒步骤一般可分为：无菌环境的建立、外植体的增殖、诱导生根以及试管苗的移栽驯化。

(1)无菌环境的建立　对于植物茎尖脱毒培养而言,无菌环境是植株正常发育的基础。

从待接种的植株上选择合适的外植体。取样母株应保持发育旺盛和健康成长的状态。外植体要保证其活性与无菌性,因此尽量挑选杂菌污染少、生长幼嫩的茎尖。对果树、林木和木本花卉取材前可在茎尖生长期预先喷施杀菌药,降低材料带菌程度。

取样后应对外植体消毒,确保表面无菌。先用自来水冲洗一定时间,而后用消毒剂如次氯酸钠、升汞、乙醇等对材料消毒,再使用无菌水冲洗 3～5 次,在消毒材料的同时,还应注意尽量减少对材料的损伤,保证其活性。

材料处理好后,切取适宜长度茎尖分生组织进行培养,长度以 1 mm 以及小于 1 mm 为宜。因为从感病植株分离出无病毒苗的成功与否与茎尖大小成反比,若茎尖太长,难以达到理想脱毒效果;若茎尖太短,后续植株成活概率较小。因此,应综合各种因素全面考虑。何新民等对“红姑娘 2 号”甘薯进行培养和脱毒研究,结果表明,剥去茎尖 0.3～0.5 mm 时,脱毒率为 100%;当剥去茎尖 0.6～0.8 mm 时,脱毒率为 93.3%。

为防止接种后续外植体释放过量多酚氧化酶导致发生褐变,首先确保操作工具消毒无菌,其次在接种时应熟练操作,减少操作时间,降低植株伤口在空气中暴露的时间。在培养基中加入一定量的抗氧化剂也能有效防止褐变。

(2)外植体的增殖　外植体增殖的数量多少决定了后续培养的成功与否,数量以多为佳。茎尖组织培养可通过 3 种方式使外植体增殖,即促进萌发腋芽、形成不定芽、产生胚状体。这 3 种方式增殖率各不相同,其中产生胚状体的增殖率最大。而外植体的增殖环境是培养基,因此,可通过改进培养基以改善增殖情况。

培养基的种类、无机及有机成分、糖浓度、琼脂,特别是植物激素的种类和浓度都会影响增殖。而植物生长调节物质在组织培养增殖中起决定性作用。植物组织培养基中包含许多成分和添加剂,需根据植物种类、栽培品种或外植体类型而做出改变,且每种情况需根据特定情况进行实验确定。此外,最近的研究结果表明,通过添加有机生长添加剂可以提高微繁殖技术,促进芽的发生和增殖,并能生产遗传稳定的植物,例如,椰子水、椰浆、磨菠菜叶、磨马铃薯块茎、磨胡萝卜、米粉、磨南瓜、香蕉果和橙汁等。以 1/4 MS 培养基为生长培养基,研究了不同有机添加剂(椰子水、桦树汁、枫树汁和香蕉粉)对杓兰(*Cypedium macranthos*)离体萌发、原球茎形成和幼苗生长的影响。Huh 等在基础培养基中添加 100 mg/L 的椰子水时,发芽率和原球茎形成率最高,分别为 70.8%和 74.2%。在 100 mg/L 的桦树液和枫树液中,发芽率和原球茎形成率分别大于 65%和 68%。

(3)诱导生根　诱导生根是确保组织培养植株生根,成为完整的可自养植株的关键。当外植体大量增殖后,需将其移栽到含有一定量生长素的生根培养基中,诱导顺利生根。

植物组培苗生根受外植体本身基因型、生理生化状态、基础培养基类型和生长调节剂的影响,还与碳源浓度、光照、光质等紧密相关。

就培养基而言,不同种类的组培苗诱导生根的基本培养基不同,而同种植物不同基因型的基本培养基也不相同,需根据植物自身需求,调整培养基的营养成分与含量。大量研究表明,低浓度无机盐可促使植物生根,但浓度过低会导致不定根较细,且就生根而言,1/2 MS 培养基为生根最合适的培养基。培养基中的糖类为其碳源,可维持渗透势,为组培苗提供一定能量，是其生根的关键，具体用量根据植物本身而设定。研究表明，不同植物组培苗所需糖浓度不一样，西洋参组培苗生根的最佳蔗糖浓度为 30 g/L，花叶艳山姜、沙枣为 20 g/L，天目杜鹃为 5 g/L。在培养基中可加入凝固剂固定组培苗，也可选择使用液体培养基诱导组培苗生根。液体培养基与外植体接触更充分，有利于组培苗吸收营养和水分，间接提高生根效果。

植物生长调节剂对生根意义重大，根据组织培养的目的，选择不同浓度和种类的植物生长调节剂是关键。生根效果与生长素如 IAA、IBA、NAA 和细胞分裂素的比例相关，单独使用生长素也能诱导生根。相较 IAA 而言，IBA 更为稳定，目前众多使用 IBA 诱导生根的组织培养实验都取得成功。NAA 作为人工合成的生长素，可促使植物组织中的淀粉分解为还原糖，增加碳源，促进生根。因此，NAA 可单独使用，也可与前两者混合施用。

(4)试管苗的移栽驯化　移栽驯化是指将组培苗从培养基中转移到土壤中，使其由异养向自养状态转变。由于组培苗一直在培养基中，有优异的环境与充足的养分供给，但当其进入土壤，环境改变，所以不能一蹴而就，而是需要逐渐适应。可先使组培苗在不含任何生长调节剂上的培养基上炼苗生长，增强光照，同时将温度逐渐调整至室温，慢慢适应外界环境。

将试管苗移出培养基后，应先用清水缓慢冲洗净根部表面附着的培养基，以免招致细菌或真菌繁殖，再将组培苗小心移栽入土壤。同时要严格把控组培苗所在环境的湿度，缓苗期要保持大气湿度在 75%左右，以免植株干枯，可通过使用保温罩或者间歇喷雾来实现。此外还要注意把控光照及其时间，以及温度高低，这些因素与驯化的成功与否都紧密相关。一般试管苗移栽的最适温度为 16～20 ℃，初始光照应为日光的 1/10，其后 3 d 增加 10%。

6.1.4.3　无病毒苗的鉴定

植物脱毒完成后，要经过严格的鉴定才可确定无病毒苗的培养是否成功。从宏观方面来看，可对植物的植株本体或根、茎等部分进行检测；从微观方面来讲，可根据检验目的，对待检病毒的性状、种类、浓度以及危害途径进行专业分析。由此发展出以下几种常用的鉴定方法：生物学检测法、血清学检测法、电子显微镜检测法、分子生物学检测法。

(1)生物学检测法　生物学检测法也称指示植物法，主要是依赖某一特殊植物对病毒的敏感性而建立。当一种植物受病毒侵染，并产生特异性症状，那么该植物可作为这类病毒的指示植物。通过指示植物的表观性状，即可初步判断植物病毒的存在与否并根据特殊对应的症状推断病毒的类型，以及病毒的相对感染力，对植物感染病毒做出初步预估。

通过指示植物的表型性状鉴定植物病毒的这种方法利弊共存。优点是可以在较短时间内不使用其他设备或器材，通过肉眼即可直观判断植物病毒是否存在，但根据其表型症状，不能具体断定病毒种类。因此适用于迅速、便捷判断，但是无法准确对病毒做进一步判断。该法受检测速度较慢、灵敏度较低、季节限制等因素影响，应用局限性较大。

对指示植物的要求为自身生长健壮，容易且能快速生长，具有适宜接种的大叶片，同时对某种病毒敏感性高，感染后可迅速表现对应症状。指示植物接种后一般会出现两种情况：一是接种后产生系统性症状，出现的病毒扩展至植物非接种部位，通常没有局部病斑这一症状明显；二是只产生局部病斑，常由坏死、褪绿或环斑构成。指示植物可分为草本指示植物和木本指示植物。常用的指示植物包含千日红、曼陀罗、辣椒、黄花烟、野生马铃薯等。对于草本植株，通常情况下采用汁液摩擦接种法将植物病毒接种至指示植物上。而木本植株以及无性繁殖的草本植株多采用嫁接接种。

(2)血清学检测法　血清学方法的工作原理是将抗原抗体结合的特异性反应与酶对底物的高效催化作用结合起来。由于其具备灵敏、迅速、特异性强、分析率高、花费少等优点，现已广泛应用于植物病毒的检测中。血清学方法主要有沉淀反应、琼脂扩散法、凝集反应、酶联免疫吸附测定(enzyme linked immunosorbent assay,ELISA)、斑点免疫结合法等，其中酶联免疫吸附测定应用较为广泛。

酶联免疫吸附测定最早由 Clark 和 Adnm 于 1977 年提出。1982 年，Hawkes 等仿照分子生物学中点杂交的方法发展了斑点免疫结合测定(dot immunobinding assay,DIBA)。其实质也是属于免疫吸附法的一种，但利用硝酸纤维素膜代替酶联板，使检测更为简便、经济。1986 年 Graddon 等进一步改进，发展了更为简单、快速的单抗体点免疫法。

酶联免疫吸附测定的基本原理是通过化学或免疫学的方法将酶与抗原抗体结合，形成酶标记物或免疫复合物。遇到对应的底物时催化无色底物水解，生成可溶性或不可溶性有色产物。若为可溶性，从溶液色泽通过肉眼或比色计判断结果，变化强度与被检测的植株体内病毒抗原浓度成正比；若为不溶性有色产物，又是致密物质，可通过光学或电子显微镜识别。由于酶的高催化效率，可极大放大反应效果，从而使测定方法具备高敏感度，而抗原与抗体的结合具备特异性，因此这种方法以其特异性好、灵敏度高，被广泛应用。

酶联免疫吸附测定的实验方法有多种：直接法、间接法、双抗体夹心法、液相阻断 ELISA、竞争 ELISA 等，其中间接 ELISA 主要用于检测抗体，双抗体夹心法用于检测大分子抗原，液相阻断 ELISA 用于测定抗体，竞争 ELISA 用于测定小分子抗原及半抗原。这些方法被广泛应用于斑豆花叶病毒(CpMV)、芋花叶病毒(DMV)、柑橘速衰病毒(CTV)等的检测。

血清学检测法也存在一定的使用限制，当待测样品中病毒含量低或者含有其他干扰成分时，容易出现假阳性，无法准确判断结果。此外，对于没有外壳蛋白的病毒也无法展开检测。

(3)电子显微镜检测法　随着对植物病毒研究的深入，通过指示植物难以分辨病毒种类，电子显微镜的发展使观测病毒的形态与特征成为可能，并逐渐应用于植物病毒的检测。通过电子显微镜可直接观测病毒是否存在以及病毒质粒的大小、形态结构。1939 年，Kausche 等首次用电子显微镜观察到烟草花叶病毒的长形病毒粒子，开启了对植物病毒的研究。此外，即使该病毒在被感染的植株体内含量极低，也无法逃脱显微镜的检测。在病毒研究中，常用的电镜检测技术包括负染色技术、超薄切片技术、免疫电子显微镜法等。

负染色又称阴性染色，该技术是透射电镜观察病毒的核心技术之一。负染色技术的原理是通过染料中某些电子密度较高的物质包埋电子密度低的样品，对样品染色，有凸出颗粒的地方则无染料沉积。在电镜下观察，背景呈黑暗，而检测对象呈透明光亮。负染色技术的关键在于染色物质的选择。负染色剂应具备高熔点而不至于在电子束的轰炸下升华；溶解度大，不易析出沉淀；分子小，可陷入不规则表面凹陷处，不留空隙；不与样品发生反应；具有足够的电子散射能力，可产生较强的图像反差。常用的负染色剂有磷钨酸(PTA)、磷钨酸钾(KPT)以及磷钨酸钠(NaPT)。若要提高病毒负染样本的检测敏感度，可通过超速离心、琼脂过滤法、沉淀法、离子交换捕获法等提高样本病毒浓度，或是通过增加载网表面亲水性及其他方式提高载网吸附病毒的能力。

当样本厚度过大，电子束无法完全穿透时，需要使用超薄切片技术对其进行预处理。通过对组织标本取材、固定、漂洗、脱水、渗透、包埋、聚合、切片，最后使用玻璃刀或金刚刀切成厚度为 50～100 nm 的薄片并染色，即可在电子显微镜下观察。但由于操作环节复杂繁多，操作要求较高，当前在植株脱毒苗的鉴定中较少使用此法。

免疫电子显微镜法是将电子显微镜与病毒血清学技术结合而产生的。Almeida 和 Waterson 通过电镜观察到病毒颗粒的凝集现象后，免疫电镜便开始运用于此领域。颗粒性的抗原与相应抗体进行特异性的结合，在电解质下形成肉眼清晰可见的凝集物称为凝集反应。免疫电子显微镜法正是利用这一特性，用带有特殊标记的抗体与相应抗原相结合形成具有一定电子密度的复合物，在电镜下观测出相应抗原所在部位。免疫电子显微镜法简便、快速、灵敏度高、特异性强、结果直观可靠，同时节省实验材料，在植物病毒检验中效率高，且应用范围广泛，适合于各种粮油作物、蔬菜、果树、药材、花卉等植物病毒的鉴定。

(4)分子生物学检测法　分子生物学的发展使其在植物病毒检测领域得到广泛应用，即通过检测病毒的核酸验证植物病毒的存在，主要包括核酸杂交技术、反转录 PCR 技术、荧光定量 PCR 技术等。

①核酸杂交技术：核酸杂交是利用病毒的核酸，根据碱基互补配对原则，使其与具有特异性的病毒核酸探针杂交结合，若发生杂交则证明病毒的存在。该方法特异性强、灵敏度高、通量高，可用于 DNA、RNA 以及类病毒的检测。

②反转录 PCR 技术：反转录 PCR 技术也称反转录聚合酶链式反应(RT-PCR)，是通过获取病毒 RNA 并反转录成互补 DNA(cDNA)，利用特异性引物进行体外扩增的一种植物病毒检测方法。随着研究的深入与科研者的潜心钻研，新的 RT-PCR 技术已被挖掘并投入应用，如嵌套式 RT-PCR 技术、免疫捕获 RT-PCR 技术和多重 RT-PCR 技术等。相比于传统技术，该技术精度和灵敏度都大大提升，有利于提升对植物病毒的检测效率。Morris 等应用嵌套式 RT-PCR 技术成功地检测了甜菜坏死黄脉病毒(beet necrotic yellows vein virus, BNYVV)，检测结果的灵敏度是传统 RT-PCR 技术的 1 000 倍。

③荧光定量 PCR 技术：荧光定量 PCR 技术是以 PCR 技术为基础，将荧光能量传递技术融入 PCR 仪器的应用中，通过反应体系中荧光染料或荧光基因的显示观测模板浓度，荧光强度变化即可反映观测对象的量的变化。该方法比传统方法特异性强、有较高的灵敏度、定量准确、速度快，已广泛应用于分子生物学多个领域。闻伟刚等根据该病毒外壳蛋白基因的保守序列，设计得到特异性引物及 TaqMan 荧光探针，建立了玉米褪绿斑驳病毒的实时荧光 RT-PCR 方法，灵敏度比普通 RT-PCR 方法高 100 倍。

除此之外，近年来已出现其他新兴方法运用于植物病毒检测，例如，通过环介导等温扩增技术(LAMP)、双链 RNA 电泳技术等检测植物病毒，可为病毒脱毒效果的检测提供更为准确的数据支持。

6.1.5 其他脱毒方法

由于植物茎尖幼嫩，未受到病毒感染，所以茎尖脱毒是植物脱毒使用最广泛的一种方法。除此之外，还有热处理脱毒法、化学处理脱毒法、超低温保存法。但由于部分病毒难以脱除,以及植株受到复合病毒的感染等问题,常采用复合脱毒方法,例如基于茎尖脱毒培养又发展出热处理结合茎尖培养脱毒、利巴韦林(俗称病毒唑)结合茎尖培养脱毒等其他理化手段结合等综合处理法,进一步实现脱毒。

6.1.5.1 热处理脱毒法以及热处理结合茎尖培养脱毒

热处理脱毒法是依据病毒和寄主细胞对于高温的忍耐程度不同,采用适当处理温度和时间,使病毒失去增殖能力,寄主细胞仍可正常生长。

热处理脱毒的方法有两种:温汤浸渍处理法和热风处理法。温汤浸渍处理法是将剪下的接穗或种植的材料,在 50 ℃左右温汤中浸渍数分钟至数小时。此法多适用于禾本科植物以及需嫁接的材料脱除病毒,如甘蔗枯萎病脱毒和苹果褪绿叶斑病毒。热风处理法是将温室盆栽植物放置于 35～40 ℃高温下生长发育,切取处理后长出的枝条作为接穗和砧木,从而脱毒。

热处理脱毒法操作简单,但脱毒时间较长,对于某些耐高温的病毒难以脱除,如杆状病毒(如牛蒡斑驳病毒、千日红病毒)。高温可以抑制病毒的增殖,导致 RNA 降解或诱导基因沉默,在一定程度上还有利于植株的生长,使植株生长点附近的细胞生长速度快于病毒繁殖速度,因此热处理结合茎尖培养脱毒也常被用于进行植物脱毒。不同植株和病毒对于温度的忍耐程度不同,把握好热处理的温度与处理时间是脱毒成功与否的关键。在具体操作过程中切取适宜长度的茎尖,把控温度与时间,在植物可忍耐范围内利用高温抑制病毒复制,实现脱毒。多数植物病毒的钝化温度在 55～70 ℃,而大多植物能忍受的温度都在 38 ℃以下,因此植物热处理温度一般在 35～40 ℃。使用热处理结合茎尖培养脱毒法,获得的脱毒率与植株成活率往往比传统方法效果更佳。韦献雅等利用草莓优株进行热处理茎尖脱毒,剥离茎尖 1.0～1.5 mm 时,脱毒成功率达到 83%,相较于传统方法的 0.2～0.5 mm,不仅成功率大大提升,后代变异率也极大降低至 3.3%。董雅凤等在对梨树上的苹果茎沟病毒(ASGV)的脱毒处理中发现,单纯茎尖培养脱毒效果差,而采用 37 ℃ 8 h 与 32 ℃ 8 h 交替处理材料 60 d 后,剥取 1 mm 茎尖培养,成活率和脱毒率分别比单纯茎尖培养平均增加 11.7%和 54.3%。陈炜利用茎尖剥离结合浓度为 40 mg/kg 的利巴韦林对感染了马铃薯 Y 病毒(PVY)、马铃薯 S 病毒(PVS)、马铃薯卷叶病毒(PLRV)的马铃薯脱毒,顺利脱除 PVS 和 PLRV,且脱毒率达到 83.07%。

6.1.5.2 化学处理脱毒法以及利巴韦林结合茎尖培养脱毒

化学处理脱毒法是通过对受侵染的植株施用无机物、有机物或抗生素类物质抑制病毒增殖,再结合组织培养,生产出无病毒苗的技术。通常病毒抑制剂在脱毒培养过程中通过抑制病毒复制而发挥脱毒作用。当前主要的病毒抑制剂有利巴韦林、板蓝根、鸟嘌呤和尿嘧啶等,不同抑制剂作用机理也不同。在具体实践中需根据实际情况,确定培养基中病毒抑制剂加入的适宜浓度,才能实现理想的脱毒效果。化学处理脱毒法相对而言操作简单,更为便利,但病毒抑制剂对植物病毒的抑制作用仅限于少数植物,也无法脱除所有病毒,对于环境而言也有一定的污染。

除单独使用病毒抑制剂外,还可结合化学脱毒法和茎尖培养,可达到更好的脱毒效果,如利巴韦林结合茎尖培养脱毒。在利巴韦林结合茎尖培养法中,茎尖长度是决定茎尖脱毒率的关键因素，利巴韦林的质量浓度对茎尖成活率以及脱毒率也有很大影响。肖雅等将生姜块茎置于 40 ℃条件下催芽，显微镜下剥取 0.205 mm 的茎尖进行培养，得出最佳诱导培养基的配方为 MS+6-BA 2 mg/L+NAA 0.5 mg/L+利巴韦林 40 mg/L，且继代培养基中将 MS 培养基中的蔗糖浓度调整为 80 g/L，即可实现生姜试管苗的增殖、生根及壮苗的一步培养，培养周期以 30～40 d 为宜。

6.1.5.3 超低温保存法

超低温保存法是在超低温保存技术的基础上发展而来的植物病毒脱除方法。其原理是植物茎尖经液氮冷冻后，仅分生组织顶端的几层细胞核少量叶原基细胞可存活，这些细胞往往难以被病毒侵染，其他部位的细胞在冷冻条件下被杀死，以此达到脱毒效果。与传统方法相比，该方法脱毒率高、成活率高、遗传稳定性高、不需要使用额外的设备与化学药品。

超低温保存是将植物细胞、组织、器官保存在液氮和超低温冰箱中，以长期保存种质。超低温保存技术包括两步冷冻法、预干燥法、包埋玻璃化法、铝盘法以及小滴玻璃化等方法，包埋玻璃化法和小滴玻璃化法是目前最常用的。通过超低温保存，可保持材料一定的基因稳定性。但保存成活率影响因素较多，被保存材料、处理时间、保存方法、植物玻璃化溶液等都会对保存材料的成活率与再生率有一定影响。

超低温保存往往可和茎尖培养结合起来，茎尖分生组织分化程度小，在超低温保存的再生过程中，比其他细胞培养物遗传性稳定，是一种超低温保存的理想材料。经过超低温保存后，再生的植株病毒脱除率会更大。

6.2 植物快速繁殖技术

6.2.1 快速繁殖的定义

植物快速繁殖是指利用植物组织培养技术对外植体进行离体培养，使其短期内获得遗传性一致的大量再生植株的一种繁殖方法。

植物快速繁殖可在室内进行，所需空间小，繁殖速度快，条件可控制，不受季节限制。此外，可保持母株的优良性状，进行连续生产，实现组织培养技术的产业化，快速繁殖技术应用广泛，实用性好，效率高。快速繁殖技术对濒危植物的保护、名贵花木的大规模生产有着重要意义。通过快速繁殖技术，可对新育成的、新引进的、新发现的以及稀缺良种进行快速繁殖；或是少量脱毒良种苗的快速繁殖和无病毒苗的大量快速繁殖；或是特殊育种材料的快速繁殖；或是制种材料的快速繁殖。

6.2.2 快速繁殖的原理

植物的快速繁殖以植物组织培养为基础。植物的每个细胞都包含着该物种的全部遗传信息，从而具有发育成完整植株的遗传能力，这种能力被称为植物细胞的全能性。在适宜的条件下，任何一个细胞都可利用这一基础，发育成为一个新个体。人们可利用这一特性，使植物细胞经过脱分化、再分化形成新的芽和根。此时，植物组织培养阶段基本完成，在此基础上经过反复的分离与微扦插，使植物达到几何数级的增殖，即所谓的快速繁殖。

6.2.3 快速繁殖的基本程序

6.2.3.1 初代培养

初代培养一般是指利用外植体的第一次接种培养，主要包括外植体的采集、灭菌与接种。植物组织培养所用的接种材料广泛，可采用根、茎、叶、花、芽和种子子叶，在快速繁殖中，最常用的培养材料为茎尖，培养无病毒苗多采用茎尖分生组织部分。

无菌条件对初代培养至关重要，不仅包括对外植体材料的严格消毒灭菌，还包括对接种环境的灭菌。由于植物体内带有各种微生物，一旦与培养基接触，这些微生物便可迅速繁殖，导致培养失败，所以，对外植体消毒十分重要。对外植体进行表面消毒，所用的消毒剂种类、浓度和处理时间，应根据材料的带菌情况、对消毒剂的敏感程度及消毒效果、材料类型及老嫩程度，通过实验优化。

外植体的表面消毒一般包含以下步骤。首先，在自来水下反复冲洗或用软毛刷轻轻洗刷干净，置于广口瓶用洗涤剂水沿同一方向匀速缓慢振荡洗涤 5～20 min，再用自来水冲洗干净。其次，将外植体放入 70%乙醇中浸泡数秒或更长时间，具体消毒时间视外植体状况而定，越幼嫩的材料浸泡时间越短。再次，在 0.1%～0.2% $HgCl_2$ 溶液消毒 2～15 min（或 2%～10% NaClO 浸泡 5～10 min）。最后，用无菌水冲洗 4～5 次。

接种就是把经过表面消毒的植物材料切碎或分离出器官、组织、细胞，并将其转放到无菌培养基上。整个接种过程均需无菌操作，因此接种前应严格把控接种环境、操作工具以及操作过程中的无菌条件。在确保无菌的环境下，用灼烧后冷却的手术刀和镊子，对丛生瓶苗或芽块进行切割、分离，选出新鲜、生命力旺盛的部分，剔除无用部分，操作过程要快，但要避免损伤材料。而后，将切割分离的无根小苗（茎段、芽块）按不同要求逐株（段、块）接种在培养基上，深浅适度，封住瓶口，做好标记。

在初代培养中，常出现外植体褐变这一问题，了解褐变成因与影响因素对有效防治褐变意义重大。褐变是由于组织中的多酚氧化酶被激活，使细胞代谢改变，酚类物质被氧化成为醌类物质，呈棕色、褐色，而后它们会逐渐扩散到培养基中抑制其他酶的活性，毒害外植体。褐变是由多个影响因素共同作用产生的结果，从外植体看，外植体的基因型、取材部位、时期、大小会引起褐变；从培养基来看，无机盐、生长激素浓度、硬度、一些化学添加剂和培养条件均会导致褐变；不同物种间的基因型褐变也存在差异。

为有效防止褐变，可采取以下措施：一，选择生长力旺盛、褐变率较低的外植体；二，在培养基中加入抗氧化剂或活性炭减轻褐变；三，选择适宜温度、无机盐含量且及时继代培养；四，对容易出现褐变的外植体间隔培养 12～24 h，随后转移到新培养基上，经连续处理 7～10 d，即可减轻褐变。

6.2.3.2 继代培养

继代培养是指愈伤组织在培养基生长一段时间后，为提高增殖率，将材料分株或切段转入增殖培养基，这种转移称为继代培养。继代培养是进一步扩大培养基数，发挥快速繁殖优势的重要阶段。

以试管苗为例，当其生长到一定阶段，可通过液体培养和固体培养进行继代培养。以原球茎或胚状体方式增殖，可用液体培养基进行继代培养。例如，将兰花增殖后得到的原球茎分切，进行振荡培养（用旋转振荡培养，保持 22 ℃恒温连续光照），即可得到大量原球茎球状体，再切成小块转入固体培养基，即可得到大量兰花小苗。而多数继代培养方法采用固体培养，将试管苗分株或分割或剪截，转移至新鲜培养基，以扩大繁殖。

在组织培养过程中，植物叶片呈透明或半透明状态，皱缩、卷曲，脆弱易碎，这种生理失调或病变的培养物称为玻璃苗。玻璃苗组织畸形，器官分化能力降低，难以继续继代培养和扩大繁殖，生根困难，移栽后难以存活。因此，防止试管苗玻璃化意义重大。目前可通过以下措施降低玻璃化程度：提高培养基中蔗糖含量或加入渗透剂，提高光照强度，选用灰量低的琼脂粉，降低细胞分裂素和赤霉素的浓度，减少可利用水分和容器内的相对湿度，用棉塞改善氧气的供应状况和通气条件。陈瑞芳发现 6-BA 的浓度会影响马蓝的玻璃化程度，蔗糖和琼脂高浓度对玻璃化有抑制效果，pH 为 5.8 时玻璃化抑制效果最好。

在继代培养中还应确保试管苗的遗传稳定性，即保持原来品种优良特性。由于组织培养得到的植株虽量大，但无法杜绝变异的出现，且大多为不良变异。影响遗传稳定性因素包括植物基因型、试管苗继代次数以及新植株的发生方式。为提高遗传稳定性，可减少继代培养次数，缩短继代培养时间；定期检查，去除形态与生理异常的试管苗；采用生长点、胚状体方式扩大繁殖；减少培养基中诱变因素；尽量促进再生植株开花结实，检查其生物学性状和经济性状是否稳定。

6.2.3.3 生根培养

当外植体经过继代培养一段时间后形成一个个枝条，为得到完整的植株，需要将其转到生根培养基中，进行生根培养，使其长出根系，正常生长成为一棵具有根、茎、叶的完整的苗。生根培养是影响组织培养是否成功且目标植株能否大量生产并投入实际应用的关键步骤，同时关系着商品化生产能否成功出售产品、取得最终效益，因此需高度重视。

植株生根成功与否与众多因素相关。其一，离体材料自身的生理生化状态及母株所处的生理状态影响试管苗的生根。所取材料的年龄、幼嫩程度、取材时间及母株所处环境均影响生根，而材料自身因素对生根具有决定性影响。其二，培养基中无机盐浓度降低有利于生根，根多且粗，生根培养基多使用 1/2 MS 培养基。其三，植物激素对生根有一定影响，生长素促进生根。常用的生根生长素大多以 IBA、IAA、NAA 单独或配合使用，或与低浓度 KT 配合使用。当生长素与细胞分裂素配合使用时，一般生长素浓度较高才能有利于生根。其四，适宜的温度有利于植株生根，而具体温度视植株而定，例如草莓继代培养生根的适宜温度为 28 ℃。

6.2.3.4 炼苗移栽

炼苗是指在将试管苗移栽进入自然环境前，对其进行的一个逐步锻炼与适应的过程，以便后续移栽，在自然环境中定植后能够迅速适应陆地的不良环境条件，缩短缓苗时间，增强对低温、大风等的抵抗能力。植物在最佳营养、水分、光照和无压力的体外条件下可大量生长，然而，组培苗从实验室到地面需进行一定阶段的适应期，其适应程度又决定了组培苗的快速繁殖成功率。

试管苗的炼苗移栽一般在出瓶前进行。首先，将培养容器打开，使试管苗与外界环境接触，在室内自然光照下放置3 d左右。之后，将试管苗从培养基中取出，用流动清水洗净根系上的培养基。然后，将试管苗移栽入已消毒的培养基。移栽后，对植株光照、温度、湿度进行管理，适当遮阳，加强水分管理，保持较高空气湿度。但基质不宜过湿，以防烂苗。

在炼苗移栽的过程中，由于试管苗在生长过程中自身往往存在各部分的缺陷，同时移栽过程与外界环境易给植株造成一定胁迫，导致试管苗死亡。就植株自身而言，试管苗根系不发达，有些不易生根的植株只能形成1～2条根，并且常没有根和根毛。例如，牡丹、杏、苹果等往往不能形成完整根系，部分根甚至没有吸收和运输水分与无机盐的能力。试管苗叶片幼嫩，叶片表面角质层或蜡质层不发达，因此水分容易蒸发，植株易失水萎蔫。此外，试管苗机械性较差，茎秆幼嫩但不挺拔，易倒伏。就炼苗移栽过程而言，不当的操作容易损伤小苗。例如，将小苗从培养基转移到炼苗培养基及清水冲洗根系的过程中，容易引起小苗伤根。就外界环境而言，季节性气候容易对炼苗产生不良影响。

因此，适宜的环境（物理和化学环境）对快繁苗的驯化至关重要，在驯化阶段应注意提高植株的生长量，降低植株的死亡率。首先，应保证移栽环境的干净，尤其是基质。试管苗出瓶后，抵抗力弱，易滋生杂菌，导致霉烂或根茎处腐烂。其次，应尽量促进茎叶保护组织的发生和气孔功能的恢复。因此，移栽后，应打开瓶口，并逐渐降低湿度，逐渐增强光照，以使新叶形成蜡质，产生表皮毛，减少水分散失，促进新根发生。

6.2.4 影响快速繁殖（组织培养）的条件

植物组织培养的成功与否取决于外植体的制备、无菌操作以及人工培养环境。

（1）外植体的制备成功与否决定了离体繁殖系能否建成。制备外植体的原则是无菌和有活性，无菌是贯穿整个操作过程中的关键原则，有活性保证了外植体能顺利分化，为后续步骤奠定基础。首先，从母株上取下组织，进行一定的剥离和分割，经过流水冲洗数分钟，再浸入适宜浓度化学药剂一段时间，对其消毒。而植物外植体消毒成功与否是初代培养的技术关键。常用外植体消毒剂有升汞、次氯酸钠、次氯酸钙等化学消毒剂，但以上药剂均存在一定危险性与污染性，因此，制备出既能有效消毒又环保高效的消毒剂是此领域一直在研究与探索的课题。

（2）无菌操作贯穿整个植物组织培养过程，是实验成功的基础。从外植体的采集到接种、初代培养、继代培养，都必须严格在无菌条件下进行。无菌条件有利于植株在稳定干净的环境下生长，顺利分化，并处于健康旺盛的生长状态。若在培养过程中，由于外植体带菌、操作人员操作不规范等，使得杂菌进入培养基，并迅速生长，杂菌一方面会与目标培养物竞争营养，另一方面可能会产生大量对目标培养物有害的物质，导致其无法正常生长甚至死亡。无菌条件受多种因素影响，不仅涉及材料的灭菌，操作工具与环境的无菌、接种人员与材料接触部分的无菌以及操作的熟练程度等都会对其产生影响。

（3）人工培养环境是整个组织培养的难点与重点，因此也是快速繁殖的关键。人工培养环境因素较多，主要包括光照、温度、湿度、生长环境酸碱度以及培养基。光照为植株提供能量供其生长，适宜的温度为其新陈代谢提供保障，适宜湿度可保持植株所处环境水气平衡，而培养基则是生物原料的来源，为植株提供生长所需营养。培养基的营养成分为无机营养（大量元素、微量元素、铁盐、钾盐、铵盐）、有机营养（维生素、糖类、氨基酸）、植物生长调节剂

(生长素、细胞分裂素、赤霉素、乙烯)、固化剂(琼脂)和其他成分(活性炭、硝酸盐、酵母提取液、天然椰子汁)。而常用的培养基有 MS、MSⅡ、MSⅢ、B_5、N_6 和马铃薯培养基等。

人工培养环境与植株生长息息相关,适宜的环境有利于植株分化,健康生长。例如,温度对组织褐变有一定影响,温度与植物体内酶的活性直接相关,而低温会降低酶的活性,抑制酚类化合物形成,从而抑制褐变;适当增加培养基的硬度,也可降低褐化程度。光照时间过长会加剧试管苗的玻璃化,而低温可有效防止玻璃化苗的形成;湿度升高也会导致试管苗出现玻璃化。

应根据处理植株的种类和其特有生态习性为之创造适宜环境。一般采用暗培养与光照培养交替进行,温度在 25～28 ℃,湿度不需特意调整,培养容器中湿度几乎可达 100%,一般植物组织生长最适宜的 pH 为 5.0～6.5。而培养基的选择,可通过控制变量,改变生长调节物质的种类和浓度,并通过接种观察,在组织培养初期筛选最适宜的培养基。

6.2.5 新兴的快速繁殖技术

随着科研的深入,越来越多的创新技术开始在快速繁殖领域发展,为其提供更加高效的繁殖方法。例如,在植物激素方面,通常使用生长素、细胞分裂素等为植株提供养分,有助于植物生根与正常生长,而近年来关于植物组织培养激素方面相关创新研究也越来越多。Sangita Bansal 等以甘薯为材料,建立了一种利用 meta-Topolin(mT)激素进行离体繁殖的改进方法。天然芳香族细胞分裂素元拓扑素(mT)因其对高效芽增殖和有效生根的积极影响受到越来越多的关注。这是第一个研究 meta-Topolin(mT)激素对甘薯微繁殖的影响。在含 mT 培养基上,观察到大量生根和多个次生根,新梢生根率为 100%,该优化方案有益于甘薯纯正优质种植材料的规模化生产。

除植物激素外,一些其他类型的有机生长添加剂的补充也能加速培养物的形成和发展,并产生健壮的植物。大多数植物都能合成细胞增殖和再生所需的氨基酸。尽管如此,外源氨基酸对培养基的供应在刺激细胞生长和组织形态发生方面起着重要作用。一些研究报道了利用氨基酸作为有机氮源在几种植物的快速繁殖过程中可促进植物再生。Khatri 等评估了硫酸腺嘌呤(Ads)、酪蛋白水解物(CH)和腐胺(PU)这 3 种氮源促进硼绿吊兰(吊兰)离体茎部增殖的能力。结果表明,在添加 2 mg/L BAP+1 mg/L NAA 的 MS 培养基中添加 20 mg/L Ads 诱导芽的效果最好(96.67%),以 1/2 MS+9 mg/L PU+2 mg/L IBA 的生根率为 83.33%,生根率最高。

除植物激素方面,还有在培养环境方面的创新研究。Lavr A. Kryukov 等采用半固体培养基体外培养与生物反应器快速繁殖相结合的方法,为俄罗斯南部种植的葡萄和草莓的快速与可靠的微繁殖提供了新的方案。生物反应器是指将自然存在的微生物或特殊的微生物接种至液相或固相的反应系统,利用酶或生物体(如微生物)所具有的生物功能,在体外进行生化反应的装置系统,是一种生物功能模拟机。实验中先将所有外植体放在基础(MS)培养基上进行初代培养一段时间,而后分别放入不同环境继代培养。结果表明在生物反应器中 6 周的繁殖周期导致新鲜质量增加 300 倍,葡萄的繁殖率为 5 倍,草莓的繁殖率为 20 倍。并利用简单重复间序列(inter-simple sequence repeat,ISSR)DNA 指纹技术进行遗传分析,证实了再生体的完全均匀性。

6.3 植物脱毒与快速繁殖案例

6.3.1 马铃薯的茎尖脱毒与快速繁殖

马铃薯在我国分布广泛，凭借其产量高、适应性强、营养丰富等特点深受人民喜爱。作为全球第 4 种主要作物，马铃薯是人们生活中不可或缺的蔬菜作物，也是经济市场中为农民增收的主要作物之一。但由于多种病毒的侵染，马铃薯逐渐呈现“退化”趋势。影响马铃薯产量和品质的有马铃薯 X 病毒(普通花叶病毒)，马铃薯 Y 病毒(重花叶病毒)、PLRV(马铃薯卷叶病毒)等，若同时感染多种病毒，将大大减产，甚至绝产。目前而言，利用茎尖脱毒是解决马铃薯种薯退化直接且有效的方法之一。

(1)外植体取材　首先，要对种薯进行挑选。以有一定栽培年限、品质好、产量稳定的品种为佳，便于提升日后的经济效益。其次，要搞清所选马铃薯的种性，进行严格鉴定，最好选择品种性状典型的薯块。若能了解所选目标侵染的病毒种类则更有利于后续脱毒的针对性处理。最后，将所选的种薯切成 20 g 的块茎，每个块茎至少带有一个芽点。在一定环境中培养长出幼芽后切取茎尖。

(2)消毒接种　切取 1～2 cm 长的茎尖，除去无用的部分后用自来水反复冲洗干净后。滤干送入无菌室消毒。用 70%乙醇消毒 10～30 s，乙醇蒸发后剥除外层，用 0.1% $HgCl_2$ 灭菌 5～8 min，蒸馏水涮洗 4～5 次，再用无菌水涮洗 8～10 次后放入培养皿中分离。

外植体的大小直接影响马铃薯茎尖脱毒的效果，茎尖以小为宜，但过小会降低成苗率和后期脱毒苗的成活率。在无菌环境下，使用 30～40 倍解剖镜进行分生组织剥离，用解剖针剖去除茎尖周围的叶片组织，直至露出顶端茎尖的生长点，切取茎尖 0.1～0.3 mm(带有 1～2 个叶原基)，接种至培养基上。

(3)培养再生　马铃薯茎尖培养常用培养基为 Morel、MS、MA、农事和革新等培养基。根据不同品种的马铃薯针对性地选择所需的营养成分。例如，费乌瑞它适合氮、磷、钾浓度较高的培养基；克新 1 号在常规培养基和仅含大量元素培养基上，株高、茎粗无显著差异，说明克新 1 号对微量元素需求较小。培养基中植物激素的种类与含量也需根据具体情况确定，确保茎尖成活。待新梢长 2～3 cm 时，转至生根培养基(MS 基本培养基或 MS 基本培养基＋NAA 0.1～0.5 mg/L)。

适宜的外界环境有利于马铃薯脱毒苗的繁殖。适宜的光照强度和时间对细胞增殖和器官分化影响很大，而一定的昼夜温差也有利于苗的健康成长。培养温度以白天 18～22 ℃、夜晚 16～20 ℃为宜，相对湿度在 45%～60%为宜。马铃薯脱毒苗喜长日照强光，培养时以每天 16 h 为好，光照强度为 2 000～2 500 lx。

(4)试管苗移栽　当茎尖培养的植株长至有 6～7 片小叶时，可在无菌条件下切断繁殖。由统一植株繁殖达 20 株左右即可将部分植株移入土壤中。移栽前将小苗根部培养基冲洗干净，对移栽的土壤进行消毒，且应具有较好肥力，水分适宜，土质疏松。移栽前几天可套塑料袋维持一定湿度，提高成活率。

(5)病毒检测　采用酶联免疫吸附测定(enzyme linked immunosorbent assay，ELISA)

对脱毒苗进行检测。通过这种方法，可以在不影响酶活力的情况下，与免疫球蛋白分子共价结合形成酶标，标记抗体。首先将待检样品与包被在固相载体表面的相应抗体结合，形成免疫复合物。在此基础上，酶标记抗体与此免疫复合物结合，形成酶标记的免疫复合物。当加入该酶的相应底物时，无色底物便会呈现颜色反应，颜色深浅与样品中抗原量成正比。这种方法特异性强，灵敏度高，操作简便，适用于大量样品的快速诊断。

(6)无性快速繁殖　将获得的无毒苗切断接种至增殖培养基以完成继代培养。一般选用 MS 培养基＋蔗糖 3%，pH 5.8。严格控制培养环境以促进繁殖，如白天 24～27 ℃，夜间 18～22 ℃，光照 16 h，光强 2 000 lx 以上。一定的昼夜温差有利于瓶苗健壮成长。

增殖到一定程度后移入生根培养基，经过 20 d 左右，即可发育成为 5～10 cm 高的马铃薯小植株。

移栽前两天，挑选叶片数 4～6 片、高度 5～6 cm 的组培苗，在炼苗室内打开瓶盖，炼苗7～10 d。移植的前两天打开瓶盖，使脱毒苗与自然光照、温度、湿度相适应，提高组培苗的抗逆性以及移栽成活率。炼苗后移栽时，需要将组培苗上的培养基清洗干净，以免后续滋生细菌，动作轻柔避免伤根。然后使用多菌灵进行杀菌，生根粉(400 mg/L)蘸根，最后定植在基质中。

6.3.2　草莓的茎尖脱毒与快速繁殖

随着人们生活水平的提升，对高营养价值的水果需求也越来越高，草莓作为代表性的水果之一，发展迅速，市场对种苗的需求也越来越大。而通过传统无性繁殖培养的种苗，往往带有病毒，造成品种逐年退化、抗性下降、品质降低。由此可见，无毒草莓的培育意义重大。

(1)外植体取材　草莓茎尖脱毒培养多以匍匐茎的顶端作为外植体。4～5 月匍匐茎生长最旺盛的时节里，当匍匐茎长到 15～20 cm 长，从健壮植株剪取 3～5 cm 顶芽梢段。

(2)消毒接种　将采集的芽剥去大叶片，在流动自来水下冲洗干净，使用 75%的乙醇浸泡 30 s 后，再用 1%～3%的次氯酸钠或者 5%～7%的漂白粉溶液消毒 10～20 min，最后用无菌水冲洗材料 4～5 次即可。将已消毒的芽放在灭过菌的滤纸上，在解剖镜下剥取茎尖。剥去外层幼叶，切下带 1～2 个叶原基的生长点(0.3～0.5 mm)，接种至培养基。

(3)培养再生　培养基选用 MS 基本培养基加 6-BA 1.0 mg/L，IBA 0.2 mg/L，GA 0.2 mg/L。培养条件为(25±2) ℃，每天以光照 10～16 h，光照强度 2 000 lx 培养。

(4)病毒检测　通过茎尖脱毒获得的草莓种苗在增殖前需进行病毒检测。草莓病毒的检测方法主要有植物检测法、电镜检测法、血清学检测法以及分子生物学检测法。多采用分子生物学检测法，尤其是 RT-PCR 和多重 RT-PCR 在草莓病毒鉴定方面应用尤为广泛。

(5)无性快速繁殖　为扩大繁殖，将初代培养产生的新植株切割成有 3～4 个芽的芽丛转入继代培养基，每瓶放 3～4 个芽丛。继代培养选择 MS 培养基(蔗糖：30 mg/L，琼脂 7 g/L，pH 5.8)，添加激素 IBA：0.1 mg/L；GA 0.1 mg/L；6-BA 1.0 mg/L，培养条件为(25±2) ℃，每天光照 16 h，光照强度 2 000 lx 培养。

将继代培养中生长健壮的植株转移到生根培养基，生根培养仍以 MS 为基本培养基，添加 IBA，浓度为 0.3 mg/L。培养 4 周后，长成高 4～5 cm 并有 5～6 条根的健壮苗。

将试管中长根的幼苗小心取出，用清水洗去附着在表面的培养基，移栽到经过蒸汽消毒的培养土中，于温室内驯化。保持每天叶面喷水3～4次，4～5 d即可成活，展开新叶。

6.3.3 菊花的脱毒与快速繁殖

菊花是我国十大传统名花和世界四大切花之一，具有重要观赏价值与经济价值，在生产和园林应用中占有重要地位。此外，菊花本身具有较高药用价值，其花朵可入药，性甘、苦、凉，可疏风散热，清肝明目，对多种病菌有抑制作用。然而，其作为无性繁殖作物极易受到病毒、类病毒的危害。一旦感染，则终身带毒，造成持久性危害，甚至导致种性退化。对于菊花病毒病的防治尚无有效化学药剂，1956年研究者首次利用热处理技术获得无病毒菊花植株。组织培养技术成为解决菊花病毒危害的重要途径。

(1)外植体取材　选取生长健壮的菊花植株，剪下其茎尖段。

(2)消毒接种　在无菌室或超净工作台将材料取出，用清水反复冲洗4～5次，之后将材料放至75%乙醇消毒30～60 s，再用蒸馏水洗净。将其放入10%漂白粉滤液中8 min，再用无菌水冲洗3～5次，滤纸吸干水分后，转移入0.1%升汞溶液5～8 min，最后在无菌水下冲洗3～5次，用滤纸吸干。用解剖针剥去可见的生长点，取带有1～2个叶原基的生长点(0.2～0.3 mm)，接种至培养基。

(3)培养再生　菊花茎尖培养常用培养基为MS、Morel、Hyponex等，根据具体品种选择最适合的培养基。可将菊花茎尖培养在MS+2 mg/L NAA+0.2 mg/L KT培养基中，诱导形成大量愈伤组织，再将愈伤组织转入MS+10 mg/L GA_3培养基，诱导分化芽。培养温度为25～28 ℃，光照强度为1 000～2 000 lx，光照时长为12～16 h。

待愈伤组织再分化长成无根植株后按节切断，用微型扦插法移入MS培养基，诱导生根，长成完整植株。

(4)试管苗移栽　试管苗生根后，连瓶苗一起放入炼苗室内，经2～5 d炼苗后，移栽入花盆。移栽前几天注意保湿，避免阳光直射导致幼苗萎蔫，可加盖拱棚覆膜保持湿度，5 d后揭膜，通风换气，定期喷肥喷药，提高试管苗成活率。

(5)病毒检测　可用指示植物鉴定法或抗血清鉴定法或免疫电子显微镜法等进行病毒检测。

(6)无性快速繁殖　将初代培养产生的新植株为材料，将嫩茎剪成1节带1芽1叶的小段，将切断基部插入MS或MS+0.1～0.5 mg/L NAA的培养基，培养3～4周，待腋芽长成新的植株后，反复按上述方法剪切茎段培养。

切取3 cm左右试管苗无根嫩茎，转移到1/2 MS+0.1～0.5 mg/L NAA的培养基上，经过7～10 d即可生根，12 d生根率可达100%。

生根后于温室内炼苗3～5 d，控制温度与湿度，保证成活率。

思考题

1. 植物茎尖脱毒的原理是什么？
2. 植物茎尖脱毒操作的基本步骤包括哪些？常见的无病毒苗检测方法有哪几种？
3. 植物快速繁殖技术的原理是什么？
4. 植物快速繁殖技术的基本操作流程包括哪些环节？

参考文献

[1]才巨锋,高芳,陈士刚,等.沙枣试管苗生根培养的研究.吉林林业科技,2017,46(6):19-22.

[2]陈佳宝,闫道良,郑炳松.植物不定根诱导生成机制研究进展.北方园艺,2021(6):129-137.

[3]迟惠荣,毛碧增.植物病毒检测及脱毒方法的研究进展.生物技术通报,2017,33(8):26-33.

[4]胡国君,董雅凤,张尊平,等.植物类病毒脱除技术进展.植物保护学报,2017,44(2):177-184.

[5]李润田,刘志琨,邹丹,等.培养条件对西洋参不定根诱导的影响.广西植物,2020,40(4):557-566.

[6]那倩,韩琳.浅谈植物组织培养技术及应用.广东蚕业,2021,55(5):23-24.

[7]唐链,田爽琪.植物组织培养技术的应用进展.现代园艺,2022,45(18):24-26.

[8]肖雅,雷艳,杨建国,等.生姜脱毒快繁与病毒检测技术研究.现代农业科技,2017(22):49-51.

[9]Bansal S, Sharma M K, Joshi P, et al. Meta-Topolin mediated enhanced *in vitro* propagation and genetic integrity assessment in sweet potato(*Ipomoea batatas* Lam). South African Journal of Botany,2023,157:27-36.

[10]Huh Y S, Lee J K, Nam S Y, et al. Improvement of asymbiotic seed germination and seedling development of *Cypripedium macranthos* Sw. with organic additives. Journal of Plant Biotechnology,2016,43(1):138-145.

[11]Wu H, Qu X, Dong Z, et al. WUSCHEL triggers innate antiviral immunity in plant stem cells. Science,2020,370(6513):227-231.

第7章 基因克隆与植物遗传转化载体

植物遗传转化是将外源 DNA 片段人为地导入宿主体内进行表达的过程，但是外源 DNA 自主进入细胞的概率非常低，并且不带有新细胞的复制系统和基因表达调控系统，在新的细胞内不能进行复制和表达。因此，需要借助于一种运载工具，其携带外源基因进入宿主细胞，并使外源基因持续稳定的复制表达，这种工具称为载体(vector)。所以，载体是指在基因工程中将外源 DNA 片段(目的基因)转移至受体细胞的运载工具，外源 DNA 在体外重组后进入受体后形成能自我复制的 DNA 分子。在实际的科学研究中，由于研究目的不同，需要根据实际情况对载体进行选择和改造，合适的载体是研究顺利进行的保障。本章将对基因克隆和植物遗传转化相关载体进行介绍，包括载体的种类和基本特点，以及目前植物遗传转化中应用最为广泛的农杆菌质粒载体和病毒载体。

7.1 载体概述

7.1.1 载体的基本组成

载体能够将外源 DNA 片段(目的基因)转移至受体细胞内，并在受体细胞内自我复制表达。作为遗传转化的载体，必须具备以下 7 个基本条件(图 7-1)。

(1)具有复制起点，使插入的外源 DNA 片段在宿主细胞内形成复制子，进行独立和稳定的自我复制。复制子是质粒繁殖所必需的，同时决定了质粒的拷贝数。质粒在一般情况下含有一个复制起点，形成一个独立的复制子。但是穿梭质粒可以含有两个复制子，即原核复制子和真核复制子，从而使得穿梭质粒既能在原核细胞中又能在真核细胞中扩增和增殖。

(2)具有多克隆位点(multiple cloning site，MCS)。多克隆位点是指载体上 DNA 复制的非必需区含有多种单一限制性核酸内切酶识别酶切位点，便于外源基因 DNA 片段的插入。

(3)具有合适的选择标记基因。最常用的标记基因是抗药性基因，如氨苄青霉素、四环素、氯霉素、卡那霉素等抗生素的抗性基因。

(4)具有较多的拷贝数，易与宿主细胞的染色体 DNA 分开，便于分离提纯，便于实现目的基因的大量复制和扩增。

(5)具有转录终止区。位于基因的 3′端，终止转录。

(6)具有较小的相对分子质量，利于容纳较长的外源 DNA 片段，且容易分离纯化。

(7)具有较高的遗传稳定性。

前 3 个是质粒作为载体的必备条件,第 4 个是一个理想载体不可缺少的特性。天然质粒很少能同时满足上述 7 个条件。因此,在基因工程中要以天然质粒为基础,通过改造来构建人工质粒,作为基因工程的运载工具。

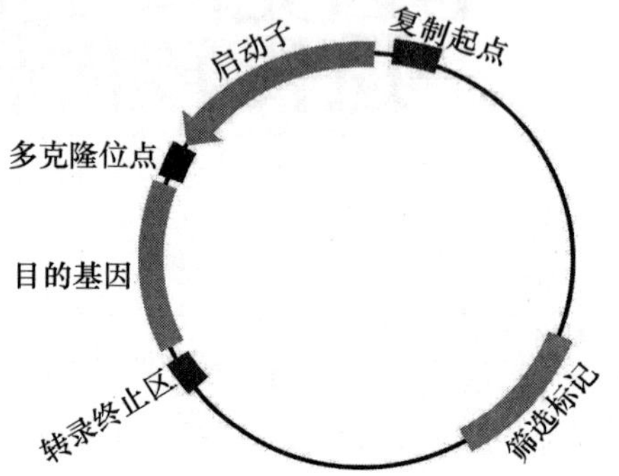

图 7-1 载体的基本结构

7.1.2 载体的命名

尽管载体的命名没有统一的规定,一般由研究者自行命名,名称通常能反映载体的类型、实验编号、特性等信息。但是对于一些通用的载体,或者基于常用载体为骨架构建的载体通常有一个统一的命名规则。用小写字母 p 代表质粒(plasmid),在 p 字母后面用 2～4 个大写字母代表发现这一质粒的发现者、实验室或者某种表型性状名称(如 EGFP-enhanced green fluorescent protein 是增强型绿色荧光蛋白,CMV-cytomegalo virus 代表强启动子等)。例如目前常用的克隆质粒载体 pUC18,字母 p 代表质粒,UC 是构建该质粒的研究机构(University of California)的名称代号,18 代表构建的一系列质粒的编号。对于植物遗传转化载体除了具有质粒载体的通用命名规则外,还具有自己的规则。载体中的筛选标记,抗性(resistance)和敏感性(sensitiveness)分别用 R 或 r,S 或 s 表示,例如,氨苄青霉素抗性标示为 AmpR/Amp^r,氨苄青霉素敏感标示为 AmpS/Amp^s。植物遗传转化中会用到农杆菌质粒,一般农杆菌质粒要在命名中体现出来,如 pTiT37 或 pAtT37 表示根癌农杆菌质粒,而 pAiR4 或 pArA4 表示发根农杆菌质粒。

7.1.3 载体的种类

基因工程载体根据功能和用途不同可分为克隆载体、表达载体、测序载体、穿梭载体等。其中,克隆载体是指携带外源基因进入宿主细胞,可以大量复制,形成大量的基因克隆,从而实现外源基因扩增的载体。被克隆的基因不一定会表达,但一定被大量复制。而表达载体是宿主被导入目标基因,这些目标基因会在其体内得到表达,有目的地生产出我们需要的产物。表达载体通常是在克隆载体基本骨架的基础上增加了基因表达调控元件,如启动子、核糖体结合位点、筛选标记,终止子等,从而使得整合在它上面的外源基因能在受体细胞中高效表达。穿梭载体指含有两个亲缘关系不同的复制子,能在两种不同的生物中复制的载体。例如,有些载体不仅具有细菌质粒的复制起点和选择性标记,还具有真核生物的自主复制序列和选择性标记，所以它们既能在原核生物中复制又能在真核生物中复制。通常穿梭载体在细菌中主要用于克隆和扩增目的基因，在酵母菌中主要用于基因表达分析。

7.2 克隆载体

克隆载体按照来源和性质可以分为质粒载体、噬菌体载体、柯斯质粒（cosmid）和病毒载体、人工染色体载体等。

7.2.1 质粒载体

基因克隆的重要环节之一就是把一个外源基因导入生物细胞，其中质粒载体是应用最为广泛的一种。质粒是指一类来自细菌细胞染色体外的小的环状双链 DNA 分子（图 7-2），它的复制不受宿主染色体的控制，子代质粒能传递到宿主的子细胞中去。质粒并不是细菌生长和生存必不可少的结构，但是质粒的存在能够帮助细菌适应更宽广的环境，使其更好地生长，因为质粒上含有一些有利于细菌生长的基因。质粒是双链闭合的环状 DNA，大小在 1～200 kb，是细胞内能独立增殖的亚细胞 DNA 分子。

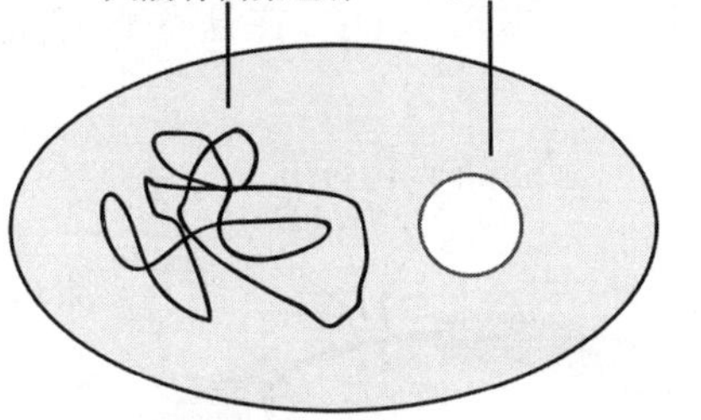

图 7-2 质粒结构示意图

此外，每种质粒在特定的宿主细胞内保持着一定的拷贝数，所谓拷贝数是指宿主细菌在标准培养基条件下，每个细菌细胞中含有的质粒数目。按照质粒控制拷贝数的程度，可将质粒的复制方式分为严谨型与松弛型两种。严谨型质粒的复制受到宿主细胞蛋白质合成的严格控制，与宿主染色体复制保持同步。因此，严谨型质粒在每个细胞中的拷贝数有限，为 1～10 个拷贝。松弛型质粒的复制不受宿主细胞蛋白质合成的严格控制，可随时启动复制过程。松弛型质粒的拷贝数较多，可达几百个拷贝（表 7-1）。

质粒具有从一个细胞转移到另一个细胞的能力，它本身又是 DNA，可以直接与目的基因相连，还带有抗生素的抗性基因可以作为筛选标记，因此，质粒是最早也是最容易被想到用于基因工程操作的载体工具。基因工程质粒是指在染色体外能够独立复制和稳定遗传的一类克隆载体或表达载体。最常用的基因工程质粒载体有 pBR322、pUC 系列载体以及 pGEM 系列体外转录载体等。

表 7-1　不同质粒载体拷贝数

质粒	类型	复制子	拷贝数	抗性或表型
pUC 系列质粒及其衍生质粒	松弛型	pMB1	500～700	Amp
pBR322 系列质粒及其衍生质粒	严谨型	pMB1	15～20	Amp/Tet
pACYC 及其衍生质粒	严谨型	p15A	10～12	Amp/Kan
pSC101 及其衍生质粒	严谨型	pSC101	约 5	Tet
pColE1	严谨型	ColE1	15～20	ColE1 产物
pGEM	松弛型	pMB1	300～400	Amp

7.2.1.1　pBR322

第一个成功用于基因工程的大肠杆菌质粒是 pSC101 质粒，但它的分子量较大且可用的酶切位点较少。后来使用较多的早期质粒是 pBR322。pBR322 是用人工方法构建的符合理想载体条件的质粒，得到了广泛的应用。pBR322 质粒及其衍生质粒具有较小的相对分子质量，可以克隆大到 6 kb 的外源 DNA 片段；具有两种选择标记，可利用氨苄青霉素抗性(AmpR)和四环素抗性(TcR)来筛选重组体，具有多种限制性核酸内切酶的单一酶切位点，其中 *Eco*RⅤ、*Nde* Ⅰ、*Bam*HⅠ和 *Sal* Ⅰ的酶切位点位于四环素抗性(TcR)中，*Pst* Ⅰ和 *Sac* Ⅰ的酶切位点位于氨苄青霉素抗性(AmpR)区域中，在这些位点克隆外源基因可利用插入失活法筛选重组体(图 7-3)。

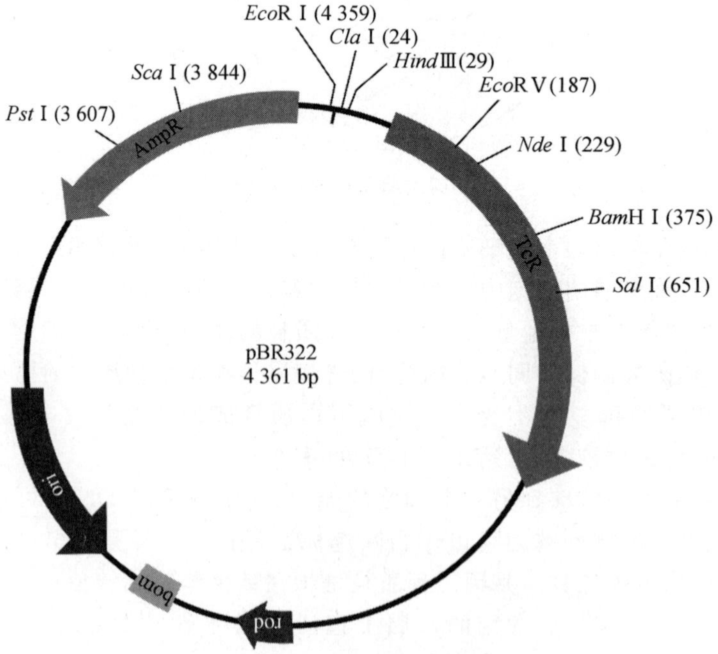

图 7-3　pBR322 质粒示意图

所谓插入失活法是指当缺失抗性(抗生素、氨基酸合成)基因的大肠杆菌受体细胞被成功转化后,它可以从质粒上获得质粒所携带的抗生素抗性或者某种氨基酸合成能力,从而可以在筛选培养基上生长;由于质粒载体上的抗生素基因内含有供插入外源 DNA 用的多克隆位点,外源 DNA 插入在该位置后导致抗生素抗性失活,从而不能在筛选培养基上生长。一般只选一个抗生素基因的酶切位点作为插入外源 DNA 之用,另一个抗生素抗性基因则作为转化细菌后筛选阳性克隆之用。以 pBR322 载体为例,其中四环素抗性(TcR)基因含有 *Eco*RⅤ、*Nde*Ⅰ、*Bam*HⅠ和 *Sal*Ⅰ酶切位点,而氨苄青霉素抗性(AmpR)基因含有 *Pst*Ⅰ和 *Sac*Ⅰ的酶切位点。若将 pBR322 空载体转入受体大肠杆菌后,那该受体则具有了四环素和氨苄青霉素两种抗性。当我们选择将外源目的基因以 *Bam*HⅠ内切酶酶切后插入四环素抗性(TcR)基因内后,此时四环素抗性基因则失活。当含有目的基因 DNA 插入的 pBR322 质粒载体转化受体大肠杆菌后,该受体则仅具有氨苄青霉素抗性,而不再具有四环素抗性。这样,就可以筛选出含有目的基因片段的阳性克隆。

7.2.1.2 pUC 系列载体

pUC 系列载体是目前最广泛使用的质粒载体,它是在 pBR322 基础上构建的,仅保留了氨苄青霉素抗性基因和复制起点,相对分子质量更小,如 pUC8/pUC9 为 2 750 bp,pUC18/pUC19 为 2 686 bp。pUC 系列质粒载体除含有克隆载体的一般元件以外,还包括 β-半乳糖苷酶基因(*lacZ*)。可以利用组织化学法“α-筛选”筛选重组体,更方便且省时(图 7-4)。后来许多克隆质粒都由它们改建而来。

lacZ 基因包括大肠杆菌乳糖操纵子的启动子和 β-半乳糖苷酶氨基端 146 个氨基酸片段的编码序列,表达产生 α-肽;当无外源基因片段插入时,质粒表达的 α-肽可与宿主菌上表达的 β-半乳糖苷酶的 C 端片段融为一体,形成具有酶学活性的 β-半乳糖苷酶;具有酶学活性的 β-半乳糖苷酶在诱导物异丙基硫代-β-*D*-半乳糖苷(IPTG)存在时,可以将生色底物 5-溴-4-氯-3-吲哚-β-*D* 半乳糖苷(X-gal)分解,形成蓝色产物,在平板上形成蓝色的菌落,称为 α-互补。当多克隆位点中插入外源 DNA 片段时,α-互补作用遭到破坏,在含有 IPTG 和 X-gal 的平板上将出现白色菌落。这种方法又称 α-筛选或者蓝白斑筛选(图 7-5)。当然,当插入的 DNA 片段较小,不破坏 α-肽的读码框时,重组子菌落也可表现出浅蓝色。

7.2.1.3 pGEM 系列体外转录载体

pGEM 系列质粒载体,与 pUC 系列载体十分相似,都是小分子载体,含有氨苄青霉素抗性基因(*AmpR*)和一个 *lacZ* 编码基因。其多克隆位点几乎与 pUC18 克隆载体一样。不同的是,pGEM 系列具有 T7 启动子和 SP6 启动子,它们为 RNA 聚合酶的识别提供特异性识别位点(图 7-6),若在反应体系中加入纯化的 T7 或 SP6 RNA 聚合酶,可以用于已经克隆的外源基因在体外转录出相应的 mRNA。

7.2.2 噬菌体载体

质粒虽然是普遍使用的基因工程载体,但是质粒作为基因运载工具也有它的局限性。因为质粒一般比较小,其装载目的外源 DNA 片段的大小受到限制。当目的基因长度超过 10 kb 时,则会大大降低质粒的转化效率;此外,质粒难以直接转化动植物细胞。而基因工程

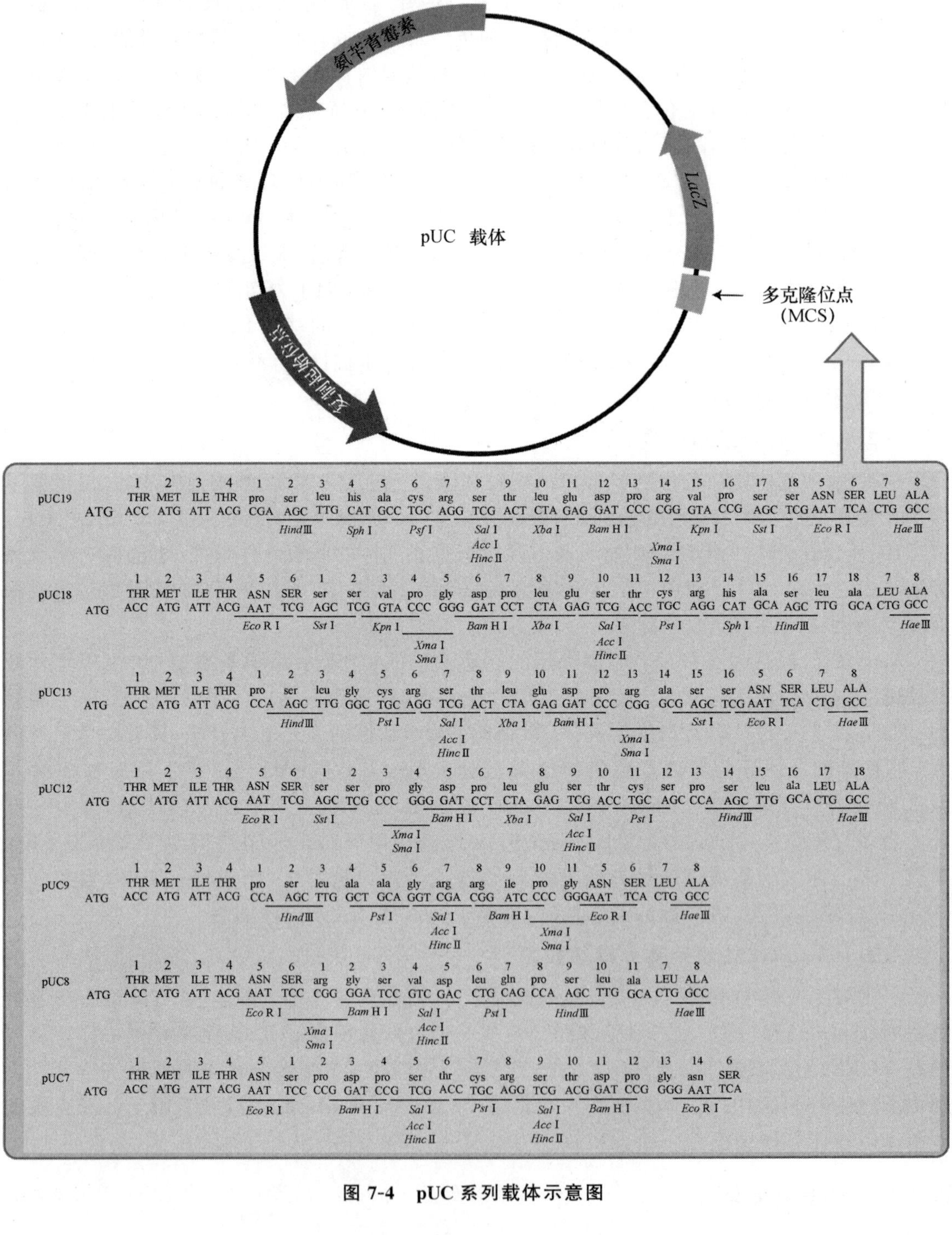

图 7-4 pUC 系列载体示意图

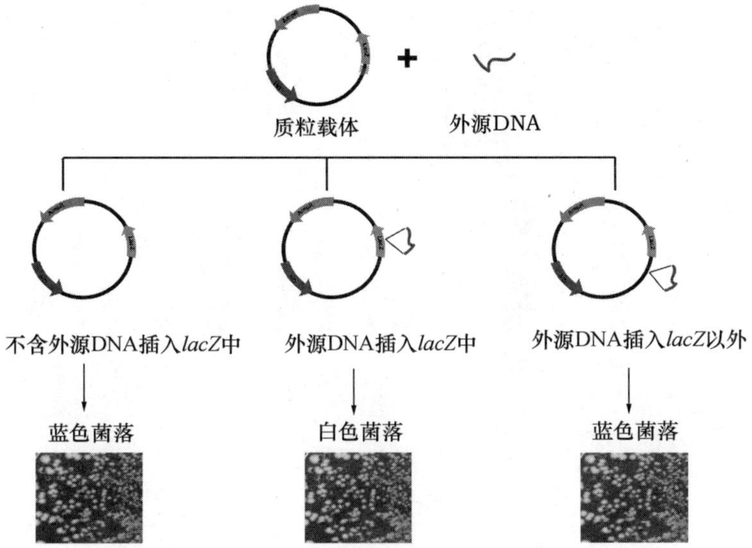

图 7-5 彩图

图 7-5 蓝白斑筛选

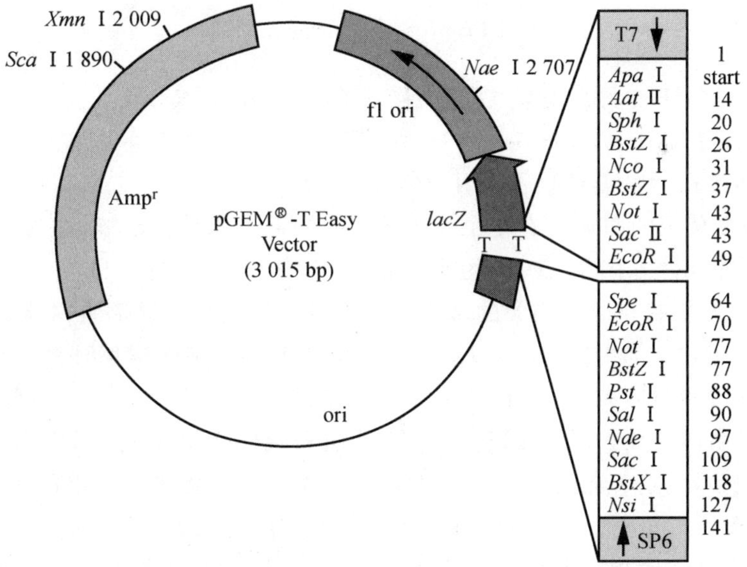

图 7-6 pGEM 系列体外转录载体

载体需要有较强的装载能力和更高的转化能力，如 λ 噬菌体衍生类型可以容纳更大的 DNA 插入片段(10～50 kb 及以上)，可以克服质粒载体的这些问题。

噬菌体(bacteriophage，phage)是一类细菌病毒，结构简单，仅包含遗传物质核酸和外壳蛋白(图 7-7)。噬菌体内部的核酸一般是线性双链 DNA，也有环状双链 DNA、线性单链 DNA、环状单链 DNA 及单链 RNA 等多种形式。噬菌体可以将细菌 DNA 从一个细胞转移到另一个细胞，因此通常被认为是天然的载体。与质粒相比，噬菌体载体结构要更复杂，但其感染细胞比质粒转化细胞效率更高。

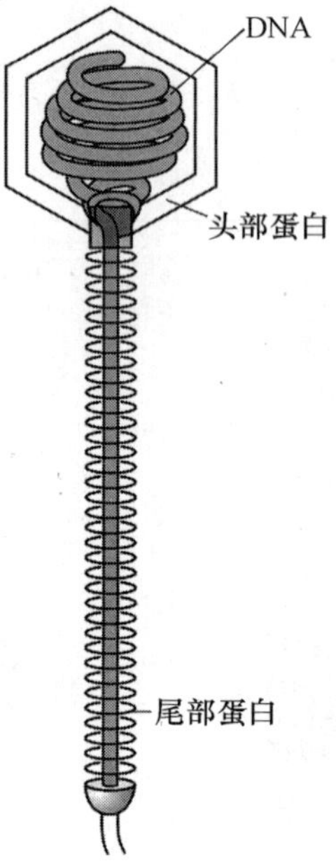

图 7-7 噬菌体结构

(改自 Primrose 和 Twyman,2013)

λ噬菌体是目前研究得最为清楚的大肠杆菌的一种双链 DNA 温和噬菌体。1962 年 Esther Lederberg 和 Allan Campbell 首次发现了λ噬菌体 DNA 可以整合到细菌 DNA 中,之后由λ噬菌体改造后的载体广泛地用于基因工程。λ噬菌体的 DNA 大小约为 48.5 kb,其线性双链 DNA 分子的两端各有一个长为 12 bp 的突出的互补单链,称为黏性末端(cos 位点)(图 7-8)。λ噬菌体基因组 DNA 的基因很多,大概分为左侧区与蛋白质合成相关的基因、右侧区与 DNA 复制和调控相关的基因以及中央区三大块。左侧蛋白质合成区域又分为头部蛋白合成区域和尾部蛋白合成区域,这些区域的基因合成λ噬菌体的包装蛋白,与子代噬菌体颗粒的形成和包装有关,因此是λ噬菌体基因组的必需区域。右侧复制和调控区域的基因包含λ噬菌体 DNA 合成、阻遏蛋白及早期和晚期操纵子的主要调控序列,与 DNA 的复制与调控相关,也是λ噬菌体基因组的必需区域。λ噬菌体基因组的中央区域大约 20 kb,也称为非必要区,其编码基因与保持噬菌斑的形成能力无关,但含有与重组、整合与删除相关的基因,可以被一段相应大小的外源 DNA 插入片段替代而仍然不影响噬菌体 DNA 被包装到噬菌体头部。当λ噬菌体进入大肠杆菌细胞以后,其 cos 位点能通过碱基互补作用,形成环状 DNA 分子。cos 位点同时也是λ噬菌体包装蛋白的识别位点。λ噬菌体的包装与 DNA 特性和其他序列无关,但是与 cos 位点有关,而且λ噬菌体在包装时,对包装 DNA 的大小有严格的要求,包装 DNA 的大小范围必须在 38～50 kb。

λ噬菌体载体的优点是:①可以携带 20 kb 左右、较大的外源 DNA 片段。大的外源基因插入片段在质粒中不稳定,因此,噬菌体和质粒这两种载体可以相互补充。②通过转导(transduction)将外源基因携带进入细菌细胞,基因转移效率比转化效率更高。③由于噬菌体包装对 DNA 长度有要求,噬菌体载体还可避免出现无插入片段的空载体的情况,因为没

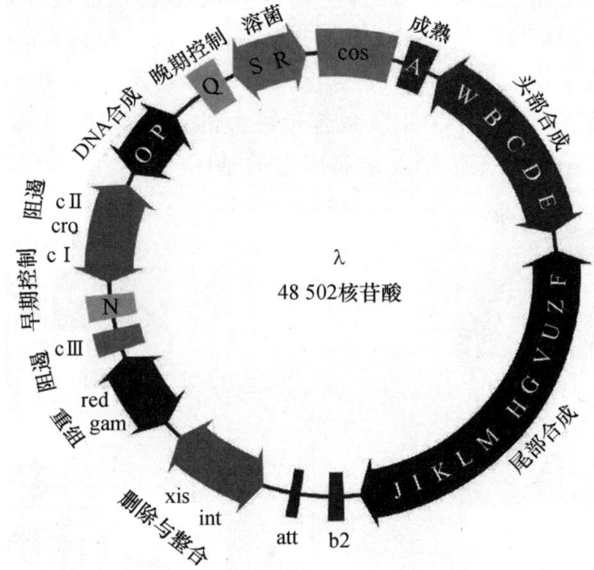

图 7-8 λ 噬菌体载体(袁婺洲,2019)

有插入外源片段的噬菌体 DNA 长度会小于包装下限而不能正确包装成为有功能的(具有感染性的)病毒。λ 噬菌体载体主要用于基因组文库和 cDNA 文库的构建。

7.2.3 人工染色体

由于许多真核基因过于庞大,特别是人类基因组计划、水稻基因组计划需要能克隆更长 DNA 片段的载体,于是一系列人工染色体为满足研究需要而产生。

人工染色体(artificial chromosome,AC)载体是利用真核生物染色体或原核生物基因组的功能元件构建的能克隆 50 kb 以上 DNA 片段的人工载体。其中有的载体既可用于克隆,又能直接转化,是进行基因功能研究的良好载体。人工染色体载体有酵母人工染色体(yeast artificial chromosome,YAC)、细菌人工染色体(bacterial artificial chromosome,BAC)以及 P1 人工染色体(P1 artificial chromosome,PAC)和 Ti 质粒人工染色体(Ti artificial chromosome,TAC)等。YAC 是目前能克隆最大 DNA 片段的载体,相对细菌质粒而言,YAC 可以运输的外源 DNA 可以达到平均 800～1 000 kb,最大甚至可以达到 2 Mb。最早的 YAC 是由 Murray 等于 1983 年构建的,克隆载体中包含真核细胞染色体的 3 个必要元件:即着丝粒、端粒、复制起始序列,总长约 55 kb。因此,在 YAC 载体中,染色体所需的基本结构都存在:适合酵母菌的 DNA 复制起点(ARS1),染色体分裂时保证染色体能正确进入子代细胞所需要的着丝粒(CEN4)和确保染色体完整性维持和染色体成为线状的端粒结构(TEL)。除了复制需要的元件以外,YAC 还有 3 个选择性标记,如色氨酸合成酶基因(*TRP1*)、尿嘧啶合成酶基因(*URA3*),还有一个含有 *Sma* Ⅰ 和 *Eco*R Ⅰ 位点的多克隆位点(图 7-9)。在插入外源 DNA 之前,YAC 克隆载体保持着环形结构。在端粒(TEL)序列的末端有一个 *Bam*H Ⅰ 的酶切位点,如果用 *Bam*H Ⅰ 酶切将得到一个线形分子,它的末端成为类似于真正染色体的端粒,这将赋予这个线形分子稳定性。同时用 *BamH* Ⅰ 和 *EcoR* Ⅰ 酶切将产生两个线形分子，每一个分子的一端含有一个端粒序列，还有一个平末端，供连接外源 DNA 片段。每一个臂含有一个选择性标记（*TRP1* 在左臂，*URA3* 在右臂），以便排除单个臂和外源片段连接起来的分子（图 7-9）。多克隆位点上的 *SUP4* 标记可以用来区分未被酶切的空载体和与 YAC 重组连接成的分子。YAC 是迄今为止装载容量最大的克隆载体，被称为"mega"（百万碱基）YAC，所以很适合用于构建高等生物复杂基因组的基因文库。

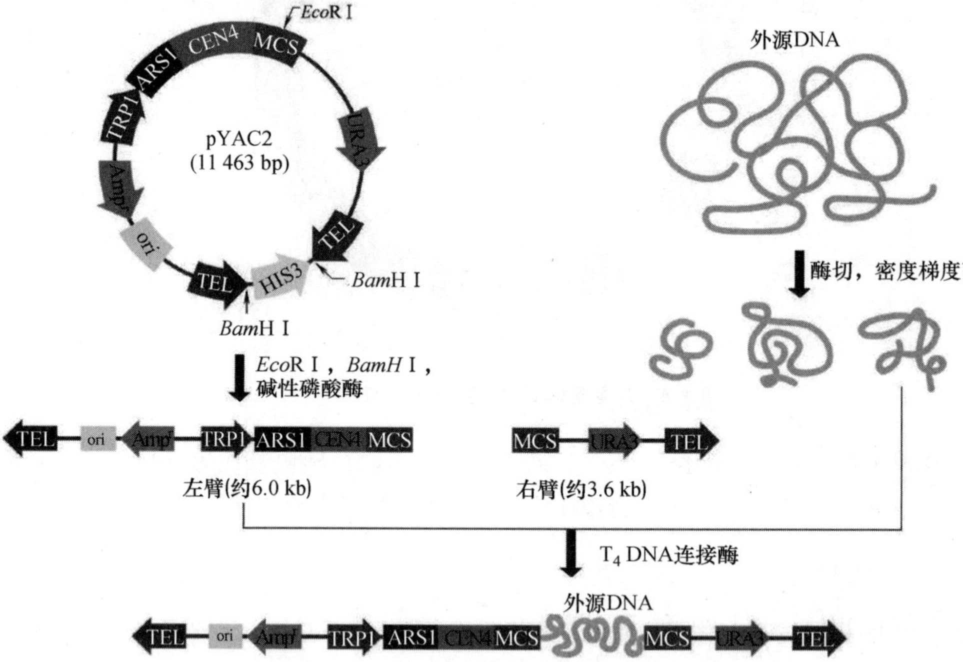

图 7-9　利用 YAC 载体构建大片段 DNA 文库示意图（袁婺洲，2019）

YAC 载体分别用 *Eco*RⅠ 和 *Bam*HⅠ 酶切后变成线形分子，其中大片段 DNA 插入 *Eco*RⅠ 位点，利用 YAC 两个臂上的酵母细胞筛选标记进行筛选鉴定后（*TRP1* 在左臂，*URA3* 在右臂），再转入酵母细胞形成文库克隆。

YAC 克隆载体的装载容量大是其主要优点，但是它也有明显的缺点：①在构建的基因组克隆文库中含有大量的嵌合体（chimeric）克隆存在（40%～50%）。嵌合体是由不同染色体来源的 DNA 片段连接在一起构成的克隆，它给研究造成较大的麻烦。②YAC 克隆使 DNA 分离困难。YAC 的大小和性质与酵母染色体无明显差异，不能用简单的方法分离纯化 YAC 的 DNA，在脉冲凝胶电泳上有时也与酵母染色体相重叠，以致很难得到纯化的 YAC DNA，以用于测序和基因的克隆研究。

为了克服 YAC 载体装载片段过大而导致的克隆片段难于分离的不足，研究者们又相继构建了其他人工染色体载体，包括 BAC、PAC、TAC 和 MAC（哺乳动物细胞人工染色体）等，它们的装载容量适中，能够携带的外源 DNA 片段大小为 80～200 kb。其中，BAC 是应用较多的文库载体。BAC 是以大肠杆菌 F 因子为基础构建的一种大片段 DNA 克隆载体，含有大肠杆菌 F 因子的复制起点 oriS 和 repE、分配基因 *parA* 和 *parB*（维持 F 质粒低拷贝和准确分到两个子细胞去的基因）以及氯霉素的抗性基因 *clmR*，其装载容量可达 300 kb。目前构建的 BAC 基因组文库的克隆片段平均长度通常在 125～150 kb。BAC 是一种环状 DNA 分子，在大肠杆菌细胞内非常稳定，不会发生缺失或重排，而且容易分离纯化，近几年日益被研究者所接受。但是 YAC 文库数年来已有大量数据积累，人类基因组物理图谱仍然主要是靠 YAC 克隆构建的。BAC 并不能完全替代 YAC。

由上可见，克隆载体经历了一系列的发展过程。现在人们普遍把质粒称为第一代克隆载体，装载容量为 8～10 kb；经过改建的 λ 噬菌体为第二代克隆载体，装载容量为 20 kb 左右；人工构建的柯斯质粒为第三代克隆载体，装载容量为 30～45 kb；酵母人工染色体（YAC）为第四代克隆载体，装载容量达 1～2 Mb；包括 BAC、PAC、MAC 在内的新型载体为第五代克隆载体，装载容量适中，为 80～200 kb（表 7-2）。

表 7-2　不同类型载体承载外源 DNA 片段的能力（Primrose 和 Twyman，2013）

载体	宿主	插入片段大小/kb
λ 噬菌体	大肠杆菌（*E. coli*）	5～25
λ 柯斯质粒	大肠杆菌（*E. coli*）	35～45
P1 噬菌体	大肠杆菌（*E. coli*）	70～100
PACs	大肠杆菌（*E. coli*）	100～300
BACs	大肠杆菌（*E. coli*）	<300
YACs	酿酒酵母（*Saccharomyces cerevisiae*）	200～2 000

7.3　表达载体

将外源目的基因导入受体细胞中进行克隆不是基因工程的最终目的，实现目的基因在受体细胞内的表达、产生新的基因产物并让受体生物获得新的可预期的性状才是基因工程操作的真正目的。含有各种表达调控元件、能够使目的基因在宿主细胞中表达的载体，被称为表达载体（expression vector）。

表达载体的结构比克隆载体复杂，除了必须具备与克隆载体相同的复制起点、多克隆位点和筛选标记基因以外，还必须具备控制目的基因表达的调控序列，包括启动子、转录终止子等。此外，克隆到表达载体上的目的基因也必须具有完整的起始密码子、终止密码子和核糖体结合位点，才能产生完整的目的蛋白。

理想的植物基因工程载体要求其相对分子质量不能太大，能携带外源 DNA 进入植物细胞并整合到基因组中，插入较大的外源 DNA 片段而不影响其复制和转化细胞的能力；具有选择标记，能有效地筛选转基因植株等特点。例如 pCAMBIAI1300 是植物基因工程中常用的植物双元载体骨架，很多载体都是在其基础上进行改造的。如图 7-10 所示，pCAMBIAI1300 含有目的基因插入多克隆位点（MCS）、大肠杆菌的筛选抗性（KanR）、植株转基因筛选潮霉素抗性基因（*Hyg*）等。

7.3.1　功能互补载体

在植物研究中，为研究未知基因功能、调控已知功能基因的表达及互补突变体基因功能等，构建相应的表达载体是最基本的实验步骤和必要方法。基因表达载体通常根据实验目

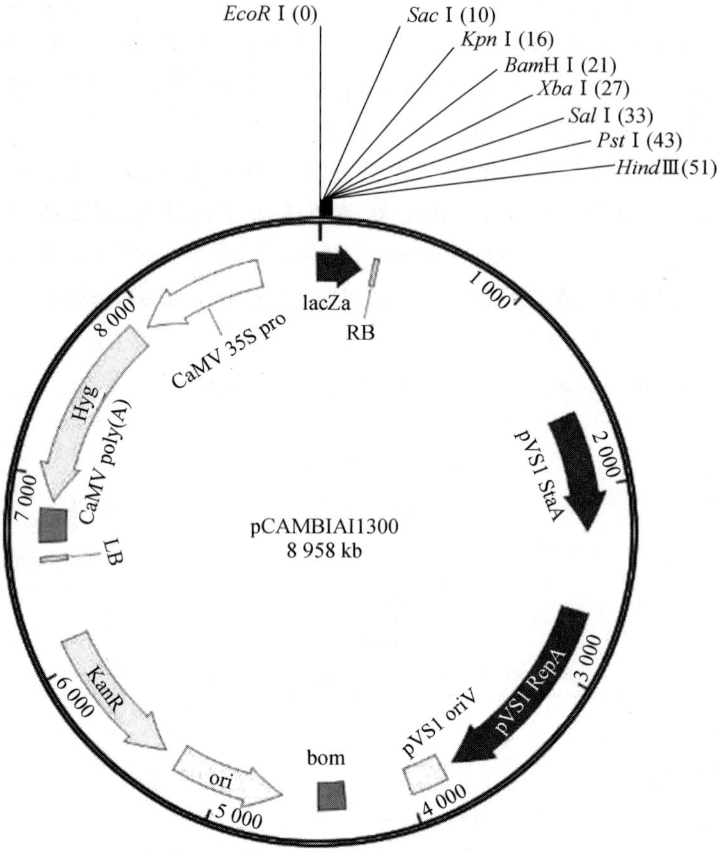

图 7-10 pCAMBIAI1300 载体骨架

选择不同的启动子，主要包括组成型启动子(在多数组织以及整个发育期保持持续的活性)、目的基因自身的启动子或者组织特异型启动子(发育时期或者组织特异性)，将目的基因构建到这些启动子下游，转入植物后实现基因在宿主体内特异性表达的目的。目前已从动物、植物及微生物中分离得到许多适用于植物表达载体构建的启动子：组成型启动子、组织/器官特异型启动子和诱导型启动子。

7.3.1.1 组成型启动子

组成型启动子主要来源于植物病毒和植物看家基因，能够使基因在所有组织中都能启动表达，不表现时空特异性。此外从结构上看，组成型启动子转录起始位点上游一般存在保守的基序"TGACTG"，往往被 6～8 个核苷酸隔开重复出现，该基序缺失或者点突变都会影响启动子的转录活性的维持。

花椰菜花叶病毒(CaMV)35S 启动子是目前使用最广泛的植物病毒组成型启动子，由于转录产物的沉降系数为 35S，因此通常将该启动子称为 35S 启动子。CaMV35S 启动子转录调控区为 3 kb，包括 TATA 盒、CAAT 盒、倒转重复序列和增强子核心序列 4 个部分。用于植物表达载体的 CaMV35S 启动子通常是－343～＋9 bp 区段，包含 352 bp，研究表明更短的 35S 片段也有活性。虽然 35S 启动子不具有时空表达特异性，但是研究发现不同区段的表达部位略有区别。根据35S启动子不同组织内的活性，可以划分为A区（−90～+8 bp）和B区（−343～−90 bp）两个区，其中A区主要控制胚根及根组织内表达；B区则主要负责成熟植株的叶组织及维管以及子叶等组织内的表达。因为B区内含有增强子序列（−46～−105 bp），因此可以大幅度提高目的基因的表达水平，如果转基因载体35S启动子中含有两个B区则能使35S启动子的活性提高10倍。近年来发现，如果CaMV35S启动子加上来自紫花苜蓿花叶病毒（AMV）的一段44 bp的翻译增强序列，可使其表达强度增加5倍。如果把包含44 bp引导序列的CaMV35S启动子与AMV引导序列结合构成一个复合串联启动子，则比未修饰的CaMV35S启动子表达强度增加20倍。此外，35S启动子的活性还受植物种类或者受体细胞的生理特性影响。例如，CaMV35S启动子在双子叶植物中的转录活性更高，在禾本科植物中的表达强度仅为双子叶植物中的1%～10%。即使同一启动子、同一种植物，受体细胞的生理状态不同表达能力也有明显差异。

另一类重要的组成型启动子是看家基因（housekeeping gene）启动子。看家基因是指所有细胞完成基本功能所必需的一类编码基因。看家基因最主要的一类是细胞骨架成分的合成基因，可以维持细胞的结构和完整性，包括了编码肌动蛋白和微管蛋白基因的大家族。在单子叶植物中应用广泛的是玉米或者水稻 *Ubiquitin* 基因启动子，以及水稻的 *Actin1* 基因启动子。这些启动子在单子叶中的表达效率是35S启动子的15倍，但是在双子叶植物中表达十分微弱。因此，在植物基因工程中要根据不同的目的选择所需的启动子，以满足表达的要求。

7.3.1.2 组织/器官特异型启动子

组织/器官特异型启动子（tissue-/organ-specific promoter）调控下的基因往往在某些特定的器官或组织部位表达，这种特异性通常以特定的组织细胞结构和化学物理信号为存在的基础。组织特异型启动子的调控往往受到组织细胞生理状态和化学物质等的诱导，还受到发育阶段的调控。组织特异性表达是多种因子相互作用的结果。组织特异型启动子同样具有增强子（enhancer）和沉默子（silencer）。例如 *TA29* 是在烟草中花粉绒毡层细胞内特异性表达的基因，当 *TA29* 驱动 RNase 进行转基因后，在转化植物中 RNase 的基因就可以特异性地在绒毡层细胞内大量表达，从而降解绒毡层细胞内的 RNA，调控绒毡层的发育，导致花粉败育，最终导致雄性不育。因此，组织特异型启动子为开展植物基因工程带来了便利条件。

7.3.1.3 诱导型启动子

诱导型启动子（inducible promoter）是指在某些特定的化学或物理信号下，可以大幅度提高基因转录水平的一类启动子。该类启动子常以诱导信号命名，例如如果被光诱导表达基因启动子，则被命名为光诱导启动子，以此类推还包含热诱导启动子、创伤诱导启动子、真菌诱导启动子以及共生细菌诱导启动子。此外，根据诱导型启动子的来源又分为天然诱导型启动子和人工构建的诱导型启动子。长期进化过程中，植物通过启动不同基因的表达可在一定范围内适应光、温度、激素等环境的变化，形成光、温度、激素应答启动子，这类启动子就是天然诱导型启动子。由于诱导信号的不同，这些基因的启动子往往具有不同的保守顺式作用元件。例如光应答启动子中具有 G-box、I-box、GT-1-motif 或者 AT-rich sequence 等顺式作用元件；温度应答启动子中多存在 CCAAT-box、HSE-motif、CCGAC-motif 等；而激素应答启动子中则主要包含各种激素应答元件。利用这些保守元件可以推测新基因的可能功能,也可用这些环境应答基因的启动子与抗逆基因融合,从而使转基因植物更好地适应逆境。

为了满足不同需求,通过改造启动子元件还开发了一系列人工构建的诱导型启动子。化学诱导表达系统是研究最多、最深入的可诱导表达系统,现已发展成比较完善的植物表达外源基因的可诱导表达系统。该系统包括一个与化学诱导物结合的转录单元以及一个应答元件的转录单元。诱导物处理后,通过它激活转录因子,从而激活或抑制目的基因的表达。一个理想的化学诱导表达系统应具备以下特点:首先,外源基因在植物体自身不表达或低水平表达,当添加诱导物后,高效诱导基因表达;其次,诱导物需要有较强的专一性;再次,诱导物可快速启动基因表达的“开”与“关”;最后,诱导物对植物无毒或低毒。根据控制基因表达的方式,可将化学诱导系统分为两大类:阻遏型启动子系统和激活型启动子系统。

7.3.2 多基因表达载体

在植物基因改良中,很多性状是由多个基因共同控制的,即要求几个相关基因的协同表达,常常需要构建多个基因表达载体。随着现代生物科技的发展,调控复杂的代谢途径和改变复杂的农艺性状,单个基因的表达已经无法满足实际需要。叶绿体基因多为多顺反子转录单元,在叶绿体基因组中,一个操纵子里的多个内源基因可同时转录和翻译,从而使多基因的表达在一次转化中形成整条代谢途径成为可能,这也是叶绿体转基因技术的显著优势之一。在目前可选择的有效表达元件不多的情况下,利用质体基因组多顺反子操纵子(多个基因在一个操纵子里,由一个启动子起始转录)就提供了一条新的途径。例如,通过一个 50 bp 的序列(命名为多顺反子间基因表达元件,intercistronic expression element,IEE)可以介导多顺反子中基因的 mRNA 加工,形成稳定的单顺反转录子。这个仅有 50 bp 大小的 IEE 为叶绿体转化技术的多基因表达提供了一个新的工具,被应用于新的转化载体中(图 7-11)。多个基因通过一个操纵子表达不仅可以通过一次转化直接实现,而且由于单启动子就可以表达多个基因,避免了启动子的重复使用引发的非目的性的同源重组而产生的基因组改变,同时也将大大简化转化载体的构建。利用 IEE 将降低多顺反子加工后由于基因不稳定而无法翻译的可能性,从而增加叶绿体中基因表达的成功率,并可应用于报道基因和筛选基因的共表达对复杂生化途径的调控以及植物的多效抗病性和生物医药的制造,从而在更大程度上推动叶绿体转化技术的广泛运用。

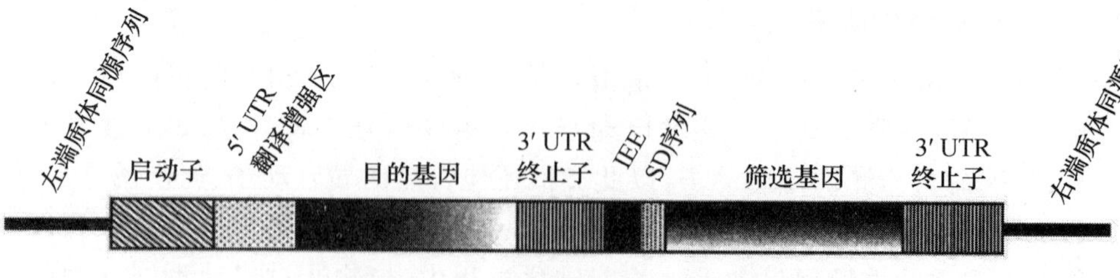

图 7-11 多基因表达载体结构示意图

再如,水稻类胡萝卜素合成途径基因中大多数类胡萝卜素合成的相关基因在水稻胚乳中处于不表达或低表达状态。类胡萝卜素合成途径的关键基因包含 β-胡萝卜素酮化酶基因(*sCrBKT*)、八氢番茄红素脱氢酶基因(*sPaCrtI*)、八氢番茄红素合成酶基因(*sZmPSY1*)和

β-胡萝卜素羟化酶基因（*sHpBHY*）。利用水稻胚乳特异型启动子和高效多基因表达系统，在水稻胚乳中重新构建了不同基因组合的类胡萝卜素/酮式胡萝卜素/虾青素的生物合成途径，在转基因材料中表达，从而可以使胚乳呈现不同的颜色（图 7-12）。

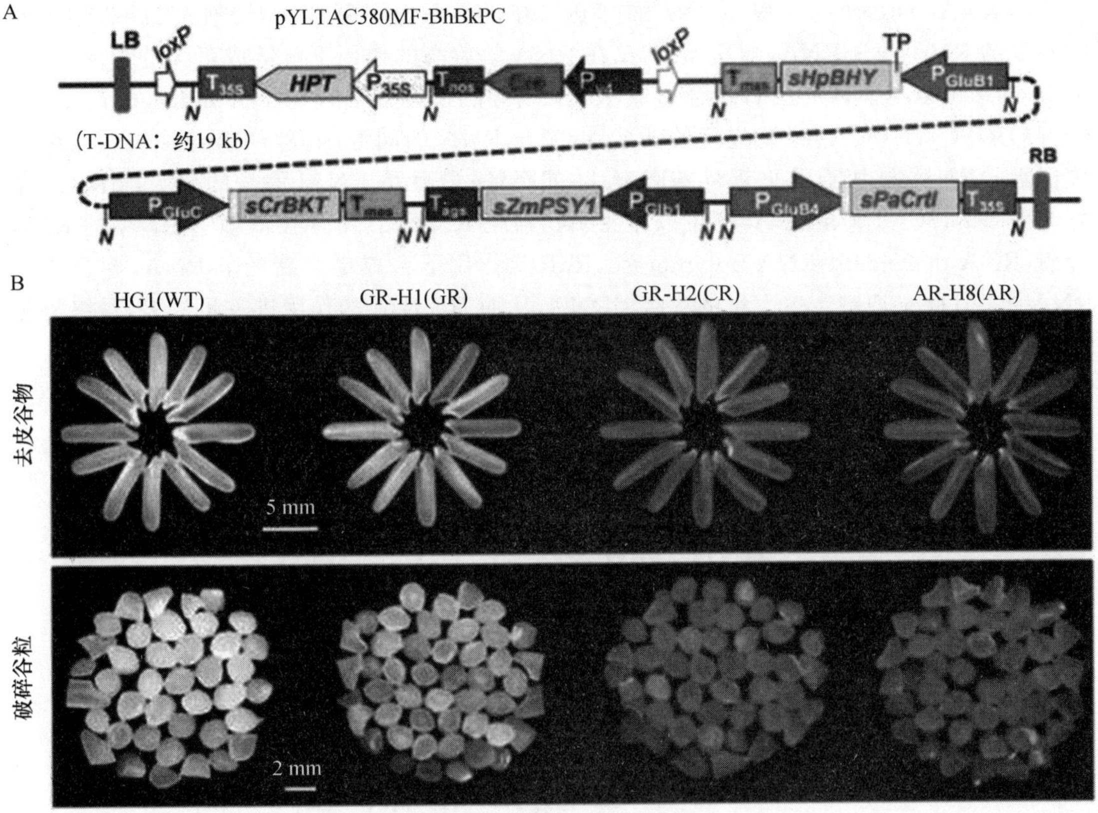

（A）合成虾青素的多基因载体结构 （B）黄金大米（GR，golden rice），角黄素大米（CR，canthaxanthin rice），虾青素大米（AR，astaxanthin rice）

图 7-12 多基因表达载体的应用（Zhu 等，2018）

图 7-12 彩图

7.3.3 干涉载体

为了研究某些基因的功能，有时候需要将基因表达下调。RNA 干扰（RNA interference，RNAi）是创制基因沉默材料的策略之一。RNAi 是指一些小的双链 RNA（double-stranded RNA，dsRNA）可以促使 mRNA 降解，特异、高效地阻断体内特定基因表达，诱使细胞表现出特定基因缺失或表达下调的表型。RNAi 是一种高效的特异性强的基因阻断技术，可以快速分析靶基因的功能，RNAi 发展迅速，已成为功能基因组研究和反向遗传学研究的有力工具。RNAi 技术被《科学》(*Science*)评为 2002 年度的十大科技突破。RNAi 的作用机理(图 7-13)主要是：首先外源性 DNA 随机整合到宿主细胞基因组内，产生一些双链 RNA(dsRNA)；这些 dsRNA 被细胞质中的核酸内切酶 Dicer 切割成 21～25 bp 大小的短双链 RNA，即 siRNA；随后 siRNA 在 RNA 解旋酶的作用下解链成正义链和反义链，反义 siRNA 可以与体内一些酶结合形成 RNA 诱导的沉默复合物(RNA induced silencing complex，RISC)；RISC 具有核酸酶的功能，与靶 mRNA 的同源区进行特异性结合，在结合部位切割 mRNA，被切割后的断裂 mRNA 随即降解；最后是 RNAi 信号的放大：siRNA 除了可以引导 RISC 切割 mRNA，还可以作为引物与靶 RNA 结合，并在依赖于 RNA 的 RNA 聚合酶(RNA dependent RNA polymerase，RdRP)作用下合成更多新的 dsRNA，新合成的 dsRNA 再由 Dicer 切割产生大量的次级 siRNA，从而使 RNAi 的作用进一步放大，最终将靶 mRNA 完全降解。

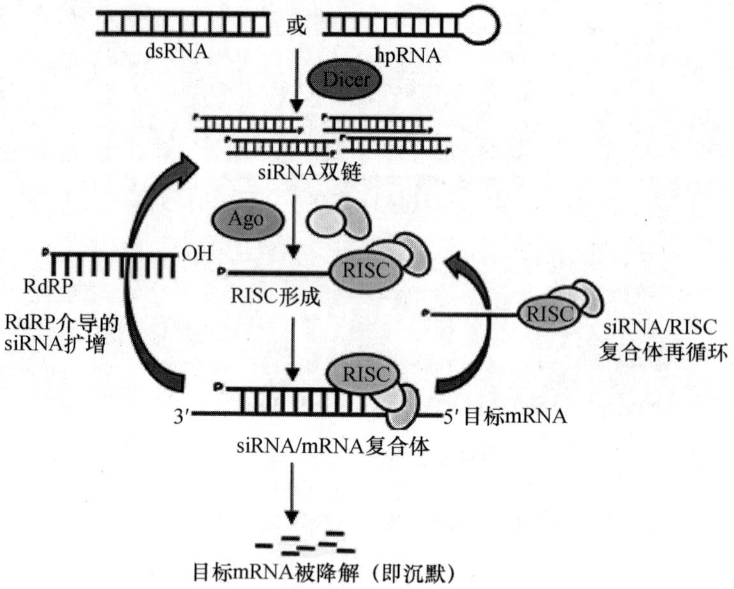

图 7-13　真核生物中 RNAi 介导的基因沉默(Majumdar 等，2017)

植物中 RNAi 技术因具有高特异性、高效性、高成功率、高稳定性等特点，被认为是功能基因组学中很有前途的一种基因调控方式，可在不影响其他基因的情况下，以精确的方式下调靶基因的表达。植物中 RNAi 在维持基因组完整性和生长发育方面具有重要意义，能对影响作物经济性状的缺陷基因及不良基因进行 RNA 干扰，实现作物品种改良，还能抵抗引起重大经济损失的病原体、害虫和病毒的入侵。

7.3.4　CRISPR/Cas 载体

CRISPR/Cas 系统是 1987 年开始陆续发现的存在于古细菌及许多细菌中的一套防御系统。其中 CRISPR 是一种“成簇的规律间隔的短回文重复序列”(clustered regularly interspaced palindromic repeats，CRISPR)，是由细菌捕获外来入侵的噬菌体或质粒 DNA 形成的免疫印记。Cas 则是一系列具有多种活性的核酸内切酶，其主要功能是定位外来入侵的 DNA 并将其切断，从而阻止外来入侵的噬菌体和质粒繁衍子代。Cas 至少可以被划分为 3 种主要的类型。其中Ⅰ型和Ⅲ型的 Cas 核酸酶都是多亚基的蛋白质，Ⅱ型 Cas 核酸酶则是单亚基的蛋白质，它们都能在 RNA 指导下识别并切割 DNA 分子。当入侵噬菌体将 DNA 释放到细菌细胞内时，由 Cas1 和 Csn2 形成的复合体将会识别并与之结合，切断入侵 DNA，并把 DNA 片段捕获到 CRISPR 间隔序列中，形成免疫记忆。等同种噬菌体再次入侵时，CRISPR 就能通过间隔序列 crRNA(CRISPR related RNA)识别入侵噬菌体的 DNA 并与之互补，引导 Cas9 结合并启动双链切断机制，将入侵噬菌体的 DNA 切碎。基于对Ⅱ型 CRISPR/Cas 系统的研究，人们已经改建成一种简便高效的基因编辑工具，这就是 CRISPR/Cas9 载体系统，其工作原理如图 7-14 所示。

CRISPR/Cas 载体系统，靶位点识别组件是一段名为成簇的规律间隔的短回文重复序列 CRISPR。CRISPR 编码 CRISPR-RNA 前体(pre-crRNA)，前体加工成短的成熟的 CRISPR-RNA(crRNA)，crRNA 将与靶基因 DNA 通过碱基互补配对的方式进行识别。而切割 DNA 的组件，是一种名为 Cas 的核酸内切酶(CRISPR-associated proteins，Cas)。这样 CRISPR 与 Cas 结合形成一种 RNA-蛋白质的复合体，RNA 引导 Cas 入核，靶向目标基因，CAS 发挥内切酶活性，使得靶基因产生双链缺口，通过非同源末端连接(non-homologous end joining，NHEJ)或者同源重组修饰(homology-directed repair，HDR)途径，进而实现基因的敲除与修饰。

CRISPR/Cas9 系统由 CRISPR 和 Cas9 核酸酶组成。CRISPR 序列分别由前导序列、高度保守的重复序列与间隔区序列组成。前导序列负责启动转录开始并合成 crRNA 前体(pre-crRNA)，该区域富含腺嘌呤和胸腺嘧啶碱基序列，一般长度为 300～500 bp。研究表明，crRNA 结合 Cas9 蛋白还需要另外一段 RNA 参与，那就是 tracrRNA(transactivating crRNA)，即 crRNA 反式激活的 RNA。tracrRNA 由 CRISPR 临近序列编码，对 CRISPR 发挥两个作用：一是通过 RNA 酶Ⅲ启动 crRNA 的成熟，二是通过互补结合 crRNA 激活 Cas9 的核酸内切酶活性(图 7-15)。

7.4 农杆菌 Ti 质粒载体

土壤农杆菌介导的基因转移是目前最常用的获得转基因植物的方法，它主要用于双子叶植物系统。利用土壤农杆菌介导的基因转移的再生效率很高，且外源基因在转入并整合到植物基因组中后未发生任何重大的修饰改变。一般来说，使用土壤农杆菌介导的基因转移方法所转入的外源基因一般拷贝数较低，大多是单拷贝转移。

7.4.1 Ti 质粒的结构组成

根癌农杆菌(*Agrobacterium tumerfaciens*)可以引发植物产生冠瘿瘤(crown gall)，干扰被侵染植物的正常生长。它可以使上百种不同科的双子叶植物形成冠瘿瘤，但很少感染单子叶植物。多数农杆菌携带有一种称为 Ti 的质粒(tumorinducing plasmid)，它是一种双链环状 DNA 分子，长 200～250 kb。根据合成冠瘿碱种类的不同，Ti 质粒可分 4 种：章鱼碱

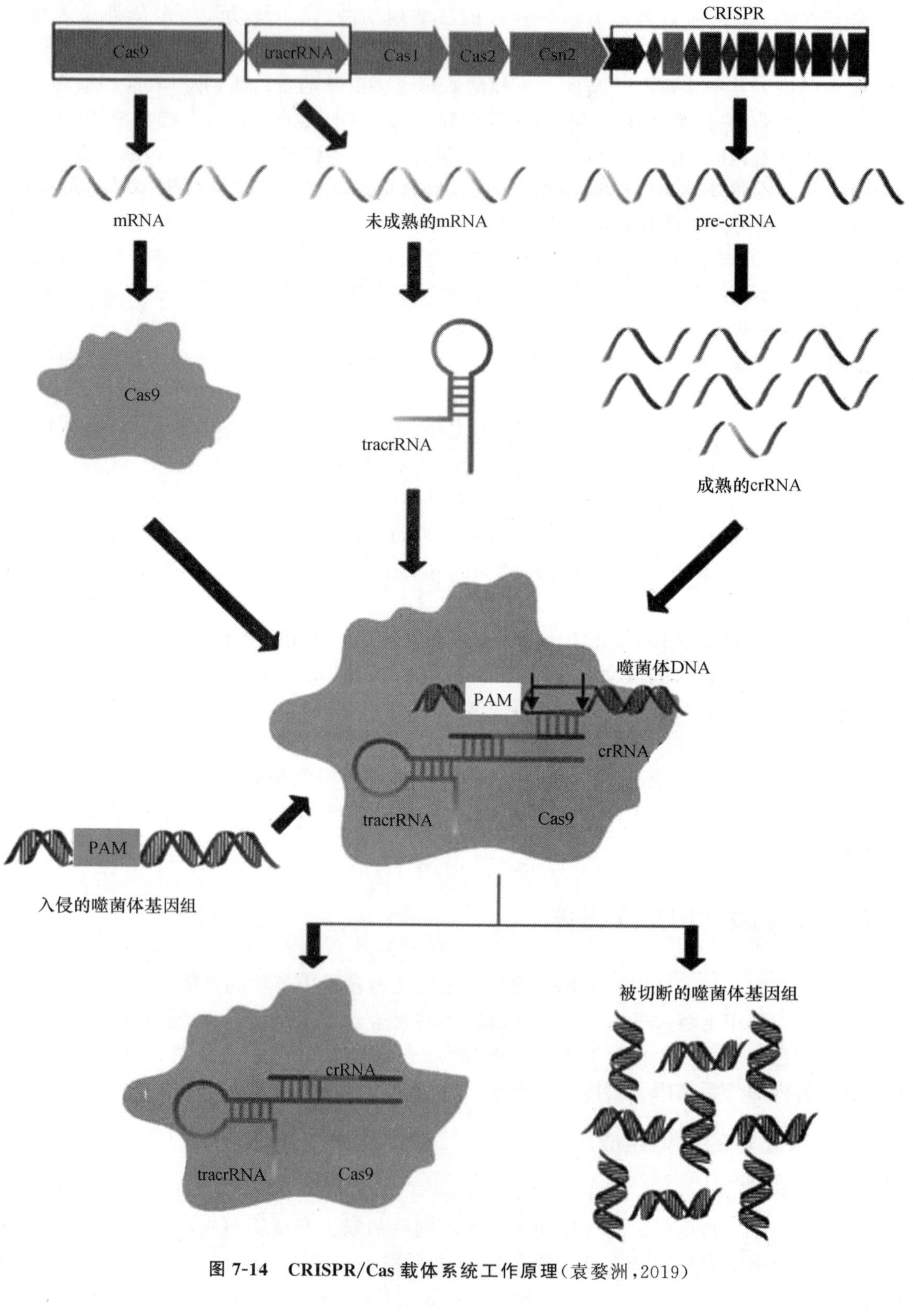

图 7-14　CRISPR/Cas 载体系统工作原理(袁婆洲,2019)

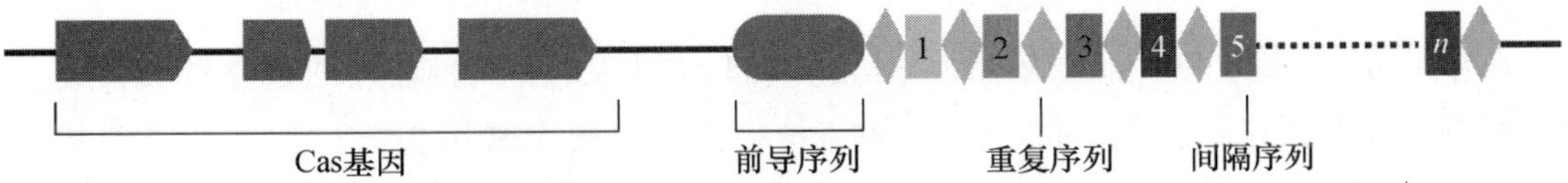

图 7-15 CRISPR 序列及系统组成

型(octopine)、农杆菌素碱型(agropine)、胭脂碱型(nopaline)和琥珀碱型(succinamopine)。冠瘿碱为一些谷氨酸的双环糖衍生物,如胭脂碱是由精氨酸和 α-酮戊二酸缩合形成的物质,可以为农杆菌的生长提供能源。常见的一种野生型 Ti 质粒是一个 194 kb 大小的大型环状质粒,约有 196 个基因,编码 195 个蛋白质。天然 Ti 质粒的结构可分 4 个区(图 7-16):复制起点(origin of replication,ori 区),该区段基因调控 Ti 质粒的自我复制;结合转移区(region encoding conjugation,Con 区),该区段存在着与细菌间接合转移的有关基因,调控 Ti 质粒在农杆菌之间的转移;转移 DNA 区(transferred-DNA region,T-DNA 区),T-DNA 是农杆菌感染植物细胞时,从 Ti 质粒上切割下来转移到植物细胞的一段 DNA;毒性区(virulence region,Vir 区),该区段上的基因能激活 T-DNA 转移,使农杆菌显出毒性。

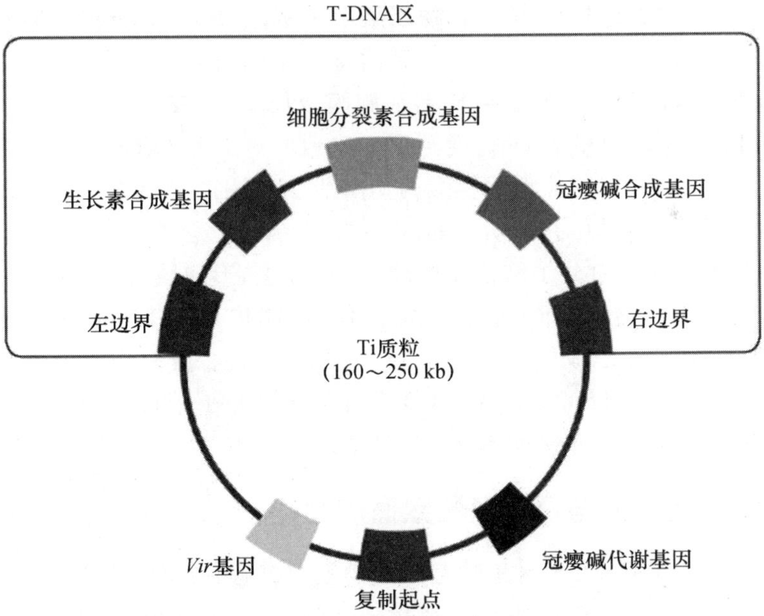

图 7-16 Ti 质粒结构示意图

7.4.2 T-DNA 的结构与功能

T-DNA 能够转移并整合到植物基因组中,并导致冠瘿瘤的形成。T-DNA 的长度在 12～24 kb。T-DNA 的两端左右边界各为 25 bp 的重复序列,分别称为左边界(LB 或 LT)和右边界(RB 或 RT)(图 7-16)。右边界在 T-DNA 转移中起着重要作用。在章鱼碱型 T-DNA 的右边界的右边还存在一个约 15 bp 的超驱动(overdrive)序列,为有效转移 LT、RT、T-DNA 所必需,起增强子作用。T-DNA 的 5′端和 3′端都有真核表达信号,如 TATA 盒、

AATAA 盒及 poly(A)等。

在 T-DNA 左右边界之间,含有 3 类结构基因,即生长素合成基因、细胞分裂素合成基因和冠瘿碱合成基因。这些基因的表达产物与植物产生冠瘿瘤密切相关。当 3 个结构基因随着 T-DNA 转移并整合至植物基因组中后,生长素基因和细胞分裂素基因的表达产物引起质粒转化区植物细胞不断分裂与生长,加上冠瘿碱合成基因不断利用植物细胞的氨基酸(精氨酸、丙氨酸、谷氨酰胺)合成冠瘿碱并不断积累,导致植物细胞感染处冠瘿瘤的形成。

7.4.3 毒性区的基因与功能

Vir 区位于 T-DNA 区以外,长约 40 kb,由 7 个操纵子组成,分别是 *VirA*、*VirB*、*VirC*、*VirD*、*VirE*、*VirF*、*VirG*。在这 7 个操纵子中,*VirA*、*VirB*、*VirD*、*VirE* 及 *VirG* 对于 T-DNA 的转移和肿瘤的诱导是绝对必需的。其中 *VirA* 和 *VirG* 编码的两个蛋白质在出现酚类化合物时,对其他毒性基因的调节和表达起激活作用。*VirA* 编码一个跨膜组氨酸蛋白激酶(histidine protein kinase),定位于细菌细胞膜上。*VirG* 是一个细胞质应答调节因子(cytoplasmic response regulator)。*VirA* 被激活后即可激活 *VirG*。*VirG* 进一步激活其他 *Vir* 基因的表达。在双子叶植物中,酚类化合物乙酰丁香酮(aceto syringone,As)和羟基乙酰丁香酮(hydroxyacetosyringone,OH-As)对于激活毒性基因有重要作用。*VirB* 含 11 个开放阅读框(ORF),其所编码的蛋白质被运输到细胞膜或周质中,在农杆菌细胞膜上形成通道,是 T-DNA 从农杆菌运输到植物细胞的通道。*VirD* 含 5 个 ORF,编码蛋白质 VirD1～VirD5,其中 VirD2 蛋白具有特异性的核酸内切酶活性,识别 T-DNA 右边界重复序列,并在此处把 T-DNA 切开一个切口,并与切口的 5′端结合。*VirE* 含 2 个 ORF,其中 VirE2 为单链结合蛋白,多个 VirE2 蛋白分子结合在单链 T-DNA 上,形成核蛋白丝(nucleoprotein filaments)。VirD2 和 VirE2 都有植物细胞核定位信号,能护送 T-DNA 进入植物细胞核内。毒性区基因相互作用,从而形成了由 VirD2 蛋白牵头、VirE2 蛋白作为外壳的单链 T-DNA 转移复合体,这一复合体不仅可穿过 VirB 在农杆菌细胞膜上形成的通道到达植物细胞,而且还可保护 T-DNA 不被植物核酸水解酶降解。

7.4.4 T-DNA 整合机制与诱导植物致瘤的过程

农杆菌 Ti 质粒上 T-DNA 导入植物基因组的整个过程大致可分为以下 6 个步骤:①农杆菌对受体细胞的识别;②农杆菌附着到植物受体细胞;③诱导启动毒性区基因表达;④通道复合体的合成和装配;⑤T-DNA 的加工和转运;⑥T-DNA 的整合。农杆菌对植物受体识别的基础是菌株对植物细胞所释放的化学物质产生趋向性反应,即细菌的趋化性。农杆菌在植物创伤部位生存 8～16 h 会产生细微的纤丝将自身缚附在植物细胞壁表面。接着植物受伤细胞分泌乙酰丁香酮和羟基乙酰丁香酮等广谱抗菌物质,这些酚类物质对农杆菌是无毒的,但是可以诱导 Ti 质粒上毒性区基因 *vir* 表达。T-DNA 被 *vir* 基因表达产物切割,与 VirE2 蛋白形成单链 T-DNA 转移复合体,并转移到植物体内;通过一种复合物进入植物细胞核,使 T-DNA 与植物基因组整合。T-DNA 上的 3 个结构基因在植物细胞内表达,从而使植物形成冠瘿瘤(图 7-17)。

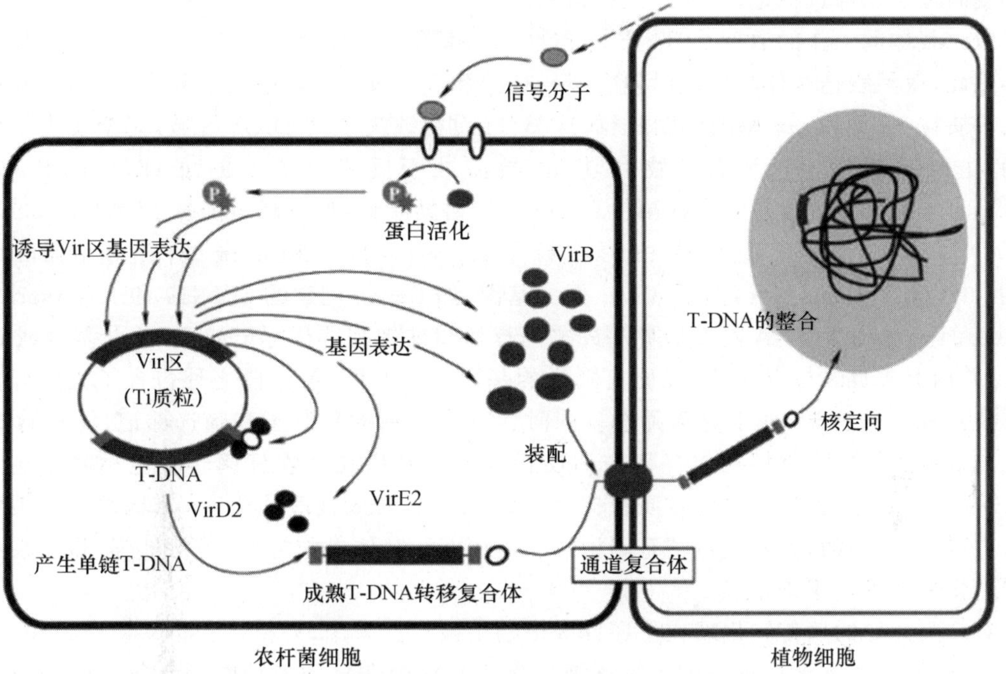

图 7-17　Ti 质粒 T-DNA 整合到植物基因组的分子机制

7.4.5　Ti 质粒衍生的载体系统

Ti 质粒虽然是目前使用最为广泛的一种有效的天然载体，但是也有其缺陷，如转化细胞生长过程中产生的植物激素会阻碍转化细胞的再生；冠瘿碱合成会消耗能源，降低植物的产量；Ti 质粒过于庞大(大于 200 kb)不利于操作；Ti 质粒在大肠杆菌中不能复制，在细菌中操作和保存会很困难。因此，Ti 质粒必须改建才能满足转基因制作的要求。改建 Ti 质粒载体的基本原则是：①使载体具备 2 个 DNA 复制起点。一个作为大肠杆菌的复制位点，另一个作为农杆菌的复制位点，即构建成为大肠杆菌-农杆菌穿梭载体。②至少具备 2 个筛选标记。一个是植物细胞选择标记基因，便于转化植物细胞后的选择；另一个是大肠杆菌和农杆菌的选择标记，便于载体构建和克隆的筛选。③减小质粒分子量。天然质粒由于分子量太大不利于克隆操作，因此要尽量减小质粒分子量。通常将 T-DNA 上的 3 个结构基因去除，代之以目的基因和植物细胞筛选标记。同时也要将 Ti 质粒上其他非必需序列去除。④删除质粒上多余的酶切位点，增加多种酶的单一酶切位点即多克隆位点。多克隆位点一般插在 T-DNA 序列上，便于外源基因的克隆和转入。目前改建的 Ti 质粒载体主要有两类，即共整合载体系统(图 7-17)和双元载体系统。先通过大肠杆菌质粒如 pBR322 等来源的中间载体以同源重组或克隆方式插入一段与 Ti 质粒同源的区段，通常是不完整的 T-DNA 区段。由于这样的中间载体只能在大肠杆菌中复制而不能在农杆菌中复制，所以，含有中间载体的大肠杆菌必须与含有 Ti 质粒的农杆菌进行细菌融合，融合后中间载体与 Ti 质粒由于共同拥有 T-DNA 的区段而发生同源重组，最后在农杆菌内得到整合的 Ti 质粒载体，含有 T-DNA 的左边界和右边界、植物细胞筛选标记和目的基因、毒性区基因，以及大肠杆菌和农杆菌的复制位点及筛选标记，可用于感染植物细胞，转移目的基因。

双元载体的工作的原理是 Ti 质粒上的 *vir* 基因可以反式激活 T-DNA 区段序列的转移。因此，双元表达载体是把同时包含 *vir* 基因和 T-DNA 区段序列的野生型 Ti 质粒改造成两种质粒：一种为 *vir* 基因协助质粒，这类 Ti 质粒缺失了 T-DNA 区域，完全丧失了致瘤作用，主要只提供 *vir* 基因产物和功能，激活处于反式位置上的 T-DNA 的转移，如 pAL4404。基因工程改造的农杆菌带有 *vir* 基因协助质粒，如农杆菌菌株 LBA4404，带有这种 T-DNA 缺失而 *vir* 基因保留的质粒 pAL4404。另一种是微型 Ti 质粒（mini-Ti plasmid），只含 T-DNA 区，而不含 Vir 区的基因，如 Bevan 构建的 pBIN19 和 Jefferson 构建的 pBI121。它在 T-DNA 左右边界序列之间提供植株细胞选择标记如 *NPT* Ⅱ 基因或 *lacZ* 基因，并加上多克隆位点 MCS 以便克隆目的基因等。T-DNA 区段之外包含了大肠杆菌的复制位点和筛选标记，便于克隆筛选。同时含有农杆菌的复制子和筛选标记，便于微型 Ti 质粒与 *vir* 基因协助质粒在农杆菌内的反式互补以及质粒从农杆菌转移至植物细胞。因此，只要把目的基因置于微型 Ti 质粒 T-DNA 区段内，转入合适的含 *vir* 基因协助质粒的农杆菌中，再转化植物，即可获得转基因植物。由于双元载体操作方便，灵活性强，目前在植物基因转化中大都使用该系统。

农杆菌介导的遗传转化现在已在许多植物中被广泛采用，外植体种类从愈伤组织、胚性悬浮细胞、原生质体到植物各种组织逐渐扩大。农杆菌介导的遗传转化从双子叶植物逐渐扩展到单子叶植物。许多实验已经证明，土壤农杆菌可以将 T-DNA 转入水稻、玉米和小麦等重要农作物细胞中，并在其中稳定表达。

7.5 植物病毒转化载体

病毒载体介导的遗传转化属于瞬时表达转化，简单来说就是利用病毒载体感染植株，高效表达目的基因进而产生大量的蛋白质。这种瞬时表达转化系统具有如下优点：①外源基因直接被植物病毒载体导入植物细胞，且系统分布于整个植株中，不需要经历从外植体到再生植株这样较长时间的转化过程，有助于快速预测外源基因是否能够在植株中成功表达；②由于病毒的高效自我复制和表达能力，能够生产大量的外源蛋白；③病毒载体的 DNA 一般不整合到植物细胞核基因组上，也就不会影响受体植物自身其他功能基因的表达。当然，病毒载体也存在着明显的缺陷：①病毒载体不能将外源基因整合到染色体中所以不能够按照孟德尔规律传递给后代，在长效表达外源蛋白上没有优势；②由于病毒自身基因组发生突变的频率较高，所以具有致病可能性，可能会诱发病害；③病毒载体自身的不稳定性容易造成外源基因丢失。鉴于此，病毒载体介导的遗传转化主要运用于两个领域：一个领域是将病毒诱导的基因沉默（virus-induced gene silencing，VIGS）等方法运用于基因的功能研究；另一个领域是研究高效表达外源蛋白。

植物病毒种类繁多，在已知的 300 多种植物病毒中有大约 91% 为单链 RNA 病毒。病毒侵染植物细胞后，病毒的 DNA 或 RNA 能自发地进行基因转移，并且在植物细胞中复制和表达。因此，植物病毒可以作为植物的基因转化载体。迄今为止所知的双链 DNA 病毒只有花椰菜花叶病毒组和黄瓜黄脉病毒组。其中花椰菜花叶病毒（CaMV）的性质、功能、基因组结构是研究得较清楚的，被认为是病毒转化载体的最佳候选者。

花椰菜花叶病毒(CaMV)是一种双链DNA病毒，目前发现12 bp的外源小片段可以在CaMV的4个区域插入：编码区Ⅱ，也称基因Ⅱ或OrfⅡ；编码区Ⅰ和Ⅵ之间的大间隔区；编码区Ⅳ的C末端区域；编码区Ⅵ区域。研究发现，当插入500 bp的较大片段时，大部分CaMV就丢失了DNA，从CaMV对插入外源DNA的限制来看，这种植物基因转化载体还需要进一步改进。单链DNA病毒又称为双联体病毒或孪生病毒(GeNV)，感染范围较广，包括双子叶植物和单子叶植物，其传播媒介是昆虫。该病毒由两个连接在一起的病毒颗粒组成，其大小18～20 nm，含有1～2个长为2.5～3.0 kb的单链环状DNA分子。例如菜豆金花叶病毒(BGMV)、番茄金花叶病毒(TGMV)含有感染所必需的两个单链环状DNA分子，小麦矮化病毒(WDV)含有一个单链环状DNA分子。在双子叶植物中，TGMV的衣壳蛋白基因被*Npt Ⅱ*和*Cat*取代，并得到复制和表达，进一步说明GeNV是一种很有前景的转化载体。烟草脆裂病毒(TRV)是一种单链RNA病毒，TRV基因组由两段独立的RNA组成，每一段都包装成棒状的病毒颗粒。其中较长的一段RNA因为不含有衣壳蛋白的编码序列，所以单独存在时只能产生不被包装的RNA分子。较短的RNA编码衣壳蛋白，但其复制必须有较长RNA的存在才能进行。利用这两种病毒颗粒共同感染植物，可以使病毒基因组得到正常的复制和表达。一般认为，利用RNA病毒作为转化载体，首先单链的病毒RNA在反转录酶的作用下反转录成一条单链的cDNA，然后单链cDNA在DNA聚合酶的作用下形成双链cDNA，通过重组技术将cDNA双链插入克隆质粒中，使在克隆质粒中的病毒cDNA连同外源基因先转录成RNA转录体，再以此来感染植物。

病毒载体实验快速，从载体的构建到植物的表达周期短；植物病毒寄主多，且一般都有很强的侵染能力和一定的寄主范围，可对一种寄主植物的多个品种或多个寄主接种，极大方便用于分析不同种植物的基因功能或在不同种植物或不同品种中表达外源蛋白。

思考题

1. 基因工程载体必须满足哪些基本条件？
2. 质粒载体有什么特征？有哪些主要类型？
3. 噬菌体载体有哪些？携带能力分别有多大？
4. 什么是人工微小染色体？有哪些类型？
5. 表达载体应该具备什么条件？
6. 请描述用载体pUC18来克隆DNA片段的过程。在实验中，怎样筛选含有克隆片段的重组子？
7. 简述植物表达载体的一般特征。
8. CRISPR/Cas技术的原理是什么？

参考文献

[1]瞿礼嘉，顾红雅，胡苹，等．现代生物技术导论．北京：高等教育出版社，1998.
[2]王关林，方宏筠．植物基因工程．2版．北京：科学出版社，2014.
[3]袁婺洲．基因工程．2版．北京：化学工业出版社，2019.

[4]张献龙,植物生物技术.2版.北京:科学出版社,2012.

[5]Majumdar R, Rajasekaran K, Cary J W. RNA interference (RNAi) as a botential tool for control of mycotoxin contamination in crop plants: Concepts and considerations. Frontiers in Plant Science, 2017, 8: 200.

[6]Primrose S B, Twyman R M. Principles of gene manipulation and genomics. 7th ed. Wiley-Blackwell, 2013.

[7]Sambrook J, Russel D W. 分子克隆实验指南.2版.金冬雁,等译.北京:科学出版社,2002.

[8]Zhu Q, Zeng D, Yu S, et al. From golden rice to aSTARice: Bioengineering astaxanthin biosynthesis in rice endosperm. Molecular Plant, 2018, 11(12): 1440-1448.

第8章

植物基因克隆技术

植物基因克隆技术是现代生命科学的关键组成部分。克隆重要功能基因并研究其分子调控机制不但有助于了解植物生长发育及响应外界环境变化的调控机理，而且还有助于将其应用于农作物育种实践，达成高产、稳产、优质等育种目标。近年来，随着基因组测序技术及其平台的快速发展，大量植物的高质量基因组解析及其数据库建立为后基因组学研究奠定了重要基础，也大大促进了控制重要性状主效基因的克隆、功能研究和分子调控网络解析。本章主要从基因克隆的基本概念以及植物基因克隆策略两个方面介绍植物基因克隆的基本知识和主要方法。

8.1 基因克隆的基本概念

1969 年，美国哈佛大学 Beckwith 博士团队成功分离大肠杆菌 *lacZ* 基因，其编码 β-半乳糖苷酶，该研究首次实现了基因的成功分离。1972—1973 年，科学家 Herbert Boyer 和 Stanley Cohen 从一种质粒中提取到一个基因，并将其转移到另一种质粒中，使其能够被细胞识别并复制，第一次实现了基因克隆。1983 年，科学家 Kary Mullis 发明了聚合酶链式反应(PCR)，这是一种新的基因克隆技术，大大提升了基因克隆的效率。此外，基因重组技术也被开发出来，可以将多个基因重组到一个新的位置，从而形成一种新的基因。此后，基因克隆技术发展迅速，并被广泛应用于生物科学和医学研究中。

“克隆”(clone)一词，作为名词使用时是指从一个共同祖先通过无性繁殖后形成的具有相同 DNA 分子、细胞或个体所组成的群体；作为动词使用时，是指产生这一群体的过程。基因克隆(gene cloning)，其中“克隆”一词是动词，指“进行克隆”，即指在体外，借助具有自我复制能力的载体，将目标基因通过一定的方式引入宿主细胞进行增殖，进而短时间内获得大量特定的 DNA 片段，在此基础上成功表达并获得大量目标蛋白产物。基因克隆实验包括 4 个基本步骤，即 DNA 片段的获取，目的片段与载体连接，连接产物导入受体细胞，目的克隆的筛选与鉴定。一个基因被克隆以后，可以在细菌中保存，也可以通过培养细菌进行扩增。一般情况下，微量的 DNA 片段不能直接观察和分析，只有扩增到微克水平后才能进行酶切、连接和序列分析等分子生物学操作，而扩增目的 DNA 片段的最常用途径就是基因克隆。鉴于基因克隆全程是分子水平上的操作，因此也被称为分子克隆(molecular cloning)，其根本含义与有机体克隆相近，均是通过无性途径产生相同拷贝(副本)的意思。

8.1.1 基因克隆的主要技术途径

通常情况下基因克隆包括以下核心步骤：

（1）从候选材料中获取带有目的基因的 DNA 片段　获取方式主要包括：①利用酶切消化或 PCR 扩增等方式从目标生物基因组中分离特定 DNA 片段（包含目标基因）；②从相关植物组织或细胞中提取其总 RNA（其中包括目标基因的 mRNA），然后以其为模板，在逆转录酶作用下获取目标 DNA 片段；③根据所研究目的基因 DNA 序列信息，利用化学方法人工合成目标基因。

（2）在体外将 DNA 片段（含目的基因）与目标载体进行连接，进而获得重组 DNA 分子　基因载体作为运载工具可以将外源 DNA 片段送入生物细胞。载体是一种具有自我复制能力的特殊 DNA 分子，通过酶切等处理可以和外源目标 DNA 融合。目前，常用的基因载体主要有 5 类，即质粒、柯斯质粒、噬菌体衍生物、单链 DNA 噬菌体 M13、动物病毒。各类型载体的来源、大小、结构和复制等特性差异较大，可以根据需要选择合适的载体。

（3）将重组 DNA 分子导入合适的宿主细胞　重组 DNA 即包含目的基因的融合载体，借助转化、转导等方法将重组 DNA 分子转入合适的受体细胞中，使其稳定存在。进而通过自体复制和增殖获得重组 DNA 的无性繁殖系（克隆），实现目的基因的大量扩增。

（4）阳性克隆的筛选、鉴定和分析　通过施加选择压（营养缺陷、抗生素）或者借助特定的选择标记，从大量受体菌中高效筛选获得带有目的基因的阳性克隆（即重组菌），并开展进一步的分子鉴定。再将筛选出的阳性克隆株系进行培养扩繁，提取重组质粒。最后利用酶切、测序等手段分析目的基因的碱基序列，确认所克隆基因序列的准确性。克隆的目的 DNA 片段就可以用于后续表达蛋白纯化或者生物学功能分析。

8.1.2 基因克隆的技术特点

与其他植物生物技术相比，基因克隆技术具有如下特点：

（1）根据需求事先设计和控制基因克隆结果　基因克隆技术不仅可以提前预测和评估基因改变所带来的结果，而且可以及早干预改变基因序列，实现有计划、有目的地构建基因。因此，基因克隆技术在农业应用中可以实现定向育种。基于基因克隆技术的基因工程育种每个步骤均需鉴定，可确保所获得农业产品的纯度和安全性。

（2）利用人工手段离体进行遗传重组　基因克隆技术的首要步骤是从极其复杂的生物细胞中获取目的基因，然后根据研究目的人为地将此目标基因在体外进行剪接，并将重组 DNA 转入受体细胞，在受体细胞中按照载体的预先设计成功表达目标蛋白或者发挥预期功能，这是基因克隆技术最突出的优越性。

（3）在不同物种间进行任意的、定向的远源分子杂交　基因克隆技术能使 DNA 片段跨越物种生殖隔离限制，实现不同物种来源的目的 DNA 片段进入无亲缘关系的受体生物中，进而定向改变受体生物的特定性状。因此，该技术可更加高效地利用不同物种的优异基因资源，实现快速育种、定向育种，给传统植物育种工作带来革命性变化。

8.2 植物基因克隆策略与方法

从遗传学角度可以将基因克隆策略分成两种，分别是正向遗传学（forward genetics）和反向遗传学（reverse genetics）策略。正向遗传学是通过研究表型变异分析鉴定和筛选突变基因的经典遗传学方法。反向遗传学主要通过改变基因的表达或基因序列结构来研究基因的功能。

8.2.1 图位克隆

剑桥大学 Alan Coulson 于 1986 年首次提出图位克隆（map-based cloning）策略。图位克隆策略属于正向遗传学研究方法，通过研究表型特征及其遗传特性，构建遗传连锁图谱并对目的基因开展粗定位、精细定位，再利用与目的基因紧密连锁的分子标记筛选 YAC、BAC 等 DNA 文库，获得包含目的基因的克隆，并利用亚克隆进一步缩小目标 DNA 片段，确定目的基因所在的染色体区域及其物理图谱，最终借助染色体步移法逐步逼近目的基因，或者利用染色体登陆（chromosome landing）策略最终实现目的基因的成功克隆，为后续基因功能验证和利用奠定基础。理论上，几乎所有表型的控制基因都可以利用图位克隆策略获得。

图位克隆研究步骤如下：①建立目的基因的遗传分离群体，结合遗传作图和物理作图将目标基因定位在染色体的特定位置，筛选与目的基因紧密连锁的分子标记。②构建含有大片段 DNA 插入的基因组文库，利用与目标基因连锁的分子标记探针对基因组文库进行筛选；再利用筛选获得的阳性克隆进一步构建目的基因区域的跨叠群，获得含有目的基因的更小的 DNA 物理区间。③利用染色体步移法获得包含目标基因的大片段 DNA 克隆，并通过亚克隆获得含有目的基因的小片段克隆。④通过精细定位获得候选基因，再利用功能互补实验确认其生物学功能，最终确定目标基因及其碱基序列。近几年兴起的 DNA 芯片和微列阵技术以及基因测序技术的发展，大大加快了图位克隆的研究效率。图位克隆技术主要包括遗传作图群体的构建、多态性分子标记的筛选、连锁遗传分析、目的基因区间的确定以及选候基因的鉴定等五个关键步骤。

8.2.1.1 构建遗传作图群体

构建精细遗传图谱是基因图位克隆的基础。构建遗传图谱需要创建特殊遗传群体，这类遗传群体个体间除了目的基因所在的区域外，基因组其他区域 DNA 序列尽可能相同。目前用于遗传作图的群体主要包括分离群体（杂交 F_2 代和 BC 群体）和永久群体（DH 系、RIL 和 NIL 群体）。

其中，近等基因系（near isogenic line，NIL）是对目的基因精细定位的有效群体。近等基因系是通过两个亲本的杂交后代不断与轮回亲本回交，同时利用分子标记进行前景和背景选择，最终获得的两种基因型个体，二者几乎仅在目标性状上存在差异。基于 NIL 在遗传组成方面的特征，能够在 NIL 间呈现多态性的分子标记，极大概率位于目的基因附近，与目的基因紧密连锁。利用上述分离群体和永久群体目标性状，并结合分子标记技术，就可以筛选出与目的基因紧密连锁的标记。

8.2.1.2 筛选与目的基因紧密连锁的分子标记

图位克隆技术的关键是筛选到合适的分子标记。分子标记是一段特异的 DNA 序列，或者可区分等位基因间核苷酸差异的序列。分子标记技术稳定可靠、成本低、可操作性强，特别与目的基因紧密连锁或共分离的分子标记更是如此。迄今为止，已发展出 10 余种分子标记用于科研和育种工作。常见的包括限制性片段长度多态性（restriction fragment length polymorphism，RFLP）、随机扩增多态性标记（randomly amplifed polymorphic DNA，RAPD）、简单序列重复标记（simple sequence repeat，SSR）、扩增片段长度多态性（amplified fragment length polymorphism，AFLP）、单核苷酸多态性（single nucleotide polymorphism，SNP）等。可依据分子标记的多态性情况、技术平台、材料特性选择合适的分子标记技术。近几年基因芯片技术的发展实现了分子标记的高通量筛选与鉴定，从基因型鉴定层面加快了图位克隆进程。

8.2.1.3 借助比较基因组开发分子标记

不同植物物种间 DNA 标记序列的同源性、连锁特性和拷贝数等均非常保守，尤其是亲缘关系较近的物种间染色体上的基因排列顺序具有共线性或同线性。Moore 等研究发现水稻、小麦、玉米、谷子、甘蔗及高粱 6 种主要禾本科物种的基因组具有很大程度的保守性，以水稻基因组为核心，可将其他物种基因组归结到水稻基因组的 19 个连锁区段上。比较基因组学研究明确了不同物种的基因组组成和基因排列顺序上存在很大程度的一致性，亲缘关系较近的物种如禾本科作物将这种一致性表现得更加完美。因此利用比较基因组学获得模式植物或相关植物的基因组序列信息，设计开发分子标记用于加密遗传连锁图谱。可以将已有的遗传图谱的某个区域整合到另一张图谱上，在目标区间内寻找开发新的分子标记在相关植物物种间进行遗传作图。

8.2.1.4 局部区域作图与精细定位

根据候选目的基因区间侧翼分子标记，借助比较基因组学、基因组测序信息开发分子标记，对目的基因区域构建高密度分子标记遗传图谱。对目的基因进行精细定位分别需要构建遗传图谱（genetic map）和物理图谱（physical map）。

（1）构建遗传图谱　遗传图谱构建的理论基础是染色体片段的交换与重组。如果候选基因区间与两侧分子标记遗传距离大于 2 cM 就需要构建区间高密度遗传连锁图谱进行精细定位。增加目标区域分子标记数量需要借助基因组序列信息，一是利用比较基因组学，整合已有的遗传图谱，将生理生化和各类分子标记图在统一区域内整合在一起，提高分子标记密度；二是借助近缘物种基因组信息或者基因组测序技术开发新的分子标记。利用杂交或回交创建较大的分离群体，对目标基因精细定位，找到共分离的分子标记。

（2）构建物理图谱　构建物理图谱的过程就是明确 DNA 片段的染色体排列顺序，最终实现基因克隆。物理图谱不仅包括简单的染色体分带图示，还包含精细的碱基全序列。常用的物理图谱有限制酶酶切图谱、跨叠克隆群（contig）和 DNA 序列图谱等。限制酶酶切图谱是用几种限制性核酸内切酶消化 DNA，根据限制性片段长度判断特异识别序列在 DNA 上的频率以及相对位置，最终确定它们的排列顺序。构建目的基因区域跨叠克隆群需要 DNA 大片段基因组文库，文库中的序列间相互重叠，这样就可以将它们排列成一段完整连续的 DNA 序列,即跨叠克隆群(也叫重叠克隆群)。构建跨叠群常用方法如下。

①菌落克隆法:植物中构建跨叠克隆群的常用方法是以目的基因区域特有的序列或者与目标基因紧密连锁的分子标记为探针从基因组文库中筛选一系列含有目的区域片段的克隆。将这些克隆测序,根据序列重叠部分就可以把阳性克隆的 DNA 序列排列成线状的跨叠群,这种方法需要创建基因组文库,目前常用的基因组文库有柯斯质粒文库和细菌人工染色体文库(BAC),其中柯斯质粒 10 kb 左右,含有 λ 噬菌体的 cos 位点,能容纳克隆 25～35 kb 的 DNA 片段。BAC 可以克隆 100～200 kb 的 DNA 片段。50 万个 BAC 克隆就可以覆盖六倍体面包小麦整个基因组。但是在克隆基因过程中仍受到 DNA 片段长度的限制,而且不同品种(系)基因组排列顺序不同,限制了 BAC 文库的通用性。针对这一问题,Thind 等开发了基于长组装的染色体靶向克隆技术(targeted chromosome-based cloning via long-range assembly,TACCA),该方法将高通量测序技术与染色体分离技术结合,在体外构建更大的基因组框架(scaffold),比如小麦抗叶锈病基因 *Lr22a* 就是利用这种方法克隆到的,组装的框架长度是 BAC 克隆的 50～100 倍。随着测序技术和基因组组装技术的发展,TACCA 方法将大大缩短基因克隆的时间。

构建跨叠群筛选基因组文库过程中需要用到染色体步移技术。染色体步移法就是利用与目的基因紧密连锁的 DNA 分子标记作为探针,从基因组文库中筛选阳性克隆,并进一步以该阳性克隆 DNA 片段末端作为探针进行第二轮文库筛选,根据筛选到的阳性克隆末端 DNA 序列确定新筛选克隆的 DNA 序列相对位置。再以第二轮筛选到的阳性克隆 DNA 末端序列作为探针对文库进行类似的多轮筛选,最终根据克隆的 DNA 序列搭建连续的跨叠群。

②DNA 指纹作图法:DNA 指纹是指 DNA 序列具有特定的 DNA 片段组成,这些 DNA 片段可以通过不同的方式产生,经凝胶电泳后显示出特定排列模式的 DNA 条带。DNA 指纹有 3 种类型,包括:限制性片段指纹、重复序列指纹、序列标签位点指纹。其中限制性片段指纹是用不同限制性内切酶处理 DNA,经电泳分离产生的不同 DNA 条带。重复序列指纹是利用 PCR 扩增 DNA 片段,由于重复次数和长度不同,电泳产生不同 DNA 条带。序列标签位点(sequence tagged site,STS)是指序列已知的单一序列,根据选定的特定 STS 序列设计专一性引物,用该引物对克隆进行 PCR 检测,凡是电泳有目的条带的克隆都是含有重叠序列的。DNA 指纹作图法原理是如果两个克隆表现出相同的 DNA 指纹,则两个克隆插入的 DNA 可能是连续的,重叠区域的长度称为深度。DNA 片段可能存在多种重叠模式,通过比较可以确定最可能的序列排列。

③荧光原位杂交作图:荧光原位杂交(fluorescent *in situ* hybridization,FISH)是指利用有荧光标记的探针在染色体上进行 DNA 杂交,借助荧光识别探针序列在染色体上的位置。分裂中期染色体分辨率为 1 000 kb,主要用于确定新的分子标记所属染色体;非中期染色体分辨率可以达到 25 kb 以下,而 Fiber-FISH 分辨率可达 10 kb 以下。Fiber-FISH 技术原理是将染色体空间结构破坏,DNA 分子和蛋白质分开形成游离的 DNA 纤维,再用荧光探针杂交。多个探针和标记物与染色体杂交后可以快速确定探针排列顺序、DNA 序列的拷贝数和长度。利用 Fiber-FISH 技术可以缩小相邻跨叠群之间存在的误差,更准确测量跨叠群间的实际物理距离。尤其对于遗传连锁分析较困难的端粒区域 Fiber-FISH 更具优势,能够准确

判断基因拷贝数,可以解决跨叠群搭建过程中遇到重复序列的问题。

8.2.1.5 鉴定候选基因

基因图位克隆的最后关键环节是筛选和鉴定候选基因。根据物理图谱鉴定出与目标基因紧密连锁的分子标记所在的大片段克隆,以该克隆为起点进行染色体步移,多轮筛选后不断靠近并最终获得目的基因。通过筛选基因组文库获得含有目标基因的阳性克隆后,再用克隆的 DNA 序列确定区域特异的 cDNA,进一步验证目的基因 cDNA 的生物学功能。证明获得的 cDNA 是候选目的基因的方法有:①根据 cDNA 设计功能标记,证明功能标记与目标性状共分离。②证明 cDNA 的时空或者诱导条件下的表达模式与目标性状表现密切相关。③基于候选基因序列,从已知基因组数据库中鉴定其同源基因,进而推断其生物学功能。④将候选基因全长序列转入野生型或者候选基因突变体中,考察转基因后代是否有目标性状表型,或者是否能使突变体表型恢复正常。⑤利用基因敲除技术,根据候选基因编码序列设计编辑位点,借助遗传转化将目标基因敲除,考察突变体目标性状是否改变。⑥利用 TILLING 技术,从已建立的突变体库中筛选到候选基因序列发生突变的突变体,考察含有不同 DNA 序列突变类型的突变体目标性状变化情况。TILLING 技术(targeting induced local lesions in genomes),即定向诱导基因组局部突变,原理是利用化学诱变剂处理植物材料,获得含有丰富点突变的突变体群体。分别将筛选到的突变体与野生型亲本回交,并提取相应的自交后代个体基因组 DNA,进而将多个株系 DNA 等量混合,利用目标基因特异性引物扩增 DNA 区段,用突变检测试剂盒识别切割突变位点,测序分析突变体植株 DNA 序列突变类型。⑦创建突变体库,检测突变体库中候选基因发生变异的情况,结合突变体表型进一步证明候选基因的生物学功能。得益于基因编辑技术的迅速发展,该技术已广泛应用于大规模、高通量的突变体库创建,推动了植物基因克隆和功能研究。

现在,图位克隆是正向遗传学克隆基因的常用方法,DNA 芯片和微阵列技术、基因组高通量长片段测序和拼接技术逐渐成为图位克隆应用中的助推器。DNA 芯片或微阵列与 SNP 和 cDNA 相结合,在基因的定位、筛选和鉴定方面发挥作用,大大地提高了基因精细定位的效率。测序技术的发展推动了分子标记开发、候选基因鉴定等过程。结合基因编辑等反向遗传学研究技术,应用图位克隆技术已经在不同物种中克隆到了许多重要基因。

8.2.2 混池分离群体分析法

Miehelmore 等于 1991 年首次提出混池分离群体分析法(bulked segregation analysis, BSA),其原理是从分离群体中(F_2 代、回交后代或者 RIL 群体)选取目标性状存在极端差异而其他性状相似的个体构成两个群体,将每个群体的 DNA 等量混合形成混池。两个混池间基因组差异位点所在区域即目标性状的候选定位区间。传统的 BSA 法基因分型依赖分子标记,通量较低,需要花费大量的时间和精力,检测到的连锁标记遗传距离较大,增加了定位和克隆目标基因的难度。

近年来发展起来的高通量测序技术不仅提高了标记检测的通量,而且缩短了确定目标基因区间的时间,由此发展出了 BSA-seq 方法。该方法的原理是在构建极端表型池基础上进行一定深度的基因组测序。基因组变异(或 SNP 标记)在两个极端池中,绝大多数基因组区域分布频率为 1∶1,而与表型性状相关区域内的变异在两个池中的分布频率出现显著差异。例如,与抗病性状控制基因紧密连锁的 SNP 在抗病池中出现频率接近 1.0,而在感病池中的频率几乎为 0,两个池 SNP 标记频率差异较大,那些包含大量在两个极端池中频率差异较大的标记所在基因组区间可能就是目标基因所在区间。

利用可重复进行表型测量的群体,如 RIL 或 DH 系,结合 BSA-seq 技术可以实现微效数量性状位点(QTL)定位,即 QTL-seq 技术。QTL 控制的性状表型变异频率分布接近正态分布,选择正态分布两尾的极端株系构建混池分别测序,以亲本材料基因组作为参考序列,将混池测序的读长(reads)与参考序列比对,分析等位基因频率,计算 SNP-index,即某位点与亲本不同的基因型所占的比例。因为基因遗传的随机性,大部分 SNP-index 会在 0.5 附近。但在控制目标性状的 QTL 区域,两个混池间 SNP-index 差异会非常大,将两个混池某位点的 SNP-index 相减得到 ΔSNP-index,如果某个 SNP 与目标性状不关联,那么 ΔSNP-index 的值大约为 0,即在两个混池间没有差异;如果 ΔSNP-index 值较高,说明该 SNP 可能与 QTL 紧密连锁。利用这一原理我们可以将性状相关 QTL 大致定位到基因组上某一区域。例如 Takagi 等利用抗稻瘟病和易感稻瘟病材料构建的 241 个 RIL 群体进行 QTL-seq 定位,在第 6 号染色体上定位到了抗稻瘟菌的 QTL,区间在 2.39～4.39 Mb,因此与传统分子标记相比,高通量测序技术缩小了候选区间,缩短了开发分子标记的时间(图 8-1)。

将转录组测序(RNA sequencing,RNA-seq)技术与 BSA 法相结合产生了一种全新的基因克隆策略 BSR-seq 方法,该方法的原理是在构建分离群体基础上,选取 30～50 个极端表型单株,分别提取 RNA 并等量混合形成两个极端池,然后借助 RNA 测序技术对两个池进行测序,通过生物信息学分析得到与表型紧密关联的候选 SNP 位点。BSR-seq 不受物种基因组大小、重复序列和基因拷贝数多少影响,不仅可以获得转录组的多态性信息,而且能够获得基因表达信息,为后续候选基因鉴定奠定了基础。BSR-seq 所需的作图群体较灵活,F_2 代、$F_{2:3}$ 家系、近等基因系和重组自交系等群体都可以,不仅可以用于质量性状定位,还可以用于多基因控制的数量性状定位,具有快速、准确、高效、灵活等优点。高通量测序技术提高了 BSA 定位的效率,随后开发出与 BSA-seq 原理类似的基因克隆策略,如 SHOREmap、MutMap、MMAPPR 和 QTG-seq 等。

8.2.3 突变体基因组重测序

突变体是克隆植物基因的重要材料,虽然突变基因可以通过传统图位克隆技术获得,但是图位克隆需要将突变体与遗传背景差异较大的亲本杂交构建遗传群体,后代群体中目的基因所在区域可能发生分离,同时由亲本较大遗传差异所导致的变异会干扰微效基因控制的表型定位。近几年主要作物完成了基因组测序甚至基因组重测序,测序读长和深度都有所提高。在此基础上出现了一项不需要构建遗传群体、不依赖遗传杂交和连锁信息的基因克隆技术——突变体基因组重测序(MutMap),该技术加快了对控制目标表型性状变异位点的识别过程。

MutMap 克隆技术是基于全基因组重测序,通过混池测序和关联分析算法进行基因定位的方法。应用 MutMap 技术的主要实验设计是先将表型稳定的突变体(EMS 诱变获得)与原始野生型亲本回交得到 F_1 代,再自交得到 F_2 代,在 F_2 代分离群体中出现表型分离,将其中具有突变体表型的个体 DNA 混合建池并测序,将测序结果与组装完全的野生型基因组

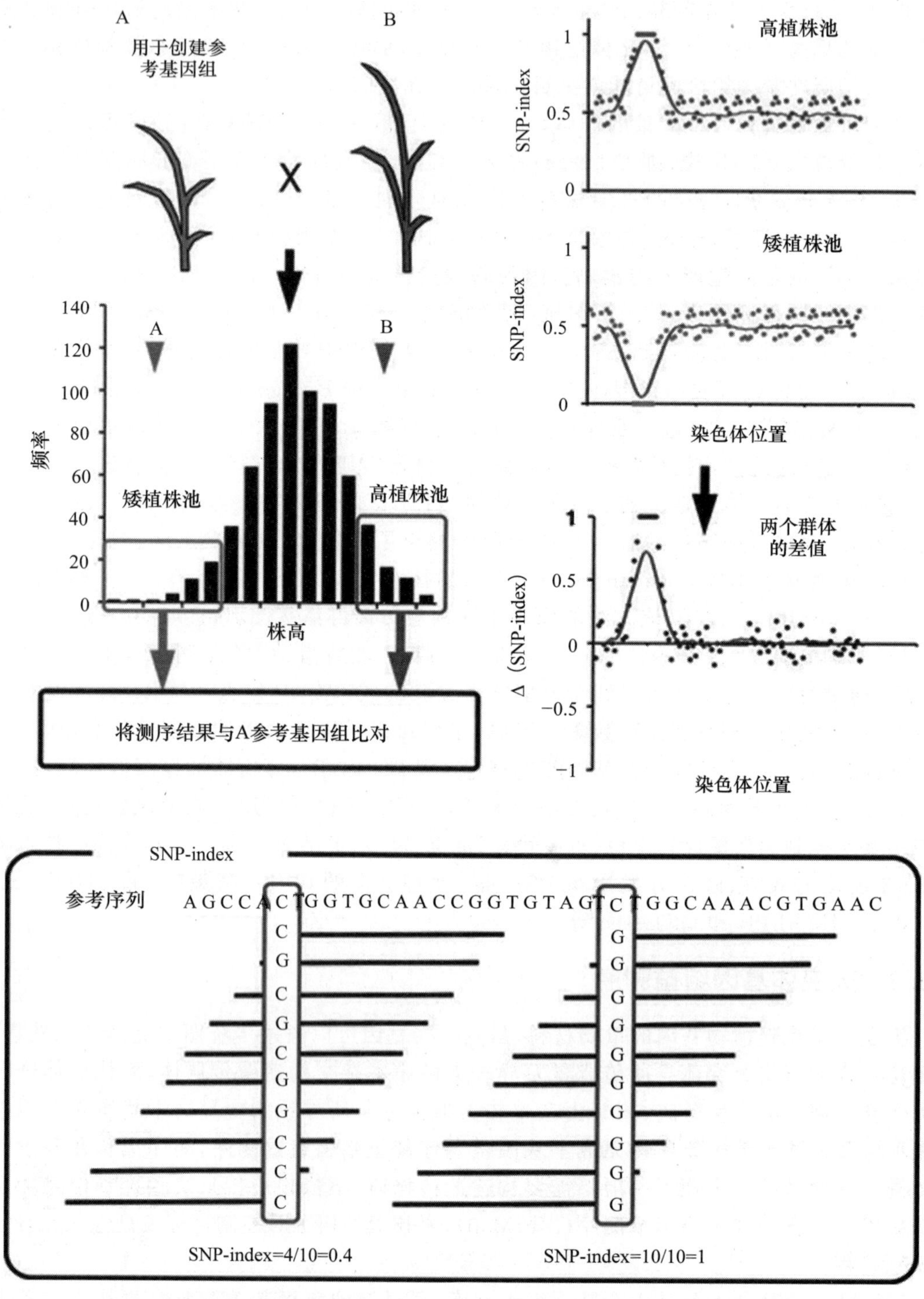

图 8-1　在水稻中应用 BSA 进行 QTL 定位的一个简化流程(Takagi 等,2013)

序列比对,确定突变体突变基因区段。鉴于 EMS 诱变会在全基因组随机产生 SNP 突变位点,因而不仅目标基因所在区域存在 SNP 差异,在很多非目标区域同样存在可影响植物表型的 SNP。通过多代回交可以让具有突变表型的植株遗传背景与野生型更加接近，即除了目标区域内 SNP 位点保留之外，其他区域都与参考基因组相同，能更加快速识别与突变表型的关联变异基因组区域，只要基因组测序的深度足够则能很快识别到关联的 SNP，不需要开发分子标记或前期创建遗传群体。即使 MutMap 技术无法直接找到关联的靶基因，也可以结合正向遗传学研究结果获得与靶基因紧密连锁的分子标记。MutMap 技术大大节省了克隆植物基因所需的时间和人力成本（图 8-2）。

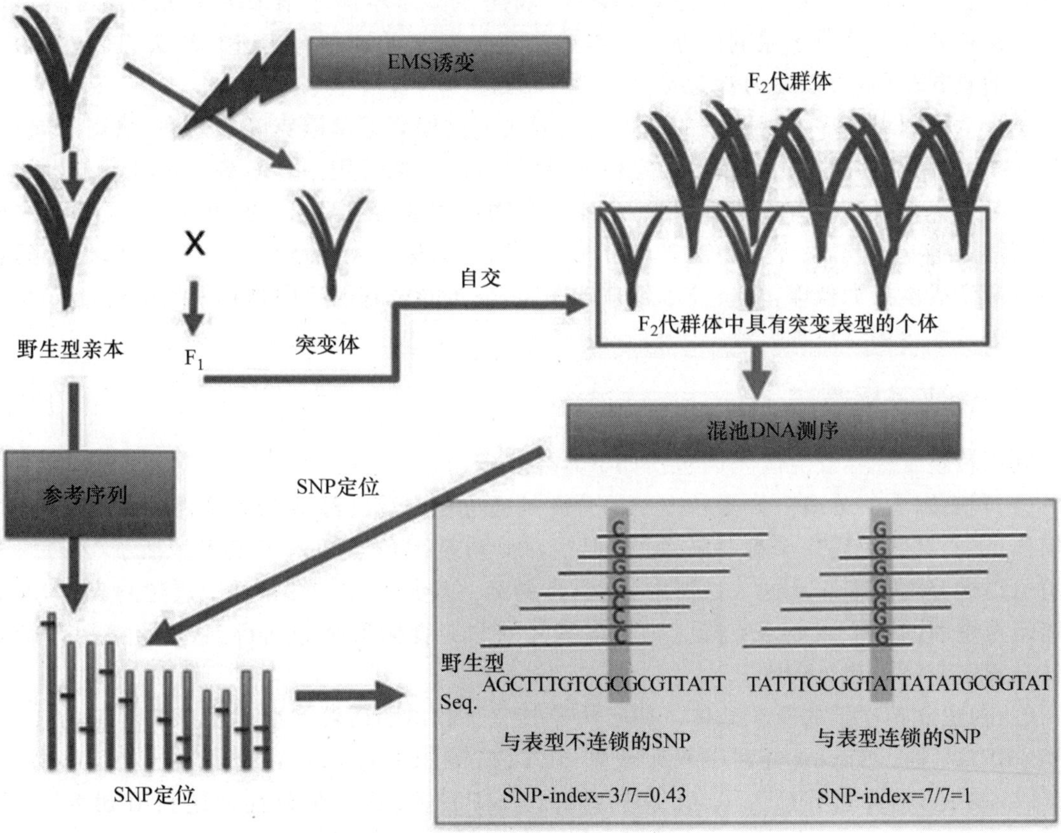

图 8-2　在水稻中应用 MutMap 的简化方案（Abe 等，2012）

2013 年，Fekih 等改进了原来的 MutMap 技术，开发出一种创新的 MutMap＋技术，相当于 MutMap 方法的补充。EMS 诱变会产生大量不育或早期发育致死类型，通常将突变体与亲缘关系较远的材料杂交，创建分离 F_2 群体，再利用分子标记进行连锁分析，增加了基因克隆的难度，限制了 MutMap 的应用。针对这一特殊情况开发出的新型基因克隆方法——MutMap＋技术不依赖于突变体与野生型回交，将突变体自交获得 M_3 代混合群体与野生型 DNA 的 SNP 频率比较，找到与表型变异相关联的区间，快速定位突变体中的变异基因，尤其针对不育系作物的遗传改良是一种更高效的方法。

图 8-2　彩图

如果研究材料与数据库中的参考基因组亲缘关系较远且基因组差异较大时，或者 EMS

诱导的突变基因在参考基因组上不存在，无法直接用 MutMap 或 MutMap+技术，可以考虑用 MutMap-Gap 方法，该方法是由 MutMap 引申出的一种全新基因定位方法，将 MutMap 和基因组从头组装相结合，解决参考基因组在突变基因位点缺失的问题。首先，将野生型亲本基因组与数据库中的参考基因组比对，得到所研究野生型的参考基因组。然后，按照 MutMap 分析方法得到 SNP-index 图，分析图中的峰值。如果分析区域内不存在与突变性状相关的基因，则突变位点可能存在于特有基因区间，该区间的染色体结构变异、长 DNA 片段缺失等会导致该现象的发生。这种情况下，将野生型亲本测序结果中无法与参考基因比对上的读长和这个峰值区域的能够与参考基因组比对上的读长一起进行从头组装，找到可能存在的差异基因，再以此为参考计算 SNP-index。

基于全基因组测序发展起来的基因定位方法不仅提高了基因克隆的效率，缩短了周期，节约成本，而且能够获得更加精确的定位效果，具有广泛的适用性。但是 MutMap 技术的应用前提是亲本材料已经有参考基因组，目前有些物种的基因组尚未完全解析，而且有的物种品种间基因组差异较大，尤其是对于具有较大基因组的作物大大增加了研究难度，但是随着基因组测序成本更加低廉，分析技术越来越完善，公布的全基因组序列越来越精确，MutMap 及其相关技术应用将更加广泛。

8.2.4 转座子标签法

利用转座子标签法克隆基因包括如下具体步骤：

（1）转座因子的分离　许多转座子的分离是通过在先前已经分离的基因中诱捕得到的。如蜡质（*Wx*）基因编码一个糖基转移酶，那些在蜡质基因位点插入了玉米激活子（Ac）的玉米里可以被鉴定出来。从这一材料中分离 Ac 的第一步是从非突变植株中表达的 mRNA 中分离蜡质基因的一个 cDNA 克隆。一旦该基因的非突变拷贝被分离得到，可直接用作杂交探针分离突变拷贝和 Ac 因子。

（2）构建含转座子的质粒载体　用于构建转座子载体的质粒主要是根癌农杆菌的 Ti 质粒和 pBR322 等。Taylor 等利用双元载体 pBT175 通过根癌农杆菌把 Ac 导入烟草中，在 pBT175 的 T-DNA 边界插入了 Ac 和选择标记 *NPT Ⅱ*基因。另外他们还利用 pBR322 和去臂的 Ti 质粒 pBV3850 共整合构建了一系列转移 Ac、Ds 的载体系统。

（3）目标植物的遗传转化　常用的转化方法是根癌农杆菌导入法，另外也可用电击等其他方法获得转化植株。如 Takeshi Izawa 等在转化水稻时就是采用的电击法。

（4）转座子插入突变株的鉴定　可以通过以下两种途径：一是定靶标记。首先从植物中分离特定的基因作为靶标，再将含靶基因植株和含转座子的纯合隐性突变体杂交。多数杂交后代从正常亲本获得未突变基因，而极少数配子因含有插入转座子的突变基因，从而使子一代呈现出突变表型。二是无靶标记。在不破坏转座酶（Ac 蛋白）的前提下，在 Ac 两个末端间插入抗生素抗性基因，再用对应的抗生素进行处理，则可以跟踪和筛选因为转座事件导致的突变。

（5）含转座子旁侧序列的分离及基因筛选　由于转座子的序列特征已知，且具有明确的标记性状，这样便可以很容易通过限制性内切酶酶切和连接、转化等常规的分子操作方法获得带有转座子旁侧序列的 DNA。以此为探针筛选该植物的 YAC 或 BAC 文库，便可以获得含相应抗病相关基因的大片段克隆。对此进一步亚克隆和功能互补验证便可以获得有功能的抗病基因。

8.2.5 同源克隆法

同源克隆(homology-based gene cloning)的基本思路是基于基因家族成员间氨基酸序列的保守性,设计相应的简并引物,进而利用该引物扩增包含目的基因的DNA或cDNA,最终对扩增产物进行分离和测序鉴定,从而克隆出目的基因。以同源序列为基础进行基因克隆是植物基因克隆的一种重要方法,特别在多个模式植物的测序完成之后,该方法显得更加有效。根据来自相同祖先的同源基因的核苷酸序列高度相似,基因家族成员所编码的蛋白质结构中具有保守的氨基酸序列的特点,发展了基于同源序列的候选基因法(candidate gene approach)。

由于生物进化的保守性,植物的种、属之间,基因编码序列的同源性大大高于非编码区。当克隆某一个基因时,可从GenBank或其他数据库中找到它的已知同源基因,分析这些基因的保守序列,根据同源基因的序列从而分离该基因。分离方法主要有以下2种:①基于已知基因序列设计一对特异性引物,利用PCR方法从待分离植物的DNA中直接扩增特定片段,然后纯化扩增产物并连入目标载体,对重组子进行酶切分析和测序鉴定,并与已知DNA序列进行比较,确认是否为目标基因;②直接以已知序列的基因作探针,从待分离材料的核DNA文库或cDNA文库中钓取同源性较高的克隆。被筛选的阳性克隆分离全长的完整基因,经过DNA测序,进行同源性比较,分析其开放阅读框,推导出可能的氨基酸序列,并且从开放阅读框和蛋白质数据库搜索可能的结构域和涉及的功能。

除了常规PCR技术外,经常还会用到其他一些改进的PCR方法,如反转录PCR、锚定PCR、反向PCR等。与常规的克隆方法相比,以简并寡核苷酸为引物的PCR技术克隆基因家族成员具有简便、快速、成本低的优点。对于PCR扩增得到的同源基因片段,还需要从cDNA或基因文库中得到全长序列,或通过cDNA末端的快速扩增(rapid amplification of cDNA ends,RACE)等技术获得全长序列。

RACE即快速扩增cDNA末端,以mRNA为模板,在反转录酶作用下获得cDNA第一链,进而用PCR扩增出某个特异位点到3′端或5′端间的未知序列。基本过程包括5′端RACE、3′端RACE和全长基因的获得3个过程。其中5′端RACE反应又可以分为以下几个步骤:mRNA反转录为单链cDNA;然后利用以5′cDNA的帽子结构设计出的引物分别与基因的特殊引物进行PCR嵌套扩增获得一条或者几条特异的PCR带型;分别将这些带型克隆到质粒载体上进行PCR测序,通过分析和比较以后就可以获得待克隆基因5′端的片段。3′端RACE-PCR扩增的原理与5′端RACE-PCR扩增基本相似,只不过是将3′端RACE-PCR扩增的以5′cDNA的帽子结构设计出的引物转换为cDNA的尾巴poly$(T)_n$。

RACE作为一种应用特异性引物和通用引物从低丰度转录本中快速扩增已知cDNA片段旁侧5′端和3′端未知序列的简单而有效的方法,与筛库法相比具有显著的优点:①RACE法是通过PCR实现的,无须像筛库法那样建立cDNA文库,极大地节约了实验所花费的经费和时间。②筛库法只能回收一个或几个cDNA克隆,而RACE则能产生大量的独立克隆用于证明核苷酸序列,并使得被选择性剪接或开始于很少使用的启动子的特殊转录物分离成为可能。因此,RACE 技术已逐渐取代了经典的 cDNA 文库筛选技术,成为克隆全长 cDNA 序列的常用手段。

8.2.6 基因电子克隆法

从生物信息学的原理出发,基于公共数据库中的基因组或转录组序列或者较长 cDNA 序列对新基因的 EST 进行延伸,产生了一种获得较长或全长 cDNA 的新方法。电子克隆(in silico cloning)主要原理是利用生物信息学技术,结合计算机的强大运算能力,组装和拼接 EST 或基因组序列,可快速获得目标基因的片段甚至全长序列,进而用于后续的基因功能验证。该方法优点显著,如速度快、投入低、针对性强等。随着大数据时代的来临,包括 EST 在内的众多数据库获得进一步丰富和完善,电子克隆已成为一种克隆新基因的重要策略。

电子克隆又称网上克隆或芯片克隆,指采用生物信息学的方法,依托现有的网络资源(EST 数据库、核苷酸数据库、蛋白质数据库、基因组数据库等)对 GenBank 等数据库中存在的大量 EST 进行分类、整合、组装,在网上直接获得大片段或全长 cDNA。

电子克隆的主要步骤是:①筛选鉴定到感兴趣的目标 EST,并以其作为种子序列,对 dbEST 进行同源性搜索,以期获得不仅有重叠片段且存在高同源性的 ESTs(一般要求在重叠 40 个碱基范围内有 95%以上的同源性);②开展严格的聚类分析,尽量去除旁系同源基因,然后拼接获得序列重叠群(contig),该过程类似于操作实验中的一部分 cDNA 步移工作;③再以新获得的 contig 作为种子序列,重复前述步骤,直至不能获得进一步延伸为止;④开展实验操作,通过 PCR 方法扩增获得拼接 DNA 片段,然后继续步移,最终获得全长目标 cDNA 序列;⑤利用新基因序列搜索非冗余库,证明该基因是一个新基因,然后将其进行注册并获取注册号。

电子克隆技术的关键步骤是 ESTs 的聚类、拼接,也称之为片段重叠群装配(contig assembly)。通过生物学软件分析,在核苷酸水平上比对、拼接碱基序列,其主要依据是核苷酸序列间的同源性大小。序列拼接的标准并不唯一,主要取决于其所用的分析软件。经序列拼接后获得的 EST 群称为 contig,其中每个 contig 则代表一个单一转录本。目前,国内外的部分生物信息中心均可提供 ESTs 的聚类、拼接等服务。分析过程中所涉及的生物学软件主要包括两大类:①支持手工拼接的软件,其中包括 GCG(genetics computer group,University of Wisconsin)系列随机装配程序。通过这些程序不仅能够检测,还能够手工修改每一条 EST 序列,人工装配 EST 共有序列等。但缺点在于手工编辑费时费力,对操作者个人技能要求较高,因此不适用于大数据量的 EST 或 DNA 序列样本。②全自动化序列拼接软件,其中典型代表为 Phrap 程序。该程序在多个基因组测序计划中发挥了重要作用,主要参与片段的拼接过程。但该程序分析对象必须是峰图文件。而后续开发的 CAP 程序及其更新版本(如 CAP2、CAP3)则特别适用于小型或中型数量的 EST 拼接。由 TIGR 网站提供的 TIGR Assemble 软件具有装配序列数目不受限制、运行速度较快的优点,非常适用于大数据量的拼接过程。

思考题

1. 简述基因克隆的主要步骤。
2. 简述植物基因克隆策略与方法。
3. 什么是图位克隆？简述其关键步骤。

参考文献

[1]布朗．基因克隆和DNA分析．第7版中文版．北京:高等教育出版社,2018.

[2]李卓雨．植物基因克隆研究进程分析．种子科技,2022,3:10-12.

[3]王关林,方宏筠．植物基因工程．2版．北京:科学出版社,2014.

[4]张献龙．植物生物技术．2版．北京:科学出版社,2012.

[5]Abe A,Kosugi S,Yoshida K,et al. Genome sequencing reveals agronomically important loci in rice using MutMap. Nature Biotechnology,2012,30(2):174-178.

[6]Bettgenhaeuser J,Krattinger S G. Rapid gene cloning in cereals. Theoretical and Applied Genetics,2019,132(3):699-711.

[7]Chen K,Ke R,Du M,et al. A FLASH pipeline for arrayed CRISPR library construction and the gene function discovery of rice receptor-like kinases. Molecular Plant,2022,15(2):243-257.

[8]Lu Y,Ye X,Guo R,et al. Genome-wide targeted mutagenesis in rice using the CRISPR/Cas9 system. Molecular Plant,2017,10(9):1242-1245.

[9]Takagi H,Abe A,Yoshida K,et al. QTL-seq:Rapid mapping of quantitative trait loci in rice by whole genome resequencing of DNA from two bulked populations. Plant Journal,2013,74(1):174-183.

第9章 植物遗传转化技术

植物遗传转化，又称为植物基因工程，即通过表达导入基因，或沉默内源基因表达，或调节内源基因的活性和功能，来改良受体植物特定的性状，进而培育优质高产多抗的优良作物新品种。植物遗传转化为作物的遗传改良提供了一个更大的基因库和更为高效的实现途径，其具有如下特点：①优良基因来源更广，可来自植物、动物、微生物，甚至实验室的化学合成，有助于实现更广泛的遗传物质交流，进而充分利用各种优良遗传资源。②与传统育种不同，转基因只引入可改良重要农艺性状的目标基因，而不会从供体亲本同时转移其他不良基因。③可采用的转基因方法丰富多样，如农杆菌介导法、基因枪法、花粉管通道法、显微注射法、超声波转化法、病毒载体法、纳米材料介导法等。目前，利用不同的植物遗传转化方法，已开发出目标性状获得改良的转基因作物，并成功应用于商业化种植。

9.1 植物遗传转化的发展现状

1983 年，科学家将编码新霉素磷酸转移酶的细菌基因成功转入植物细胞并再生为转基因植株，从而首次成功获得转基因植物。随后，利用农杆菌介导的植物转化在矮牵牛、烟草和番茄中相继获得成功。此后，植物遗传转化方法不断改进和丰富，先后开发出了一系列新方法。在所有植物转化方法中，农杆菌介导的转化法和基因枪法是使用最为广泛的两种方法。这两种方法各有优点：通过农杆菌介导法获得的转基因植物通常具有更稳定的目标基因表达，并且转化过程中获得完整单拷贝目标基因的频率更高。而通过基因枪法获得的转基因植物通常目标基因拷贝数较多，但其转化受体更为广泛。目前，植物遗传转化方法已被广泛应用于基因功能验证以及主要农作物的重要农艺性状改良等。

自 40 年前第一株转基因植物问世以来，目前转基因作物已种植于全球 41 个国家，占全球作物产量的比例也越来越高。仅在美国，自 1996 年首次种植转基因作物以来，迄今超过 75%的玉米、棉花、大豆和甜菜均经过基因工程改造，从而具备抗除草剂和抗虫特性。2020 年，全球转基因作物和种子市场估值接近 280 亿美元，预计到 2027 年将达到 450 亿美元。20 世纪 60 年代和 70 年代的绿色革命为农民提供了产量更高、抗性更强的半矮秆作物品种(Pingali，2012)，从而避免了粮食饥荒的发生。例如 1943 年的孟加拉国饥荒，1845—1849 年的爱尔兰马铃薯饥荒均由病菌引起。虽然目前粮食生产水平较高，但全球人口持续增长，人们担心玉米、水稻、大豆和小麦等主要作物的产量增长会停滞不前，甚至急剧减少，且该情况可能会随着气候变化而进一步加剧。这些问题对实现 2050 年全球作物产量翻一番以满足农业需求的目标提出了严峻挑战。目前，我们正处于第二次绿色革命的边缘，这将为农业和农民带来更多优良作物新品种和先进技术，其中植物的遗传转化是不可或缺的重要环节。因此，利用包括转基因和基因组学辅助育种在内的先进技术进一步提高作物产量和品质，是满足不断增长的人口对粮食需求的核心途径。

如今，32种作物中多达525种不同的转基因材料被批准种植。但对于很多难以转化的植物物种和特定基因型作物而言，植物转化仍然面临巨大挑战，如价格昂贵、耗时耗力和效率低下等。此外，在含有转入目标基因的细胞、组织或芽的再生过程中，需要利用选择标记基因来筛选和鉴定转化植株，而很多民众对具有抗生素抗性的标记基因表现出担忧。因此，创建不含选择性标记基因的转基因植物受到了越来越多的关注与重视。

考虑到2050年需要为全球97亿人提供充足的粮食，形势已经非常紧迫。我们不仅需要提高作物生产力，同时需要减少农业对环境的不利影响，防止病害和不利气候条件对粮食生产造成损失，还需要进一步提高作物的营养，以改善人类健康和生活质量。这些都要求对植物遗传转化有更多的人力和物力投入，以及大众更广泛地接受转基因作物及其产品。

因此，随着人类科技进步和经济发展，不断加强转基因植物研发能力建设，进一步突破植物转化的核心技术，更高效地培育出可靠、安全的转基因作物势在必行。同时，加强科普宣传，营造良好的社会氛围，推进全球生物育种新兴产业的快速发展，对保证人类的粮食安全也至关重要。

9.2 植物遗传转化方法

植物遗传转化已成为植物分子生物学研究中的关键手段，广泛运用于植物基因克隆、基因功能研究和育种实践中。近年来，植物遗传转化的方法、策略也在不断增加和完善，常用的有农杆菌介导法、基因枪法、花粉管通道法、显微注射法等10余种。其中，根癌农杆菌介导的转基因方法仍是目前技术体系最成熟、应用最普遍的一种。迄今所获得的转基因植物中绝大部分均是通过该遗传转化方法获得的。

9.2.1 根癌农杆菌介导的植物转基因

9.2.1.1 根癌农杆菌

在植物遗传转化中应用的农杆菌是一类含有Ti或Ri质粒并能够侵染植物细胞的革兰氏阴性土壤杆菌，主要类型包括根癌农杆菌和发根农杆菌，其中在植物转基因中应用最为广泛的是根癌农杆菌（*Agrobacterium tumefaciens*）。农杆菌的生物学研究始于识别根癌农杆菌作为植物肿瘤的致病因素。此后，Braun及其同事的研究证明根癌农杆菌只是在起始植物感染阶段是必需的，但与后续冠瘿瘤的发展无关，而且受感染细胞的营养生理学改变是永久性的，因此提出了“肿瘤诱导原则（TIP）”的概念。后来，Zaenen等报道植物肿瘤的形成与一类巨大的致瘤（Ti）质粒密切相关。随后，从Ti质粒中鉴定出转移DNA（T-DNA），并对其开展了进一步分析，结果显示T-DNA具有从根癌农杆菌Ti质粒转移并整合到植物基因组的特点。因此，作为一种天然的植物转基因系统，农杆菌具有转化机理明确清晰、转化的外源基因结构完整、整合位点较为稳定并且拷贝数低等优点。Zambryski等进一步确定了T-

DNA 区包含特定的边界序列，即右边界(RB)和左边界(LB)，并对其进行了详细研究。同时，Drummond 等研究显示 T-DNA 区可在植物细胞中转录表达，而 Gelvin 等进一步证明 T-DNA 区在细菌细胞中的转录率相对较低，而在宿主植物细胞中的转录率较高。

Hoekema 是第一位使用根癌农杆菌进行植物基因转化的。但是，Herrera-Estrella 等首次报道利用根癌农杆菌转化法成功创建转基因植物，紧接着，Fraley 等也相继报道相关结果。根癌农杆菌能够侵染众多双子叶植物，而单子叶植物中，直到 10 年后 Hiei 等才实现了对水稻的成功转化。尽管早在 1984 年就有报道百合科和天南星科成员的自然感染，但总体而言，一般认为单子叶植物相对较难转化。除了植物之外，在特定实验室条件下，根癌农杆菌也被证明可对藻类、真菌和人类细胞进行基因改造，可见受体覆盖面广泛。

9.2.1.2 农杆菌转化植物的机理

根癌农杆菌已经进化出独特的机制来感染宿主植物细胞。感染植物后，农杆菌开始从其大的 Ti 质粒中单向转移 DNA 片段，即 T-DNA，将其转移并稳定整合到植物核基因组中(图 9-1)。农杆菌的遗传转化潜力已被植物生物学家广泛利用，通过将外源基因插入 T-DNA 区来创建转基因植物。根癌农杆菌所含有的 Ti 质粒是在宿主植物的根冠诱导肿瘤形成的决定性因素。Ti 质粒的 T-DNA 区都含有细菌肿瘤基因(*onc*)，其结构类似于植物基因。这些 *onc* 基因编码与合成冠瘿碱有关的酶，冠瘿碱是一类与糖部分结合的次级氨基酸，最常见的是章鱼碱和胭脂碱。冠瘿碱负责调控宿主细胞中的激素变化进而导致愈伤组织的形成。冠瘿碱被病原体代谢并作为菌株生存唯一的碳源和氮源，但不能被宿主细胞利用。植物肿瘤组织中产生冠瘿碱的种类取决于农杆菌菌株类型，而与宿主植物无关。Ti 质粒中还包含致瘤区域即 Vir 区，其中毒力基因 *VirA*、*VirB*、*VirC*、*VirD*、*VirE* 和 *VirG* 在 T-DNA 转移中发挥主要作用，而农杆菌基因组中位于染色体上的毒力基因在宿主识别和吸附于宿主细胞表面过程中发挥着关键作用。此外，发现 *VirD5*、*VirE3*、*VirF*、*VirH*、*VirJ*、*VirK*、*VirL*、*VirM*、*VirP* 和 *VirR* 是 pTi 驻留基因，在宿主特异性方面发挥作用。农杆菌易被受伤植物组织的化学渗出物所吸引。这些渗出液中含有微酸(pH 5.0～5.8)的酚类物质，可诱导根癌农杆菌中 *Vir* 基因的表达。乙酰丁香酮(acetosyringone)是一种已研究得非常清楚的化合物。毒力诱导可激活原本低表达水平的 *VirA* 和 *VirG* 基因表达。跨膜 VirA 蛋白和基因组编码的 ChvE 蛋白可感知外界刺激。VirA 可发生自我磷酸化并进而磷酸化传感器蛋白 VirG；因此，VirA-VirG 代表了一个具有双组分的调控系统。激活的 VirG 可结合到所有 *Vir* 基因启动子的 vir-box 区域。VirH2 是一种类 P450 酶蛋白，参与解毒宿主产生的有毒酚类物质。

据报道，单糖及其衍生物(如半乳糖醛酸、葡萄糖醛酸、阿拉伯糖、半乳糖、葡萄糖、甘露糖等)也可增强对 *Vir* 基因的诱导。一旦 *Vir* 基因被诱导，则启动 T-DNA 分子下游链(bottom strand)的合成。VirD1 与位点特异性核酸内切酶 VirD2 合作切割两个边界序列第 3 和第 4 核苷酸之间的 T 链，然后从缺口 3′端开始合成新 DNA 链，并一直延伸到左边界第 22 碱基处，置换出原来的下游链。T-DNA 通过非同源重组整合到植物染色体中，在 T 链的 3′端与宿主靶基因座序列具有微同源性，通常富含 A-T。宿主基因组整合位点上游链(top strand)上的一个缺口起始了 T 链互补链的合成，该互补链从 3′端开始一直到 VirD2 附着的 5′端。T 链及其互补链均退火形成双链 T-DNA。生成的 T-DNA 被连入目标宿主基因座，通常伴随着短的缺失。

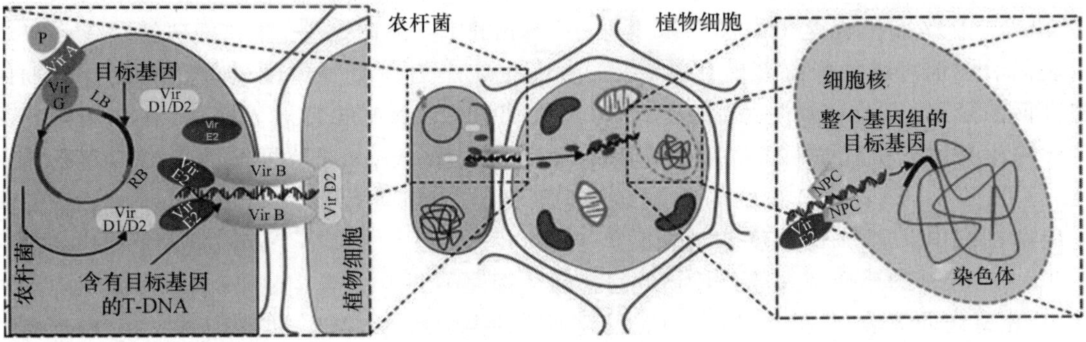

图 9-1 农杆菌介导的植物转基因(Ramkumar 等,2020)

9.2.1.3 影响农杆菌转化效率的因素

影响根癌农杆菌转化效率的因素很多,主要包括农杆菌菌株的种类、外植体的种类和状态、转化条件的优化、培养基的选择、植物生长调节剂的使用以及其他(如温度、光照等)因素。

(1)农杆菌菌株的种类 不同农杆菌菌株本身的遗传组成和功能特性的不同可直接影响其 T-DNA 的转移效率,因此,各农杆菌菌株有其不同的侵染宿主范围和最适宿主。植物遗传转化中常用的根癌农杆菌菌株主要包括 EHA105、GV3101 等。根据菌株毒性(侵染力)的不同,农杆菌可分为农杆碱型(琥珀碱型)、胭脂碱型和章鱼碱型,且其毒性的大小是逐渐降低的。在对特定的植物受体进行遗传转化时,选择合适的农杆菌菌株非常重要。

(2)外植体的种类和状态 在待转化的受体植物确定之后,进一步选择合适的外植体对于确保转化成功和转化效率的提高至关重要。转化受体的不同组织或同一组织的不同发育阶段,都可能会影响外植体的分化。总体而言,植物幼嫩器官或生长旺盛的组织较适合作为外植体,包括种子胚、茎尖、幼叶、子叶、幼根、花器官等。例如在禾本科植物中,一般以细胞活性高、分裂旺盛、DNA 合成能力强的胚组织作为转化受体,这样不但容易诱导愈伤组织的形成,还可以提高转化效率以及转化后植株的再生能力。

(3)转化条件的优化 在农杆菌转化外植体过程中,转化条件的优化对转化效率的影响也非常显著,包括农杆菌的生长时期、共培养时间、乙酰丁香酮的浓度、表面活性剂的添加等。一般而言,处于对数生长期的农杆菌侵染活性较强,因此,用 OD_{600} 为 0.3～1.0 的农杆菌菌液侵染效果较好。确定农杆菌菌液浓度之后,菌液与受体植物材料的共培养时间是另一个影响转化效率的要素。如侵染时间过短则不利于农杆菌充分附着于外植体,降低 T-DNA 进入植物细胞及后续整合效率,一般而言,农杆菌必需附着于外植体创伤部位 16 h 以上才可实现 T-DNA 的成功转移。如侵染时间过长则会造成农杆菌过度繁殖,后续抑菌难度增加,甚至会导致受体组织由于农杆菌毒害而死亡。因此,需要摸索不同外植体的最优共培养时间是保证农杆菌充分吸附、T-DNA 高效转移和防止农杆菌过度生长的前提。此外,在农杆菌转化受体植物过程中还需酚类化合物的协助,其中在单子叶植物转化过程中常用的是乙酰丁香酮。乙酰丁香酮通过诱导农杆菌 *VirA* 基因自我磷酸化和 VirG 蛋白的活化，进而激活其他 *Vir* 基因表达，促进 T-DNA 的加工、转移及与植物基因组整合。不同植物遗传转化所需的最佳乙酰丁香酮浓度存在较大差异，如金发草中所需乙酰丁香酮浓度为 20 μmol/L，而黑麦草中添加的浓度达 200 μmol/L。除此之外，在农杆菌转化体系中加入表面活性剂可进一步提高转化效率，主要通过减小表面张力增加农杆菌在受体植物细胞表面的吸附，以及增强受体细胞膜的通透性促进 T-DNA 的转运。例如，在利用蘸花法转化拟南芥过程中，农杆菌菌液中加入表面活性剂（如 Silwet-77）可显著提高拟南芥的转化效率。当然，Silwet-77 浓度的选择也至关重要，一般浓度范围为 0.005％～0.1％，在实际应用过程中 0.05％的浓度较为合适。

（4）培养基的选择　大部分植物的遗传转化都离不开组织培养过程，包括愈伤组织的诱导、转化愈伤的筛选、分化等过程，均需用到不同种类的培养基，这些培养基中均含有丰富的无机营养成分和部分有机营养成分。植物组培中常用的培养基包括 MS、1/2MS、B_5、N_6 和 N_6D_2 等，不同受体植物以及转化的不同阶段需要特定的培养基。例如，MS 培养基常用于木本和草本园林植物的愈伤组织诱导，而 N_6D_2 培养基一般用于水稻等单子叶禾本科植物的愈伤组织诱导等。因此，在实际组织培养过程中，需要根据不同的转化受体植物以及培养阶段来选择合适的培养基，以及确定培养基中需添加的其他物质的种类和浓度等，如植物激素、抑菌剂、抗生素筛选剂等。

（5）植物生长调节剂的使用　在植物组织培养过程中，除了培养基中提供的营养成分之外，还需加入不同种类和浓度的植物激素来促进外植体的生长发育。植物激素是一类具有重要调节作用的痕量小分子物质，尽管结构简单且用量小，但生理效应却非常显著。在植物组织培养中常用的植物激素主要包括生长素、细胞分裂素、赤霉素等。植物激素的种类与组合，以及激素间的浓度比值都与植物组织培养的效果密切相关，尤其是生长素和细胞分裂素。生长素主要功能为刺激植物细胞伸长，对根细胞则起抑制作用，在植物组织培养中可刺激细胞的分裂和诱导根的分化。而细胞分裂素主要功能为促进细胞分裂，诱导芽的形成及其生长。细胞分裂素与生长素的浓度比值高时，可促进芽的形成和生长；反之则促进根的分化和生长。植物组织培养中常用的生长素包括吲哚乙酸（IAA）、2,4-二氯苯氧乙酸（2,4-D）、萘乙酸（NAA）等，其中 2,4-D 诱导愈伤能力最强，也最常用。常用的细胞分裂素包括 6-苄氨基嘌呤（6-BA）、6-呋喃氨基嘌呤（KT）和玉米素（ZT），其中 ZT 促进芽生长的能力最突出，在组织培养中也最常用。

（6）其他因素　超声波、负压处理、抗氧化剂添加、干燥处理、继代次数等也会影响农杆菌转化效率和植物组织培养的效果。农杆菌在植物细胞壁表面的有效吸附是实现农杆菌成功介导植物转化的关键。而在此过程中，利用超声波和负压进行辅助处理可增加外植体表面的微创伤，进而有助于外源基因进入，最终提高转化效率。考虑到微创伤处理强度选择非常重要，强度太大会影响植株再生，而强度太小则起不到应有的效果，均不利于提高植物的转化效率。因此，处理的强度、时间等相关参数需在研究中不断摸索和完善。除了物理途径产生的微创伤，培养基中添加抗氧化剂也有助于提高植物的转化效率。已知植物细胞氧化反应过程中会产生诸如过氧化氢、羟自由基等活性氧（ROS）副产物，从而影响细胞生长和正常的新陈代谢。而农杆菌与外植体的共培养过程则会对正常植物细胞带来胁迫，导致细胞中更多过氧化物的产生，从而影响植物组织的存活和再生。而在培养基中加入过氧化物酶

(POD)、过氧化氢酶(CAT)、超氧化物歧化酶(SOD)等抗氧化剂则可帮助细胞清除或抑制ROS的积累。此外，外植体的组织状态也会影响农杆菌侵染后植物细胞的存活和再生能力，适当的干燥处理可促使植物组织失水，提高渗透势、刺激细胞分裂，促进愈伤组织的形成、生长和随后的分化。但如果干燥时间过长，则会导致细胞过度失水、愈伤组织不能恢复生长而死亡；而干燥时间过短，则愈伤组织仅失去表层水分，达不到风干细胞和提高转化的效果。还有研究表明，受体组织的继代次数增多会增加变异概率，进而会影响芽生根或愈伤组织分化成苗的能力。

9.2.1.4 转化细胞的选择

在与农杆菌共培养的组织细胞中，未转化细胞占到绝大多数。因此，高效选择成功转化的细胞是植物遗传转化的关键步骤。大部分情况下，该选择依赖于转化载体上携带的抗性选择标记基因。通过在培养基中加入适宜浓度的特定选择试剂，则可抑制未转化细胞的生长，而成功转化的细胞可正常生长。一般通过2～3轮的筛选过程，可实现对转化细胞的有效筛选。但在此过程中，选择试剂浓度的确定需要根据植物种类的不同，甚至同种植物不同部位来源的外植体的差异进行合理的选择。敏感性强的植物选用较低的选择试剂浓度，反之亦然。同样，在完成农杆菌侵染后的第一轮筛选过程中，因农杆菌侵染对受体组织细胞带来一定损伤，为促进细胞的恢复和生长，可适当降低选择试剂的浓度。

9.2.1.5 农杆菌介导的各种转化技术

利用农杆菌介导的植物遗传转化可采用植物组织(如花序、根尖等)浸泡法、注射法、叶盘法和原生质体法等。①植物组织浸泡法是将受体幼苗或活体组织器官作为外植体，在农杆菌中浸泡一定时间以实现农杆菌侵染和后续目标基因转化。其中，双子叶模式植物拟南芥的花序农杆菌转化法最为经典和实用。其直接利用农杆菌浸泡拟南芥花序3～5 min时间，再用保鲜膜覆盖避光保湿24～36 h，随即可转入正常生长环境。该方法无须经过组织培养，且转化成功率很高，因此被从事拟南芥相关研究的科研工作者广泛使用。②注射法即利用注射器将农杆菌注入受体植物中，其中最常见的是利用不含针头的平头注射器将农杆菌从叶片下表皮注射到烟草叶片内，实现目标基因转化。③叶盘法是利用打孔器在健康的无菌苗叶片上打出圆形叶片组织，然后将农杆菌与该带有新鲜伤口的叶圆盘进行短期共培养，以实现农杆菌的吸附、侵染和目标基因转化。④原生质体法是指将农杆菌与处于原生质体细胞壁再生阶段的原生质体进行共培养，共培养结束后进行除菌和抗性细胞克隆块的筛选。

9.2.2 基因枪介导的植物转基因

基因枪法也称为微粒轰击法(micro-projectile bombardment)、粒子轰击技术(particle bombardment)或生物弹法(biolistic process)，是一种使用高速微型射弹将外源DNA导入植物组织或细胞的直接转化方法。该方法于1987年由Cornell University的Sanfobrd提出。基因枪法被认为是最有前途且应用最为广泛的植物转基因方法之一。基因枪法在单子叶植物和双子叶植物中均有广泛的应用。例如，Sanford等利用基因枪法将β-葡萄糖苷酸酶基因(*GUS*)和潮霉素磷酸转移酶基因(*HPT*)转化石斛兰原球茎并在6个月后成功获得转基因植株。1993年，Koziel等对一个优良玉米自交系的未成熟胚进行了生物转化，成功引入包括苏云金芽孢杆菌(*Bt*)*Cry1Ab* 基因和 *bar* 选择标记在内的基因表达结构。这是第一个商业化推出的 Bt 玉米产品。最近，利用基因枪将在泛素启动子控制下的 *AmSOD* 基因转入高产香籼稻品种 Pusa Basmati 1 的愈伤组织中。后续 T_2 代纯化水稻植株对盐胁迫具有较强的耐受性。到目前为止，利用基因枪法已经在烟草、豆类和多数禾本科农作物、果树花卉和林木等植物中成功获得转基因植株。该方法对植物受体材料无严格要求，不但可以实现一些难转化作物的核转化，如水稻、小麦和玉米等单子叶植物，还是实现细胞器转化的一种方法，如叶绿体和线粒体。

9.2.2.1　基因枪介导植物转化的机理

基因枪导入外源基因的本质是一种物理过程，因此不受受体植物种类和组织类型的限制。该法是将外源 DNA 包裹在直径为 1～4 μm 的钨粉或金粉等惰性金属微粒上，再利用基因枪装置以火药爆炸力、电弧放电蒸发浪或高压气体作为动力，将微粒加速到 300～600 m/s，高速穿过植物的细胞壁和细胞膜到达细胞，目的基因在细胞内可以瞬时表达，甚至可以一种未知的方式随机整合到植物基因组内并稳定存在和表达，然后通过细胞和组织培养技术，再生出转基因植株。由于钨和金等金属在植物原生质体中呈现惰性，不会影响植物正常的生理活动，所以该类金属均可用作“子弹”(图 9-2)。

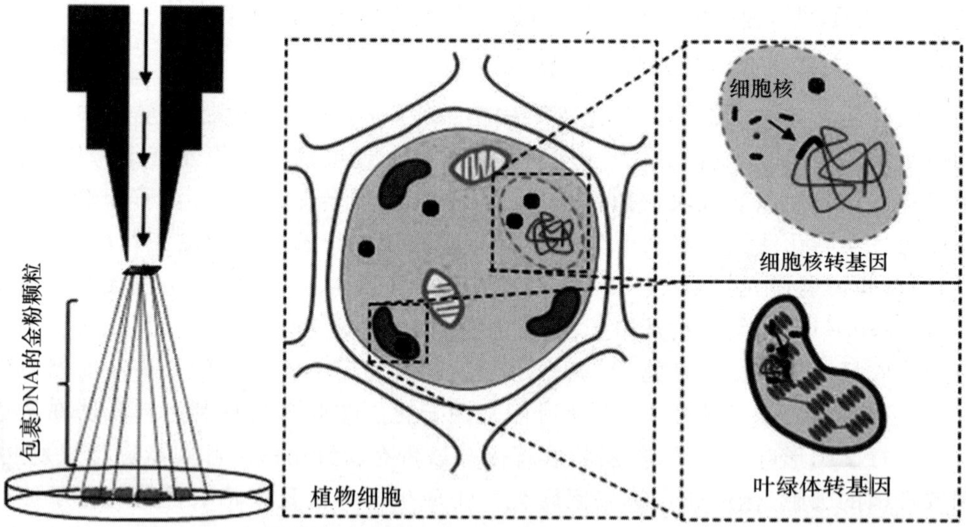

图 9-2　基因枪介导的植物转基因(Ramkumar 等，2020)

9.2.2.2　基因枪介导植物转化的优缺点

基因枪法具有一系列优点，具体包括：①与农杆菌介导的转化方法寄主范围有限相比，基因枪法转化不受到受体植物物种范围的限制，这也是其主要优点之一。②可以转化植物的多种组织或细胞类型，如从种子切下的胚、茎尖、幼叶、愈伤组织、小孢子和未成熟花粉粒等都可用于转化。③与多质粒进行共转化有助于共用一个选择标记来同时转化多个基因，这对于大多数受多基因控制的农艺性状研究至关重要。该方法对于植物学家而言则更具吸引力，因为可一次创建出具有更多改良性状的理想植物。④基因枪法可利用载体，但载体不是必需的。克隆目标基因后，所有的载体序列均可去除。在该策略中，只需要利用很少的侧翼序列来协助目标基因传递到受体植物中,从而获得成功的转基因表达。相反,在农杆菌介导的转化中,目标基因位于 T-DNA 区左右边界之间,其中包含载体的骨架序列,会和目标基因一并转入目标植物中。⑤现在可实现将高分子量 DNA 插入植物基因组,因此可同步利用细菌或酵母人工染色体(BAC 或 YAC),从而有助于筛选和鉴定特定 BAC/YAC 克隆中的重要目标基因。⑥与农杆菌介导的转化相比,基因枪法的一个关键优势是可用于传递 RNA、核糖核酸蛋白(RNP)或蛋白质。这种无 DNA 策略更为清洁和安全,减少了非靶向转基因整合的可能性。⑦基因枪法是迄今为止唯一成功实现细胞器转化的方法,包括叶绿体和线粒体。⑧同时利用核转化载体和质体转化载体包裹金属颗粒,基因枪法还可实现核基因组和质体基因组的共转化。因此,仅一步操作即可创建出双转基因植物。

尽管如此,基因枪法仍存在诸多缺点,其主要缺点包括:①需要昂贵的设备和用品,如金粉;②转化效率不高;③外源 DNA 拷贝数多,易产生嵌合体;④基因的随机整合易导致转基因后代的突变率提高或转基因的失活、沉默等;⑤粒子轰击过程有可能造成外源基因的断裂。

9.2.2.3 基因枪介导植物转化的影响因素

植物遗传转化分两个阶段进行:首先 DNA 转移到受体细胞,其次整合到宿主基因组中。基因枪法的转化效率和效果取决于多个需要优化的变量,这些因素可分为理化因素和生物因素。

(1)理化因素　理化因素主要指基因枪的相关设置参数,包括金属微粒的类型和大小、微粒轰击速度和次数、挡板与植物受体组织间的距离、弹膛真空度、DNA 纯度与浓度、DNA 沉淀剂(氯化钙与亚精胺)浓度等。上述各种理化参数需根据基因枪类型、植物转化受体特点等进行调整和优化。

①金属微粒的选择:首选致密金属微粒,因为同样大小的微粒其质量更大,有助于获得足够的动能穿透细胞。此外,优先选择化学惰性金属,以避免一般金属对细胞可能带来的毒性。常用于 DNA 包被的惰性金属物质包括金、钨、钯、铂和铑等。其中,金和钨已广泛用于 DNA 的包被。尽管两种金属可满足大部分实验要求,但在某些特定应用条件下仍存在部分不足。有研究报告称钨的使用与 DNA 损伤和细胞生长抑制密切相关。相比较而言,金的瞬时转化效率更高,而钨则可更有效地结合 DNA。最后,金属微粒的大小、形状、团聚性和分散性对于转化效果也有明显影响。例如,虽然金具有转化率高、毒副作用小等优点,但金粉在水溶液中易形成不可逆的结块,因此需在临用前新鲜配制。

②微粒轰击速度和次数:速度不同会影响微粒对植物组织和细胞的穿透力。因此,不同的植物种类和组织类型对微粒的速度要求不尽相同,需要根据具体情况进行调整。同时,微粒轰击次数也会影响转化频率。一般而言,适当增加轰击次数可增加目标基因转入比例和表达强度,但轰击次数增多的同时也会对植物细胞造成更大的损伤。因此,同样需要根据具体的转化受体情况进行优化调整。

③挡板与植物受体组织间的距离:植物受体组织中只有部分特定的细胞具有再生能力,因此是进行转化的优先选择,可通过调节挡板与组织间的距离来达到预期目标。一般而言,在动力来源固定的情况下,距离越大,则组织和细胞的穿透力越小;距离越小,穿透力固然增强,但对细胞带来的损伤也越大。因此,针对特定的植物及其组织类型,需要选取适宜的轰

击距离，以达到最佳的转化效果。

④弹膛真空度：金属微粒轰击时，枪膛内需要一定的真空度是为了减少空气的阻力，且真空度与转化效率呈正相关，但靶细胞对真空度具有一定的耐受性。一般情况下，在真空度为 88.05～94.82 kPa 时，激发金属微粒轰击为宜。

⑤DNA 纯度与浓度：待转化的目标 DNA 纯度越高则转化效果越好，但转化效率与 DNA 浓度之间并非直接正相关。虽然增加 DNA 负载有利于提高表达频率，但也可能导致组织损伤。而且 DNA 浓度决定了子弹的重量，高浓度的 DNA 还容易与金属微粒凝结成团，反而不利于转化效率的提高。因此，DNA 浓度应该充分优化，目前普遍采用的 DNA 浓度为 1 μg/μL。

⑥DNA 沉淀剂的种类与浓度：常用的 DNA 沉淀剂包括氯化钙、硝酸钙和亚精胺等。氯化钙的常用浓度为 1.9～2.4 mol/L，如去除氯化钙则会显著降低 DNA 的转化频率。而在转化小麦时，如果用硝酸钙代替氯化钙，则可提高 *GUS* 报告基因的表达水平。亚精胺的常用浓度范围为 7.69～76.9 mmol/L，Taylor 等研究认为亚精胺的最适使用浓度为 100 mmol/L，且该用量在植物转化中不具有特异性。

⑦光照、温度等其他因素：环境参数（如湿度、温度和光照强度等）也会影响基因枪的转化效率。如果靶细胞在金属微粒穿透细胞过程中受到损伤，适宜的光照、温度和湿度条件将有助于细胞的愈合。但是，如果湿度过高则会增加细胞表面的水层，一方面影响金属微粒对植物组织的穿透力，另一方面还会导致微粒粘在一起而影响其分离，进而降低转化效率。

（2）生物因素　除了理化因素之外，生物因素在有效的转化实验中也发挥着关键作用，即包括基因构建、受体组织类型、靶细胞的生理状态和轰击前后的培养条件等。

①基因构建：待转 DNA 通常由克隆在细菌质粒中的"表达盒"组成。克隆载体主干通常包括一个细菌来源的复制起点和一个可选择标记。而"表达盒"通常包括以下主要元件，即启动子、开放阅读框、特定的限制性酶切位点和在植物细胞中具有功能的终止子。考虑到表达目标基因仅需"表达盒"所包含的各个元件，而载体主干序列并非必需。因此，采用了一种去除载体主干序列的最短 DNA 用于金属微粒包被和转化。实践证明该策略可在高通量创建单拷贝转基因小麦时提高转化效率。在不同研究中还发现了具有低拷贝数和高表达稳定性的转基因作物。此外，负责驱动目标基因表达的启动子以及合适的选择标记基因对于提高转化效率也非常重要。

②受体组织类型：尽管可用于基因枪转化的受体种类、组织和细胞类型非常广泛，但不同的目标组织对转化效率仍有不同的影响。转化效率主要取决于细胞的再生能力和全能性。分生组织和胚性细胞是最常用于稳定转化的组织类型。由增生组织形成的胚培养物是基因枪轰击的有效靶点，其大小和形状有助于选择非嵌合型的转化愈伤组织。2017 年 Hamada 等利用基因枪将 *GFP* 成功转入小麦茎尖分生组织中，且转基因整合到大部分转化子的生殖细胞中，进而顺利遗传到下一代。利用基因枪成功转化的目标组织还包括叶、根、茎、幼苗、花粉和孢子等。

③靶细胞的生理状态：受体植物细胞组织所处的细胞周期不同，利用其进行基因枪转化所获得的转化频率也不一样。例如，Lida 等研究发现转化同步分裂的烟草细胞时，以 M 期和 G_2 期细胞作为靶细胞，目标基因 *GUS* 的瞬时表达活性较利用 S 期和 G_1 期细胞的要

高 3～6 倍。

④轰击前后的培养条件:基因枪轰击前进行受体组织的预培养可显著影响转化效率。例如 Seki 等对拟南芥根组织,以及 Kodama 等对黄瓜子叶组织在转化前分别预培养 3 d,结果大幅度提高了目标基因的瞬时表达水平。此外,在基因枪轰击前后对受体细胞进行高渗和脱水处理也可提高转化频率。Vain 等在开展基因枪转化实验前 4 h 和后 16 h 利用 0.2 mol/L 甘露醇和山梨醇对玉米胚性细胞进行高渗处理,*GUS* 报告基因瞬时表达量提高了 2～3 倍,获得的稳定转化子也提高了 6～7 倍。在转化大豆时,干燥脱水处理也可大幅度地提高转化频率。推测高渗或脱水处理可促进细胞的质壁分离,从而减少了轰击后由细胞质溢出而导致的细胞损伤。

9.2.3 植物遗传转化的其他方法

上文介绍的基因枪和农杆菌介导的植物遗传转化是目前应用最为广泛的两种创建转基因植物的方法。迄今为止,还有许多种其他直接和间接的方法可用于将转基因表达盒转入植物细胞和组织中,包括电击法、聚乙二醇(PEG)转化法、花粉管通道法、激光微束穿刺法、超声波介导法、浸泡法/种子吸胀法、子房注射法、低能离子束法、显微注射法、脂质体介导转化法、病毒载体转化法和纳米材料介导转化法等。这些方法与技术,连同基因枪和农杆菌介导法,共同推动了植物转基因技术的快速发展与进步。

9.2.3.1 电击法

电击法,也称为电穿孔法,即利用高压脉冲作用在原生质体膜上电击穿孔形成瞬时通道,这种细胞膜上小孔的有无具有可逆性,解除电击后这些小孔会关闭。因此,在小孔存在时,可将其作为外源质粒 DNA 进入受体细胞的通道,最终目的基因导入并有机会整合到受体细胞的基因组中(图 9-3)。该方法最早在动物细胞转化中应用,我国科学家李宝健等于 1985 年首次应用到植物原生质体的遗传转化,后续其应用领域拓展到烟草、番茄、玉米、水稻、大豆、小麦和马铃薯等植物。该方法的优点是受体材料来源广泛,操作简便;缺点是面临原生质体再生、拷贝数较高、转化率低且仪器较为昂贵等问题。近年来,电击法应用又有了新的发展和创新,可直接利用带壁的植物组织或细胞作为受体,直接用电击法进行电穿孔,然后将外源基因导入植物细胞。目前,利用该方法已成功获得转基因水稻植株。该改良技术操作简便,无须提取原生质体,而且提高了植物细胞存活率。

9.2.3.2 聚乙二醇转化法

聚乙二醇(PEG)是植物遗传转化中最常用的一种化学诱导剂。其原理是在高 pH 条件下 PEG 能促进细胞膜之间以及外源 DNA 与膜之间的接触和粘连,并可通过改变细胞膜表面的电荷,引起细胞膜通透性的改变,进而利用原生质体的内吞作用吸收外源 DNA 进入细胞,然后进入细胞核并随机整合到染色体上,最后通过原生质体再生形成完整植株。

PEG 转化法于 1980 年由 Dayey 等首次建立,Krens 等进一步发展了 PEG 转化体系,Zhang 等通过该方法将 *GUS* 报告基因成功转入水稻原生质体中,并获得了第一批转基因水稻。丁群星等系统分析了 PEG 方法,明确 PEG 浓度、PEG 处理时间、质粒 DNA 浓度等均是影响转化频率的重要因素。此后,PEG 转化法也先后成功转化了水稻、小麦、玉米、高粱、

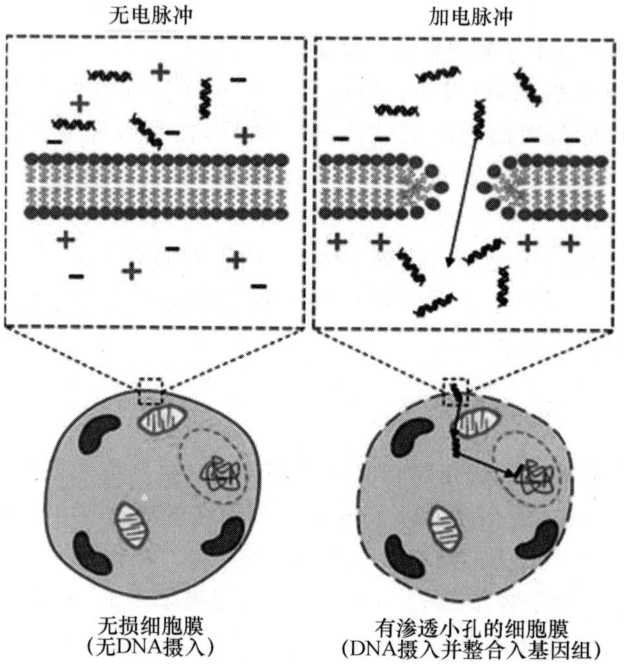

图 9-3　电击法转基因(改自 Ramkumar 等,2020)

油菜和大豆等植物。

PEG 转化法的优点是容易操作且实验设备简单,对细胞的副作用小,转化的稳定性、重复性好,并能实现一次转化大量原生质体,且由于转基因植株来自同一细胞,因而能有效避免嵌合转化体的产生。它的缺点是原生质体的培养过程较为烦琐,转化率较低(一般为 $10^{-6}\sim10^{-5}$),也不适用于再生困难的植物。

9.2.3.3　花粉管通道法

花粉管通道法是基于我国科学家周光宇等于 1978 年通过研究远缘杂交提出的 DNA 片段杂交理论,进而为花粉管通道法的诞生创造了理论条件。花粉管通道法是利用植物授粉后花粉在柱头上萌发形成花粉管,通过注射的方法将外源 DNA 沿花粉管经过珠孔通道进入胚囊,进而将外源 DNA 转入卵子、合子或早期胚胎细胞,然后依靠生物自身的种质系统或细胞结构功能来实现外源基因转化(图 9-4)。根据导入外源基因主要技术方法的不同,花粉管通道法可分为柱头滴加导入法、子房注射法、花粉粒携带法和柱头涂抹法。根据遗传转化时受体所处的阶段不同则可分为两种:一种是将外源基因转化未受精花粉并整合到精核基因组中,进而通过受精作用获得转基因植株;另一种是在植物完成双受精之后的一段时间内,受精卵细胞还没有形成完整的细胞壁和核膜系统时进行转化。

花粉管通道法的优点是不需要组织培养再生过程,有效解决了部分植物转化过程中受体材料不易获得、组织培养费时费力和再生植株诱导困难的问题,如兰科植物等。此外,该方法实验操作过程简单,对外源基因、受体植物种类和仪器设备要求不高,育种周期短。但是该方法也存在一定的缺点,如工作时间受到花期限制,对于小花农作物操作难度较大,对操作者经验要求高,且转化过程还容易受植物本身状态和外界环境的影响,此外,转化的随机性较大、可重复性差、转化效率低等。

花粉管通道法被国内外很多研究组用于转化植物。我国最早利用该方法在棉花上成功实现了转基因。1982 年,我国科学家周光宇等将外源海岛棉基因成功导入陆地棉,培育出抗枯萎病的栽培品种。目前,在我国推广应用最为广泛的转基因抗虫棉就是利用该转化技术获得的。随后,科学家们在不同植物中均开展了大量相关研究并取得了丰硕的成果,相继在水稻、小麦、大豆、玉米、烟草、番茄等重要作物中成功获得了转基因植物。例如为了创建新的抗病小麦种质材料,Zhou 等以小麦品种"小偃 22""小偃 6"和"西农 1376"为受体,利用花粉管通道法将防御素基因 *alfAFP*、脂质转运蛋白基因 *LTP* 和抗菌肽基因 *soCEMA* 转入这些小麦品种中,总体转化率为 0.135%,且明确了转入 *alfAFP* 基因可提高小麦的条锈病抗性。丝裂原活化蛋白激酶(MAPK)不仅对生物和非生物胁迫有影响,对植物生长和发育也起关键作用。Xu 等通过花粉管通道法将 *CsNMAPK* 基因成功导入黄瓜胚,结果显示转基因黄瓜表现出生长迟缓、株高降低、叶片变小等表型改变,且其对盐胁迫较野生型植物更为敏感。曹士亮等利用花粉管通道法将包括 *PPT* 抗性筛选标记基因和 *BcWRKY2* 转录因子编码基因在内的表达盒转入优良的玉米自交系,遗传鉴定结果表明外源目的基因已整合到玉米基因组中,且证明玉米授粉后 16 h、DNA 使用浓度为 200 ng/μL 时效果最佳。

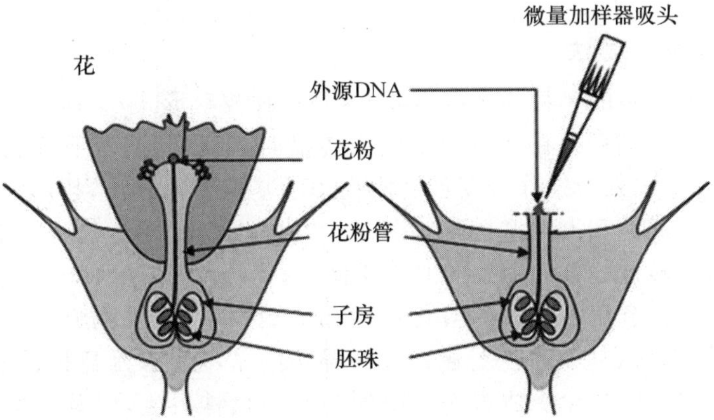

图 9-4 花粉管通道法转基因(Ramkumar 等,2020)

9.2.3.4 激光微束穿刺法

激光微束穿刺法即利用激光微束直径小、能量高,可引起细胞膜可逆性穿孔的特点,采用微米级的激光微束对植物组织或细胞进行穿刺,进而外源 DNA 通过穿刺孔进入细胞,在很短的时间内,穿刺孔自然闭合,而进入细胞内的外源 DNA 则有机会随机整合到植物基因组中。激光微束穿刺法具有一系列优点,包括操作简单、重复性好、靶体选择性强、定位准确、对靶体无伤害等,因此被越来越多地应用于基因工程、细胞工程等领域。其中,该方法最显著的优点是能精确定位组织或细胞,进而将外源基因定点导入细胞。例如,以植物幼胚或成熟胚分生组织为靶标进行激光穿刺,可使胚直接发育成植株,进而获得转基因种子,操作便捷。与最常用的两种转化方法相比,激光微束穿刺法有其显著的优点。例如较基因枪法而言,该方法对细胞带来的损伤小,有助于受体细胞的恢复、成活及再生分化,无须使用金粉等昂贵耗材,转化成本低,操作简化。而相比于农杆菌转化法偏好转染双子叶植物的缺点,激光微束穿刺法受体材料广泛，在单、双子叶植物中均可采用。且经该方法转化的植物不仅无受农杆菌感染伤害的风险，而且转化过程无须加抑菌抗生素，因此也不会受到抗生素的伤害，有助于靶体的生长和再生分化。

近年来，在植物基因工程相关研究中，我国学者王兰岚等经多年探索，利用激光微束穿刺技术首次获得了外源基因稳定表达的转基因小麦植株。他们还利用包括愈伤组织、细胞、幼胚、子叶柄等多种外植体，经高渗处理后，与适宜浓度的质粒共同进行激光照射，已在禾本科、兰科、锦葵科、大戟科和松科等植物中获得成功转化。值得一提的是，刘桂珍等利用本技术将含 β-1,3-葡聚糖酶和几丁质酶编码基因的双价植物表达载体导入棉花幼胚，进而成功获得抗黄萎病的转基因棉。该实验利用不依赖于植物细胞和组织培养再生的种质系统转化法，即用感受态萌动种胚为受体进行激光微束穿刺转化，再由转化种胚直接培养成植株。这种方法可避开某些物种离体再生困难的问题，因此可选择的受体范围更广，且由于利用了植物自然繁殖过程，更易于保持作物的优良性状。目前，该方法已成功应用于黄瓜、番茄、大豆、牵牛等植物中。但需要说明的是，经激光微束穿刺转化处理的萌动胚生成的植株并非从单细胞再生而来，因此，这些植株仅仅是包含转基因和非转基因细胞的嵌合体，只有经历配子阶段并通过有性世代得到种子后，再经选择含外源目标基因的个体，才可能获得真正的转化植株。

9.2.3.5　超声波介导法

超声波是物质介质中的一种弹性机械波，既是一种波动形式，又是一种能量形式。这种能量形式在其达到一定剂量并在溶液或细胞内传播时，能引起溶液或细胞的功能和结构发生变化，即产生超声生物效应。作为新创建的物理学基因转化方法，超声波介导法已被用于真核生物的基因转化研究和人类基因治疗领域。在农作物基因转化研究中，超声波介导法已成功地将外源基因转入烟草和甜菜的原生质体、烟草叶片、玉米和小麦的未成熟胚及玉米花粉中。其原理主要是利用超声波的空化作用和机械效应，在细胞膜上产生可恢复的渗透孔空洞，从而使外源 DNA 进入细胞。超声波介导法的基本步骤是目标植物外植体制备、目的基因制备、超声波处理、转化受体愈伤组织的筛选与植株再生，以及再生植株及其后代目标基因和表达产物的分子检测。超声波介导法具有不受宿主范围的限制，可以将外源基因导入任何基因型的植物细胞内；可以避免对细胞的机械性损伤，有利于原生质体的存活；操作简便、设备便宜等优点。超声波介导法也存在外源 DNA 随机整合及外源 DNA 拷贝数多等问题。因此，该方法也会导致转基因后代突变率提高、整合的 DNA 丢失及目标基因沉默等现象。

在利用超声波法介导植物转化时，植物花粉常被用作转化受体。花粉是种子植物特有的结构，由雄蕊中的花药产生。成熟的花粉粒中包含 2 个精细胞和 1 个营养细胞，而精细胞中则携带有植物的全部遗传信息。花粉授粉到同种植物柱头上，即完成授粉过程。因此，花粉在有花植物的遗传和变异中发挥着重要作用。超声波处理花粉时，溶液或花粉内液形成空泡，空泡的震动与其迅猛的闭合会产生出冲击波，正是这种冲击波，可使花粉萌发孔瞬间打开或花粉破裂；同时空化泡破裂时产生的数千度高温和数百万帕的高压，可使溶液中水分子电离，产生 OH^- 和 H^+，由此所诱发的氧化还原反应可使花粉粒中一些酶类失活。

超声波介导花粉转化法最早于 21 世纪初由山西省农业科学院生物技术研究中心发明。

近年来经不断探索，该方法已逐步发展成为新的实用性强的转基因技术。利用该方法已成功获得谷子、花生、油菜、玉米、大豆等作物的转基因植株。王景雪等采用超声波介导花粉转化法将几丁质酶基因导入玉米自交系“太 9101”“综 31”等材料中，成功获得转化植株，且转化率高达 42.9%，表明本法简单、易操作、实用省时。南芝润等采用该方法将 *Cry1Ac* 基因导入玉米自交系材料“昌 7-2”，利用草铵膦筛选具有抗性的转化后代，并经 PCR 分子鉴定和抗虫分析，最终筛选出 9 个高抗玉米螟的转基因株系，为玉米抗虫育种提供了宝贵种质资源。郭天璐等也利用该方法将花青素基因 *NtAn2* 成功导入玉米自交系“郑 58”中，为建立非抗性筛选标记转基因提供了新的思路。

9.2.3.6 浸泡法/种子吸胀法

浸泡法是将供试外植体如种子、胚、胚珠、子房、花粉粒、幼穗悬浮细胞培养物等直接浸泡在外源 DNA 溶液中，利用渗透作用把外源基因导入受体细胞并稳定地整合表达与遗传。其中，利用干种子进行浸泡转化效果良好，因为萌发初期种子表层吸水而引起物质运输的理化特性改变，从而有利于外源基因的导入。因为种子具有自然的形态建成能力和遗传传递能力，不存在再生植株难的问题，而且种子储存方便、取材便利，无季节和植物生长阶段的限制，所以种子是用于浸泡法转化的优选材料。20 世纪 80 年代以来，很多研究人员利用该方法成功实现了外源基因的遗传转化。如 Topfer 等将小麦干种子材料浸入质粒 DNA 中进行转化，结果在干种子胚中不但检测到了吸收的外源 DNA，还检测到了作为报告基因的重组小麦黄矮病毒基因组。Mahalak-Shmi 等尝试利用膜表面活性物质（如皂角苷、甲苯等）来改变小麦干组织的表面膜特性，以期达到外源 DNA 转化的目的。通过将小麦干种子成熟胚与外源质粒 DNA 及各种表面活性物质混合，经化学处理 30 d 后，尽管在成熟胚中检测到了 *GUS* 报告基因的表达，但最终未能成功获得转化植株。

尽管浸泡法有许多优点，适合大量处理，其不需要昂贵的仪器设备和复杂的组织培养技术。特别是成熟种子浸泡法可认为是高等植物遗传转化技术中最简单、快速、便宜的一种方法，操作便捷，容易开展。但是，浸泡法缺陷也非常明显，其分子层面证据不足、转化机理仍不清楚，如外源 DNA 是怎样通过多层细胞壁的阻碍最终达到分生细胞的仍不得而知。

9.2.3.7 子房注射法

子房注射法可认为是花粉管通道法的改进。在利用花粉管通道法进行转化时，由于部分植物完成授粉后需要较长时间才能完成受精作用，所以外源 DNA 有较大概率在此期间发生降解，进而显著影响转化成功率。而子房注射法则是利用显微注射仪将外源基因 DNA 溶液注入胚囊或子房中，由于胚囊和子房中产生高的压力和卵细胞的吸收使外源基因进入受精的卵细胞，进而发育、生长成为转基因植株。双受精时的卵细胞处于最佳感受态，易于接受外源 DNA，因此可获得较高的转化效率。刘其府等利用子房注射法成功地将 *GUS* 报告基因转入金钗石斛中。总体而言，子房注射法不但具备花粉管通道法的操作方便、省时省力、不需要组织培养等优点，而且转化株表型稳定、易于检测，但该方法对于植物的发育阶段有严格要求，仅限于花期植株的遗传转化。

9.2.3.8 低能离子束法

低能离子是指能量为 $10^4 \sim 10^5$ 电子伏特（eV），原子序数大于氦（He），壳层电子被部分或全部剥离的原子。加速后的离子具有质量、能量和电荷 3 种作用。例如，雷电、宇宙辐射和极光等自然现象辐射产生的离子对生物体具有诱变作用，效应类似于太空诱变育种。与 X 射线、γ 射线等辐射相比，低能离子具有传能线密度高、在能量沉积过程中存在尖锐的能量损失峰、与介质原子核的碰撞截面大、相对生物效应和氧增强比较小、对 DNA 损伤具有可修复性等特点。

低能离子束介导的转基因技术于 1989 年首次提出，主要利用离子束对植物细胞的蚀刻作用，造成受体细胞表面的损伤和穿孔，从而引起细胞膜通透性和跨膜电场的改变，促进外源基因导入植物细胞中。低能离子束介导转基因技术主要有以下 5 个特点。

(1)射程的可控性和集束性　可选择并调节注入离子的种类、能量、剂量、脉冲量等相关条件，进而有助于精确控制被处理植物细胞表面的蚀刻程度和损伤范围，在不影响受体细胞正常生命活动的情况下，提高转入外源 DNA 的效率。

(2)通道作用　离子束对生物体细胞表面有一定的机械蚀刻作用，可造成细胞表面穿孔和通道的形成，同时还会产生溅射作用，即使原本独立的孔道变得连通，为外源基因进入细胞提供了通道。

(3)吸引作用　由于注入的离子带正电荷，而 DNA 带有负电荷，当注入离子在形成的细胞通道内沉积时，则对外源 DNA 产生吸力，进而促进带负电荷的分子进入细胞内。

(4)整合作用　离子束的注入会对部分染色体产生可修复性的损伤，而受体细胞会修复这些损伤，在此过程，转入的外源基因则有更多的概率整合到受体细胞的基因组中，进而产生稳定的遗传。

(5)可选择受体材料来源广泛　对受体材料本身基因型等无特定要求，取材方便，主要通过处理植物的种胚和愈伤组织等，不需要原生质体培养和植株再生过程，操作简单，不受季节限制，且可大批量处理。

利用离子束介导转化法，研究者在多种作物中成功获得稳定的转基因材料。在水稻中，杨剑波等将 *hPh* 基因成功导入水稻悬浮细胞，获得能够稳定遗传的水稻植株；李红将荧光蛋白 *GFP* 基因导入水稻成熟胚，获得转化成功的水稻植株；倪大虎等将抗菌肽 *shiva* 基因导入水稻恢复系“明恢 63”成熟胚，获得目的基因成功整合入水稻基因组的转基因植株。在小麦中，苌收伟等利用该方法将大豆品种“豫豆 23 号”DNA 导入小麦品种“中育 5 号”和“淮阴 9628”中，获得蛋白含量显著提高、品质明显改良、遗传稳定的小麦材料。在棉花中，程备久等将比克氏棉和红麻 DNA 导入“泗棉 2 号”，经筛选鉴定获得一批抗枯萎病、早熟、种子少腺体的优质陆地棉新品系。此外，郑卫红等和宋道军等分别利用离子束介导法成功获得烟草和西瓜的转基因植株。

9.2.3.9　显微注射法

该方法是借助显微操作系统，以原生质体和单细胞为转化受体，将外源 DNA 注射到单个细胞中，然后将经转化的细胞培养再生为植株。该方法最先用于动物细胞的转基因研究中，通过将大分子遗传物质或细胞器显微注射到受体细胞中，以研究生物之间的相互关系以及大分子物质在受体活细胞中的命运。直到 20 世纪 80 年代中后期才开始应用于植物细胞的遗传转化，且获得了一定的改进以适应植物细胞的特点，如植物细胞中有大的液泡，液泡膜很薄，注射时容易破碎，从而改变细胞内环境 pH 或释放有毒物质使细胞死亡。因此显微注射时需避开液泡或者提前除去液泡(图 9-5)。Neuhaus 等研究显示显微注射绿藻可实现目标基因的短暂表达和稳定转化。此外,还有研究者将荧光标记分子注射到分化细胞中,实验结果证明这些分子可在活细胞中保持。此后,显微注射技术被广泛应用于原生质体、悬浮培养细胞、多细胞结构(如分生组织、胚状体、原胚等)的遗传转化研究中。尽管该方法曾被认为合理可行,但实际相关成功的报道却很少。分析可能原因主要有两个:一是经该方法操作过的细胞再生率很低,二是外源基因在受体细胞基因组中的整合率也很低,两者相乘则实际成功率更低。

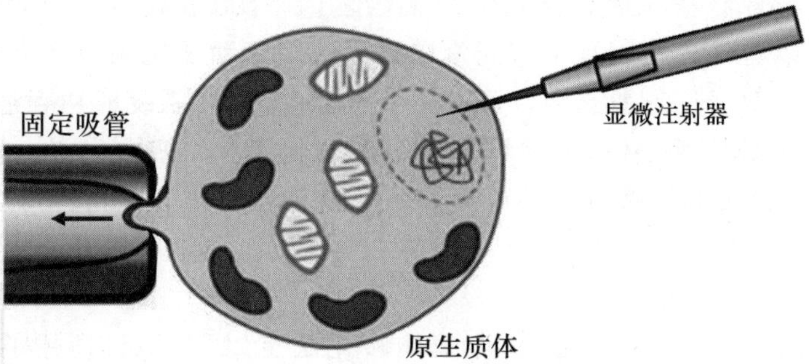

图 9-5 显微注射法转基因

9.2.3.10 脂质体介导转化法

脂质体介导转化法是近年来新建立的一种转化技术,且目前该法是动物细胞转化中最为有效的手段。该法是利用脂类物质所合成的双层膜囊结构将基因包裹成球状且带负电荷,然后与植物原生质体融合,从而达到转基因的目的。根据操作步骤的不同可分为两种类型:一种称作脂质体融合法,即通过将脂质体与原生质体进行共培养,使两者发生膜融合,经原生质体的吞噬作用可将脂质体内包裹的外源基因转入原生质体内,再经原生质体的再生培养而产生转基因植株;另一种称为脂质体注射法,即通过显微注射的方法将含有外源基因的脂质体注入目标细胞内,成功实现遗传转化。脂质体法操作步骤一般分为 4 步:①原生质体的分离和纯化;②脂质体的制备;③原生质体和脂质体的融合;④转化体的培养、筛选和鉴定。Matthews 等利用该方法将大肠杆菌 RNA 和 DNA 成功导入胡萝卜原生质体,并证明脂质体介导法转化效率与脂质体本身成分有关。Deshayes 等利用该方法将带有 *NPT* Ⅱ基因的质粒转入烟草叶肉原生质体,该报道首次证明了脂质体介导法可用于转化植物原生质体。之后,朱祯等用转化脂同样将含有 *NPT* Ⅱ基因的质粒导入水稻原生质体中,并进而获得外源基因在水稻细胞中正确表达的转基因植株。

脂质体介导转化法具有以下优点,如较高的 DNA 包装能力,低免疫原性,可进行大规模生产,操作简单,对细胞毒性小。但由于脂质体介导转化法存在转化效率较低,且对于原生质体培养比较困难的植物来说其应用受到限制等缺点,脂质体介导转化法在植物遗传转化中未得到普遍应用。

9.2.3.11 病毒载体转化法

近年来用于植物遗传转化的方法中还包含一种由病毒介导的新转化法。病毒是一种无完整细胞结构,但可利用宿主细胞系统进行复制的亚显微粒子。病毒载体转化法即通过将外源目标基因插入病毒基因组中，利用病毒核酸能在宿主细胞中复制和表达的特点，通过病毒对植物细胞的感染而将外源基因导入植物细胞。

目前，用于植物遗传转化的植物病毒载体系统组成包括单链 RNA、单链 DNA 和双链 DNA 3 种。植物病毒载体系统中研究较多的包括烟草花叶病毒（TMV）、花椰菜花叶病毒（CaMV）和番茄金花叶病毒（TGMV）。其中，烟草花叶病毒是迄今为止研究得最为深入的一种单链 RNA 病毒。TMV 在反转录酶作用下以单链 RNA 为模板合成双链 cDNA，随后将 cDNA 克隆至目标载体上，进而将外源目标基因与病毒 cDNA 融合或连入相应启动子下游。具体而言，可将外源基因置于衣壳蛋白编码基因下游，表达后获得衣壳蛋白-外源蛋白的融合蛋白；还可以将外源基因置于衣壳蛋白编码基因启动子的调控之下，通过感染进入宿主植物细胞，进而高效表达外源基因。Dawson 用 TMV 载体系统成功表达了 *CAT* 基因，且其表达效率很高。CaMV 是第一个被详细研究的双链 DNA 植物病毒。早期 Howell 等报道克隆的 CaMV 拷贝可通过接种来感染植物。在遗传转化研究中，将 CaMV 基因组中对其繁殖非必需的一段核苷酸序列去除，连入外源目标基因，进而利用病毒外壳蛋白的感染能力，实现重组 DNA 分子的转移。

与农杆菌介导的转化方法相比，病毒载体转化法有以下优点：适用的宿主范围更加广泛，单子叶或双子叶植物都可以；更易于操作，不需要特殊的仪器设备。

9.2.3.12 纳米材料介导转化法

纳米材料即指在三维空间中至少有一维处于纳米尺度范围，或由其为基本单元构成的特定材料。根据其基本单元不同可分为纳米微粒、纳米管、纳米棒、纳米丝及纳米尺寸的孔洞等。纳米基因载体即以纳米微粒为基本单位，对其表面进行修饰、改性或偶联特异性的靶向分子后，将外源目标基因吸附于微粒表面或包埋在其内部，从而形成纳米尺寸的纳米微粒-基因耦合物，在静电吸附等外力或表面信号分子等化学键作用下与细胞表面受体结合，进而通过细胞摄粒作用进入细胞内并释放目的基因，最终整合到受体细胞基因组中。纳米材料介导转化法已成为一种重要的、高效安全的转基因方式，广泛应用于动物、医学和基因治疗等领域。随着纳米相关研究的快速发展和技术的不断完善，该技术在植物基因工程领域也获得了越来越多的关注。Torney 等首次在烟草细胞中成功实现了由介孔氧化硅纳米材料介导的基因转化。Xia 等首次在林木材料鹅掌楸中实现了纳米颗粒与悬浮细胞的共培养，即利用经异硫氰酸荧光素标记的超微介孔氧化硅纳米颗粒与杂交鹅掌楸悬浮细胞共培养 24 h 后，细胞仍保持良好活力，并实现体胚发生和植株再生。迄今为止，尽管纳米材料介导的转基因技术应用于植物研究中的时间不长，但该技术已充分展现出良好的创新研究价值和广阔的应用前景。

在植物遗传转化中，根据纳米材料来源不同可将纳米载体分为 3 大类，即无机纳米基因载体、天然高分子纳米基因载体和有机合成的高分子纳米基因载体。无机纳米基因载体包括以四氧化三铁构建的磁性纳米粒子（MNP）、以二氧化硅骨架构成的介孔二氧化硅纳米载体（MSN）、以碳原子构成的单壁碳纳米管（SWCNT）和多壁碳纳米管（MWCNT）等。天然高分子纳米基因载体原材料包括壳聚糖（CHS）、淀粉（starch）和细胞穿膜肽（CPP）等。有机合成高分子纳米基因载体原材料包括磷酸钙（CaP）、甲基丙烯酸二甲氨基乙酯聚合物（DMAEM）、聚酰胺型树枝状聚合物（PAMAM）、多聚赖氨酸（PLL）、聚乙烯亚胺（PEI）等。

目前，植物遗传转化中所用的纳米基因载体以无机纳米材料为主。例如 Naqvis 等用超小孔径的磷酸钙纳米颗粒包裹外源 *GUS* 报告基因并转化芥菜下胚轴子叶，结果显示 *GUS* 基因可进入细胞核并成功表达，且具有很高的转化率。Chang 等以氨基化修饰的硅纳米颗粒作为基因载体，在拟南芥根部细胞中成功转化外源基因并实现瞬时表达。Burlaka 等利用单壁和多壁碳纳米管材料为媒介将荧光蛋白基因高效转入烟草叶肉原生质体细胞中并表达。此外，单壁碳纳米管材料还可将外源基因转入烟草愈伤组织细胞和叶片外植体中表达。总体而言，利用无机纳米颗粒作为基因转化载体具有诸多优点，如无机纳米材料种类繁多，制作简单，稳定性好，纳米颗粒粒径大小可调，合成时具有很好的重复性，颗粒表面容易修饰，生物亲和性好，不容易产生免疫排斥反应，降解后毒副作用小，且对包裹的核酸具有很强的保护作用等。当然，该材料也存在一定的局限性，如纳米颗粒需要预先进行一定的修饰(氨基硅烷化等)，纳米颗粒需要在一定的大小范围内，否则影响遗传转化效果。

而其他两类纳米材料也具有各自的特点。例如天然高分子纳米基因载体来源广泛，简单易制，无毒性，抗菌性强，生物相容性好，环境友好易降解等。而合成的高分子有机纳米基因载体相对容易制备，可进行大规模生产，产业化潜力大，分散性良好，表面易于修饰，转化过程中穿膜能力强等。

纳米材料介导转化法作为一种新的遗传转化方法，已在拟南芥、水稻等模式植物，以及少数几种非模式植物(如烟草、洋葱、棉花、玉米等)中获得成功案例。鉴于其应用的时间还不长，目前还在不断探索与优化当中，其发展与完善还有赖于纳米材料研究的不断深入。研究显示，纳米颗粒的大小、形状、抗张强度、电荷、胶体稳定性、修饰、紧密度和细胞内部环境等因素均会影响其对外源基因的负载、导入细胞的效率和最终基因表达的情况等。实际上，随着对纳米材料介导 DNA 遗传转化机制的不断解析，以及纳米材料种类的不断丰富和制备工艺的完善，将来可通过数学建模的方法优化纳米载体颗粒的相关参数进而精确设计纳米颗粒，以获得最优转化效果。此外，创建无毒、高效、通用性强的纳米载体及其配套转化体系可推动该技术获得更广阔的应用空间，同时也将有助于带动基因工程、遗传学和合成生物学的快速崛起。

9.2.3.13 质体转化技术

绿色植物细胞中含有一种特有的结构即质体，质体主要参与碳水化合物的合成与储藏。根据所含色素的不同，质体可分成 3 大类，即叶绿体、有色体和白色体。有关质体介导的遗传转化研究最早报道于 1988 年，Boynton 等在单细胞衣藻中首次实现了叶绿体转化。两年后，Svab 等首次在高等植物(烟草)中实现质体的成功转化。迄今为止，质体转化技术已成功应用于拟南芥、棉花、大豆、番茄和马铃薯等 20 余种植物中。

经过 30 余年的研究与发展，质体转化技术在植物遗传改良中的潜在利用价值得到了越来越多的重视，特别是在烟草中相关报道较多。例如通过质体转化技术先后成功获得了具有抗虫性、抗除草剂、抗病性以及光合效率获得增强的转基因烟草。此外，利用该技术将细菌番茄红素 β-环化酶基因转入番茄，进而改良其类胡萝卜素生物合成途径，最终导致番茄中维生素 A 原含量增加 4 倍。除此之外，拟南芥、大豆、莴苣等其他植物中也陆续有相关质体转化的成功报道。上述研究对后续在其他植物，特别是水稻、小麦等主粮作物中开展质体转化研究具有很好的指导和借鉴意义。

相比于此前介绍的系列细胞核遗传转化技术，质体转化技术有其独特的优越性。

(1)外源基因可高效表达，且表达产物易纯化。主要原因在于每个植物细胞中质体数目多，特别是叶绿体的拷贝数很高，一般每个细胞中数目可超过1万个，而外源基因整合到细胞核基因组中通常是单拷贝或数个拷贝。

(2)不同于细胞核基因组的遗传方式，植物细胞中质体的遗传方式为细胞质遗传，而花粉中不含质体。因此，该遗传特性可确保外源基因不会产生基因漂移，即不会像核基因组基因一样有可能随着植物花粉的传播而扩散至非转基因植物或野生近缘物种，环境安全性高。

(3)同源重组是本技术的理论基础，因此，在载体设计时已明确外源基因在质体中的插入位点，该定点插入方式可避免核基因整合过程中可能引发的基因沉默、位置效应以及和对随机插入位点内源基因的破坏。

(4)质体内基因表达体系与原核生物基本一致，因此，在质体中表达来自原核生物的目标基因无须进行密码子优化等改造，可直接转化并获得高效表达。此外，基于两者之间的相似性，可采用类似原核生物操纵子的结构进行植物的多基因转化，即利用同一启动子驱动下游多个基因的表达，从而实现在一个转化事件中同时导入多个目标基因并改良多个性状的目标。

当然，除了上述一系列优点之外，质体转化技术也存在一定的局限性。例如需要特定的软硬件条件，操作复杂，耗时较长，需要专门的技术人员；目前，可高效开展质体转化的受体物种数目仍较少，且作为基因转化受体的细胞基本来源于叶片组织。这些因素在一定程度上限制了质体转化技术的广泛应用。

9.3 转基因植物的检测方法和安全性评价

2022年是全球转基因作物开始商业化种植的第27年。在此期间，全球转基因作物种植面积不断扩大，市场规模也获得显著增长。以美国为例，2022年全美累计种植了包括玉米、大豆等在内的转基因作物7 480万 hm^2 以上，接近全球转基因作物种植面积的40%。其中，种植面积最大的3种作物分别为大豆、玉米和棉花，种植面积分别为3 398万 hm^2、3 386万 hm^2 和480万 hm^2，3种作物的转基因品种普及率分别为95%、93%和95%。

然而，随着全球转基因作物种植面积不断增长，社会公众越来越关注转基因作物可能对食品安全和生态环境带来的潜在威胁。近年来，各个国家和地区都非常重视转基因作物产品的监管和检测，并设定了产品中可含有转基因产物含量的阈值。例如，对于食品、饲料中转基因成分含量的阈值，欧盟设定为0.9%，新西兰、澳大利亚等国设定为1%，智利设定为2%，韩国、马来西亚设定为3%，日本、泰国等国设定为5%。我国对于食品安全一直高度重视，监管措施严格，对于转基因产品更是如此。目前，我国对转基因食物的标识采取“零容忍”准则。

基于不同国家和地区对转基因成分阈值的不同要求，发展稳定、高效、精准、可靠的转基因定量检测技术，完善相关检测方法是保证转基因产品有效监管的重要前提。而转基因成分检测的重点是针对转入外源目标基因的特异性DNA序列及其表达产物(主要是蛋白质)。基于此，目前建立的转基因植物及其产品的成熟检测方法和技术体系主要是围绕核酸检测和蛋白质表达检测开展的。

9.3.1 外源基因整合的分子检测

9.3.1.1 PCR 检测法

DNA 分子具有稳定性好、提取容易、不易降解、无时空特异性等优点，因此基于 DNA 序列检测的方法已成为转基因成分鉴定的主要手段。聚合酶链式反应（polymerase chain reaction，PCR）是目前进行转基因材料外源基因检测的最常用技术，现已发展出了多种不同类型的 PCR 检测技术。PCR 技术最早由美国科学家 Mullis 于 1983 年发明，目前已成为分子生物学研究领域最重要的技术。PCR 是在体外离心管中，利用 DNA 聚合酶的催化作用，在短时间内（一至几个小时）实现目标 DNA 片段的数百万倍的扩增。PCR 所需模板 DNA 量少，灵敏度高，高效准确，因此该技术在检测、确认待检植物是否为转基因过程中发挥了巨大作用。

（1）PCR 技术原理　PCR 技术是在体外条件下模拟生物体内 DNA 的复制合成过程，从而实现短时间内目标 DNA 片段的特异性扩增。其基本原理是 DNA 聚合酶能够以模板 DNA 链为模板，在反应体系中存在特定引物和底物 dNTP 时，按照碱基互补配对原则和 5′→3′方向合成模板 DNA 链的互补链的过程。因此，在体外进行 PCR 时，离心管反应体系中应包括 DNA 聚合酶、缓冲液、模板 DNA、1 对引物、等量混合的 4 种 dNTP，然后经过数十个循环的变性、复性和延伸的过程，即可快速扩增目的 DNA 片段。具体而言，将配制好的 PCR 反应体系置于 PCR 仪中，首先在高温（94～95 ℃）条件下使模板 DNA 变性，由双链变为两条单链；然后迅速降温（50～65 ℃），使反应体系中的两对引物分别与两条单链 DNA 模板的特定区域退火互补，形成局部双链区；最后在 72 ℃温度条件下，DNA 聚合酶按照 A-T、G-C 碱基互补配对原则，在两条相对引物的 3′-OH 端逐个加上特定 dNTP，不断延伸生成互补双链。因此，经过变性、退火、延伸完整的一轮反应后，由两条引物延伸生成的新 DNA 单链分别与两条模板 DNA 单链形成子代 DNA 双链，实现目标 DNA 片段的成倍扩增。

在利用 PCR 方法分析待测样本基因组中可能整合的外源基因时，需要以从被检样本中提取的基因组 DNA 为模板，根据外源基因序列设计的特异性引物进行 PCR 扩增，再将 PCR 产物在琼脂糖凝胶电泳上进行分离、鉴定。如果经电泳检测到特定大小的 PCR 产物条带，则表明被检测植物基因组 DNA 中已整合有该外源基因；反之，经电泳未检测到特异性 PCR 产物，则说明该植株为非转化植株。一般而言，考虑到 PCR 的灵敏度很高，为了防止 PCR 的反应体系中出现污染造成“假阳性”（即由于水、缓冲液等成分中被污染有目标基因，而非检测样品基因组中存在目标基因），在同一批次的 PCR 反应样品中均会加入明确为非转基因的样本作为阴性对照。

（2）各种 PCR 技术在转基因作物检测中的应用　目前，主要采用的有常规 PCR、巢式 PCR、多重 PCR 等检测技术。

①常规 PCR 检测技术：常规 PCR 即针对目标基因自身序列、与目标基因同时整合进受体植物基因组的特殊序列（包括启动子、遗传标记基因等）设计特异性引物，用于 PCR 扩增分析，再利用琼脂糖凝胶电泳分离 PCR 扩增产物，并经溴化乙锭（EB）等核酸染料染色后进行紫外成像，根据电泳图像中是否含有预期大小的目的条带来判断待测植物是否为转基因。

②巢式 PCR(nested PCR)检测技术:其原理是需设计两对特异性引物,且其中一对特异性引物位于另一对特异性引物扩增序列内。因此,在开展巢式 PCR 检测时,首先利用可扩增较大片段的一对特异性引物进行一定循环数(通常 20～30 次)的 PCR 扩增后,再利用第一轮扩增的 PCR 产物作为模板、加入另一对特异性引物进行第二轮扩增,然后对第二轮 PCR 产物进行琼脂糖凝胶电泳分离,核酸染料染色,以及紫外成像,最终根据成像结果判断样品中是否含有目的 DNA 序列。本技术是在常规 PCR 基础上发展改良而来的,其主要优点在于,即使第一轮 PCR 扩增时产生了非特异性、但大小与目标产物相似的 PCR 产物,则在第二轮 PCR 时,第二对引物仍能够以错误 DNA 片段为模板并进行配对扩增的概率极低,因此可显著增强 PCR 检测的特异性。

③多重 PCR(multiplex PCR)检测技术:其原理是通过设计多个目标基因的特异性引物,且确保各引物之间没有任何交叉反应,进而将设计的多对引物(2 对及以上)在同一 PCR 反应体系中进行扩增。通过优化引物和 PCR 的反应条件,从而实现在同一 PCR 反应管中同时扩增和检测多个目标基因靶序列的技术。该技术的主要优点是操作方便、检测效率高、经济便捷等,而且还可用以检测深加工食品中可能含有的转基因成分,实用性强。

9.3.1.2 Southern 杂交及拷贝数检测

1975 年,英国爱丁堡大学的 Southern 创建了 Southern 杂交法(Southern blot),其基本原理是碱基的互补配对原则,即在一定条件下,具有同源性的两条单链 DNA 可按照 A-T、G-C 碱基互补配对原则进行特异性杂交,最终形成双链。其主要操作过程包括样本基因组 DNA 的酶切、琼脂糖凝胶电泳分离、DNA 变性处理、原位将单链 DNA 转至尼龙膜等固相支持物上,固定后(干烤或紫外线照射)与标记的单链 DNA 探针进行杂交,最后进行显影检测的一种技术。

Southern 杂交的工作原理同样是利用 DNA 经高温处理变性为单链,低温下与具有同源性的 DNA 单链复性。因此,将经生物素或同位素等标记的 DNA 探针与待检测 DNA 进行杂交实验,根据显影结果中杂交条带的有无和多少判断植物基因组中外源基因的整合情况(如是否为转基因、外源基因的拷贝数、可能整合位置等),还可以对外源基因在转基因植株后代中的稳定性进行分析。

Southern 杂交分析具有灵敏度高、特异性强等优点,目前已成为证明外源基因成功整合于植物基因组中最可靠的方法之一。例如,在水稻、小麦、玉米、大豆、桃、大蒜和青蒿等植物中均有利用 Southern 杂交实验确认外源目标基因在植物基因组中整合情况的相关报道。相比于基于 PCR 的系列检测技术,Southern 杂交过程中没有经历 DNA 序列扩增过程,因此减少了很多因非特异性扩增而导致的假阳性。例如,在实验操作过程中不同样品间的交叉污染,甚至有时愈伤组织胞间转化质粒残留都有可能引起 PCR 检测中的假阳性,而 Southern 杂交则不易因此类问题而导致假阳性,总体可靠性强。但 Southern 杂交法也有其不足之处,如实验周期较长、通量相对较低、成本更高、操作步骤复杂、对实验人员本身的技术水平要求更高等,这些缺点导致其使用受到了一定的限制。此外,研究人员还发展了一种耦合 PCR 和 Southern 杂交的方法,即 PCR-Southern 杂交。该方法首先通过常规 PCR 技术扩增目标基因片段,PCR 产物经琼脂糖凝胶电泳分离后,用于后续转膜及与探针杂交等操作,后续操作步骤类似于 Southern 杂交。该方法不需要 Southern 杂交所需的待检测样本的大量基因组 DNA 及后续的酶切步骤，还兼有 PCR 法的灵敏性和 Southern 杂交法的可靠性，故目前在转基因植物检测中的应用越来越广泛。

9.3.1.3 高通量测序

尽管上述 PCR 和 Southern 杂交等技术可用于判断外源基因是否整合入受体植物基因组，甚至可能的拷贝数和整合位点，但在其他一些更复杂的转基因事件中却无法获得更多更精准的分子特征信息，例如同一位点串联插入了多个拷贝，或者多个外源基因整合到同一位点，以及通过基因编辑等创建的新型转基因作物等。此外，PCR 等转基因检测法需已知外源基因的具体序列，否则无法设计引物或探针等用于检测。但是，对于仅了解部分甚至完全不清楚外源目标基因序列的转基因材料，要确定其是否属于转基因及其具体分子特征的检测和监管仍存在巨大挑战。

而随着测序技术的快速进步和大数据时代的到来，高通量测序已经成为精准解析转基因植物分子特征的一项关键技术。该技术具有通量高、灵敏性强、可操作性好，重复性强等系列优点。Kovalic 等将转基因大豆株系进行全基因组测序，并结合接合区的序列分析，进而获得转基因材料的分子特征信息，该分析结果与 Southern 杂交结果一致，证明全基因组测序技术可靠性强。Wahler 等利用高通量测序解析了转基因水稻外源基因插入位点的侧翼序列，进而确认了外源基因在染色体上具体的插入位点。随着高通量测序技术的不断发展，包括美国、阿根廷、加拿大、澳大利亚和欧盟等在内的越来越多的国家和地区认可利用高通量基因组测序的方法来分析转基因生物的分子特征，以获得更为系统准确的数据，用于更为可靠的评估转基因生物的安全性。

DNA 测序技术最早创建于 1975 年，即由科学家 Sanger 和 Coulson 发明的链终止法测序法，又称为 Sanger 测序法。其基本原理是在 DNA 合成过程中，掺入的双脱氧核苷三磷酸(ddNTP)不能与后续加入的脱氧核苷三磷酸(dNTP)间形成新的磷酸二酯键，进而中断 DNA 链的延伸，故称为链终止法。该测序方法具有读长较长、准确度高等优点，但也存在测序成本高、测序通量低等缺点。1977 年，Maxam 和 Gilbert 发明了化学降解测序法。Sanger 法和化学降解法都属于第一代测序技术。同年，研究人员首次利用 Sanger 测序法成功测定了噬菌体 ΦX174 的全基因组序列。自此，人类开启了利用基因组学大数据全面深入探究生命遗传差异本质的序幕，正式步入基因组学时代。2005 年，454 Life Sciences 公司基于此前由 Ronaghi 等创建的焦磷酸测序技术，结合光纤芯片技术和乳液 PCR，发展成可大规模测序的 GS-20 测序系统。该系统的建立标志着高通量测序的开始，成为测序技术跨入第二代的里程碑事件。该技术不需要电泳，也不需要荧光标记引物或核酸探针，且具有准确快速、高灵敏度、高自动化等诸多优点。2006 年，Illumina 公司基于克隆单分子阵列技术推出了 Solexa 合成测序。2007 年，ABI 公司基于连接酶法推出了 Solid 测序技术。上述三种高通量测序技术均属于第二代测序技术，具有高通量、低成本、准确性高等特点。而第三代测序技术主要指单分子测序技术，即测序过程中不需要 PCR 扩增，实现了对单条 DNA 分子的单独测序。主要分为两大类，即单分子荧光测序和纳米孔测序。单分子荧光测序有 Pacific Bioscience 公司的 SMRT 测序技术和 Helicos 公司的 SMS 测序技术，主要利用荧光标记脱氧核苷酸，而该荧光标记不会影响 DNA 聚合酶活性，且在与 DNA 链形成化学键后，荧光基团即被切除，从而实现了荧光强度的实时记录与监测。随后，Oxford Nanopore 公司推出一种新型的纳米孔单分子测序技术，即借助电泳驱动单个 DNA 分子逐一通过纳米孔，从而实现单分子测序。其原理是基于纳米孔直径仅允许单个核苷酸聚合物通过，而组成 DNA 的 4 种碱基分子结构及体积大小均不相同，则单链 DNA 在核酸外切酶作用下被迅速逐一切割成脱氧核糖核苷酸分子，当单个碱基在电场驱使下通过纳米级的小孔时，不同碱基的化学性质差异导致穿越纳米孔时引起电流的变化幅度不同，从而得到所测 DNA 的序列信息。这些第三代测序技术因测序过程中不涉及 PCR 扩增，因此不存在因 PCR 偏向性而引起的系统错误，而且读长可达 2 kb 以上，较第二代测序显著提高。

9.3.2 外源基因表达的分子检测

9.3.2.1 Northern 杂交

1975 年，斯坦福大学 George Stark 教授创建了 Northern 杂交法(Northern blot)，用于研究目标基因转录水平的表达情况。其基本原理类似 Southern 杂交，首先进行植物样本总 RNA 的提取、探针制备等，然后将样本总 RNA 在变性条件下进行琼脂糖凝胶电泳，再相继开展转膜、杂交与显影检测等分析。Northern 杂交法非常重要，是确定目标基因 mRNA 产物大小、不同转录本数目及定量分析在不同组织中表达水平的标准方法。Northern 杂交分析结果是清晰展示待检测 RNA 的完整性、可变剪接情况及 mRNA 大小等信息的最直观方法。此外，通过将不同样品或同一样品不同组织中的 RNA 在同一块胶上进行电泳，继而在同一张膜上、一致的实验条件下进行后续杂交、显影等分析，可客观定量比较同一基因在不同样品、不同组织中的表达丰度。

与 Southern 杂交相比，Northern 杂交从 mRNA 层面检测外源目标基因的表达情况，其结果与转基因材料的目的性状更密切相关，更具有参考和指导意义。因此，目前在包括水稻、烟草、马铃薯、杨树、月季等转基因植物检测中广泛采用 Northern 杂交来检测目的基因表达情况。但 Northern 杂交除了存在和 Southern 杂交一样的如操作步骤烦琐、对技术人员要求高等缺点之外，因为 Northern 杂交分析的样本是总 RNA，RNA 稳定性显著差于 DNA，且对 RNase 非常敏感，而环境中的 RNase 又无处不在，所以操作过程中稍有不慎均会导致样本 RNA 的降解，最后严重影响实验结果。此外，Northern 杂交实验中会涉及有毒性试剂的大量使用，加上灵敏性有一定的局限，不容易检测出细胞中低丰度 mRNA。因此，实际工作中会综合考虑，一般采用其他替代技术用于在转录水平检测外源基因的表达情况。

9.3.2.2 RT-PCR 检测

1992 年，Larrick 等采用了反转录 PCR(reverse transcription PCR，RT-PCR)来检测外源目的基因在植物细胞中的表达。该方法的基本原理是以转基因植物总 RNA 为模板进行反转录，然后进行 PCR 扩增，再根据结果中目标扩增带的有无确定外源目标基因的表达情况。

随着技术的进步，目前在实践中应用更多的是在 RT-PCR 基础上发展而来的实时荧光定量 PCR 技术(real-time quantitative PCR，RT-qPCR)。RT-qPCR 是通过在传统 PCR 体系中添加可与 DNA 双链非特异性结合的荧光染料或经荧光标记的特异性探针，PCR 扩增时体系中荧光强度与双链 DNA 的数量呈正相关，因此可利用仪器对反应体系中荧光信号变化进行全过程的实时监测。具体而言,检测样本 DNA/cDNA 模板初始拷贝数的对数与扩增产物荧光信号达到阈值所需的循环数(*Ct* 值)存在直接的线性关系。与传统 PCR 相比,RT-qPCR 可直观、准确、高效地分析模板 DNA 的浓度甚至拷贝数,因此应用广泛。例如近期在预防、监测新冠疫情过程中,对采集的核酸样本就是采用 RT-qPCR 的方法进行检测,发挥了巨大作用。

RT-qPCR 一般包括染料法和探针法两种。染料法的基本原理是利用 SYBR Green 荧光染料可与双链 DNA 非特异性结合,结合后可根据发出的荧光信号强度判断扩增生成的双链 DNA 量,进而估算原始模板 DNA 的量。探针法最常用的是 TaqMan 探针,是一种荧光双标记水解探针,扩增生成的目标 DNA 产物与荧光信号累积同步,从而可直接明确目标序列的拷贝数。总体而言,染料法操作简便、性价比高、适用范围广,但由于荧光染料同样可与扩增过程中可能产生的非特异性双链 DNA 结合,从而影响结果的准确性;而探针法特异性强,但探针设计过程复杂,且合成探针价格很高,总体成本远高于染料法。但两种 RT-qPCR 方法在检测转基因的灵敏度方面均较高。例如在染料法应用方面,Ma 等对抗除草剂转基因大豆的外源基因检测极限可低至 0.01%。Zhen 等以大豆卵磷脂、巧克力饮料、婴儿米粉等转基因加工产品为研究对象,对其中 *RBCL*、*BAR* 等目标基因的检测灵敏度可达 0.1%。而 Xia 等对混合油中的精制转基因大豆油检测比例可达 5%。在探针法应用方面,Song 等以在中国成都收集的 101 份豆腐为研究对象,检测其中所含的 *CP4-EPSPS* 基因,结果可检测到每微升 DNA 中低至 5 个拷贝的目标基因。Park 等收集了 17 种转基因大豆以及 23 种深加工大豆食品,包括大豆粉、豆奶、果仁等,转基因检测灵敏度可低至 0.01%～0.05%。

9.3.2.3 数字 PCR 检测

数字 PCR(digital PCR,dPCR)是近年来新发展的一种核酸绝对定量技术。其基本原理是将包含样本 DNA 的反应液分散至成千上万的微阵列孔反应单元中,并在每个反应单元中进行独立 PCR 扩增。扩增反应完成后,每个含有模板的微滴均会发出荧光信号,再根据泊松分布公式、阳性微滴比例和各反应单元中收集的荧光信号,进而计算出目的基因起始拷贝数,实现绝对定量。目前,市场上使用的主流数字 PCR 平台主要包括微滴式数字 PCR (ddPCR)和基于芯片技术的数字 PCR(cdPCR)两大类。上述数字 PCR 技术已成功运用于转基因相关样品的检测工作中。例如,Demeke 等采用双重 ddPCR 检测转基因大豆等材料,其对转基因大豆阳性检测限可达到 0.001%,而利用 RT-qPCR 对同样的转基因大豆样品的检测限为 0.01%,表明 ddPCR 灵敏度更高。

总体而言,dPCR 存在以下优点:①无须依赖标准曲线和 *Ct* 值,即可实现对待测样品的绝对定量;②定量结果灵敏度高、特异性强,且不受 PCR 扩增效率影响;③对样本 DNA 质量要求不高,因此具有更广泛的适用性,如对于部分蛋白质、油脂含量高的转基因样品也同样适用;④因各 PCR 在成千上万个独立的单元中进行,因此对抑制剂等具有更好的耐受性。当然,dPCR 技术由于仍处于发展的初级阶段,其同样存在一定的缺点,如因操作规范性不强,稳定性不如 RT-qPCR;总体成本很高,仍需进一步优化。

9.3.2.4 Western 杂交

Western 杂交(Western blot)是一种基于特异性抗原-抗体反应来检测目标蛋白质表达

情况的一种重要方法。其基本原理是首先通过聚丙烯酰胺凝胶电泳(PAGE)对样品中提取的蛋白质按分子量大小进行分离,再将蛋白质从胶中转移至固相杂交膜上(如PVDF膜等),然后将膜置于封闭液(高浓度蛋白质溶液)中进行孵育,以封闭膜上的非特异性位点,再加入可特异性识别目标蛋白质的一抗,待目标蛋白质与一抗充分结合后,加入能够与一抗特异性结合且经酶或放射性标记的二抗,再利用二抗标记物进行自显影或显色反应,最终根据显色条带的位置和深浅评估目标蛋白质的表达情况。

由于蛋白质是绝大部分基因的最终表达产物,也是生物体内实现基因生物学功能的最终执行者,而Western杂交则是在蛋白质水平检测目的基因表达结果的重要手段,能够直接反映目的基因整合至受体植株基因组后是否成功表达,以及后续对植株可能带来的影响,直接体现了转基因的成败,意义巨大。目前,Western杂交已被广泛应用于转基因检测等应用领域,以及分子生物学、生物化学等生命科学基础研究领域。例如该方法在水稻、玉米、拟南芥、烟草、杨树、青蒿等各种转基因植物的鉴定及功能研究中被广泛采用。然后,由于Western杂交操作烦琐,对技术人员要求很高,且特异性一抗的制备周期长、费用高、成功率低,因此该方法主要适用于科学研究,不适宜用于大规模的转基因样品检测。

9.3.2.5 ELISA检测

ELISA(enzyme linked immunosorbent assay),即酶联免疫吸附测定,其基本原理为抗原抗体的特异性结合。首先将抗原或抗体结合至固相载体表面(如微孔板),加上样品,未被结合的样品成分被洗掉;其次加上与酶相连接的抗体来检测抗原,并将未结合的抗体和酶再次洗掉;最后保留在固相载体上的酶作用于底物,底物被酶催化后产生显色反应,且产生的有色物质量与样本中受检目标物质量呈正相关。因此,可根据产物颜色的有无和深浅来对受检物质进行定性或定量分析。

常用的ELISA包括直接法、间接法、双抗夹心法、竞争法和竞争抑制法。目前使用最为普遍的还是双抗夹心法,该方法具有最高的灵敏度,特异性也很强。一般而言,ELISA是一种定性检测的方法,但如果已有转基因成分的标准品,并根据其浓度与吸光值之间的对应关系制作标准曲线,则可依据标准曲线来确定测定样品中转基因成分的含量,进而达到半定量测定的目的。ELISA已应用于检测水稻、大豆、烟草、辣椒等多种转基因植物。ELISA用于转基因材料中外源蛋白检测具有一系列优点,如灵敏度高、简单便捷、特异性强、成本低、适用范围广等。但该方法也存在一定的问题,如容易出现本底过高的现象、标准化程度低等。

9.3.3 转基因植物的安全性评价

9.3.3.1 有关转基因植物的安全性争议

自1983年第一例转基因烟草植株问世,1986年首批转基因作物被批准进行小规模田间试验,1996年首例转基因作物(番茄)商品化种植以来,转基因生物技术以及转基因植物产品的研究和应用得到了快速的发展。1996年、2003年、2011年和2019年转基因作物在全球的累计种植面积分别为0.017亿、0.677亿、1.3亿和1.90亿 hm^2,即2019年面积是1996年的112倍。目前,发展中国家转基因作物种植面积已超过发达国家。种植的转基因作物共有14种,大豆、玉米、油菜、棉花仍是全球应用最广的四大作物。2019年,全球范围内共有

43项关于转基因作物的批准，涉及40个品种，有9个新的转基因作物品种获得批准，涉及棉花、甘蔗、油菜、大豆和豇豆。

随着转基因植物种植规模的不断增加，有关转基因植物安全性的问题越来越受到广大民众的关注和争论，且逐渐成为社会的热门话题。根据大众对于转基因植物安全的关切，主要集中在两个方面，即作为食品的食用安全性和对环境潜在的生态风险。

(1)转基因植物的食用安全性　在食用安全方面，人们的担忧主要包括：①转基因食品是否对人体具有毒性。例如，转基因抗虫棉能够表达苏云芽孢杆菌Bt杀虫蛋白，对多种害虫具有毒杀作用，被人误食后是否对人体有害；②转基因食品是否较传统食品更容易导致人体过敏；③转基因食品中的抗生素抗性基因是否存在安全隐患；④转基因食品是否存在其他不可预知的潜在风险；等等。该技术可将来源于任何种类的植物、动物、微生物的遗传物质引入植物中，其打破了生物种属间的自然有性繁殖，故而引起人们对其食用安全性的疑虑。实际上，存在这些疑虑的主要原因是人们对转基因技术和相关科学背景知识缺乏足够的认识和了解，更多程度上是高度聚焦的社会热点，而非科学争议。如有关Bt蛋白毒性问题，该蛋白随着昆虫摄食进入消化道，释放出无活性的毒素前体；而在昆虫肠胃的碱性条件下，Bt蛋白昆虫胃蛋白酶水解后特异性转变为活性肽段，进而与敏感性昆虫肠道上皮细胞表面的特异性受体相互作用，引起细胞膜穿孔，扰乱细胞渗透平衡，最终导致肠道穿孔、昆虫无法进食而饿死。Bt蛋白对我们人类不存在毒性风险的原因在于该蛋白热稳定性差，加热后极易失活；且我们人类的胃环境呈酸性，可将Bt蛋白降解为氨基酸，而Bt蛋白前体需要碱性条件才可加工转变为毒性蛋白；更重要的是，人类肠道不存在Bt蛋白受体，因此即使有完整且有活性的Bt蛋白到达肠道，也能被识别。目前，大规模种植转基因抗虫棉已近30年，未发现任何有关人畜因接触或误食Bt蛋白而中毒的报道。事实上，Bt蛋白还作为生物农药在有机农业领域获得广泛应用。因此，实践证明Bt蛋白不会对人类的健康和食品安全造成威胁。

在变应原风险方面，通过转基因在原受体植物中的确会产生新的蛋白，因此不排除存在成为新变应原的潜在风险。例如，此前有报道指出将巴西坚果(*Bertholletia excelsa*)富含硫的2S白蛋白基因转入大豆中后，转2S白蛋白基因大豆会导致过敏现象，其变应原是巴西坚果的2S白蛋白。虽然转基因大豆中含硫氨基酸增加，但因有人对它过敏而未获批准进入商品化生产。实际上，过敏是人类食品中普遍存在的一个问题，并非只会在转基因食品中出现，如天然食品黄花菜、老豆角和木薯中也存在有毒成分，均必须经过严格的加工和去除有毒物质后才能食用。此外有毒的食用菌也不在少数，少量人群对海产品敏感，甚至有人对番茄和坚果敏感。因此，不管是转基因食品，还是天然食品，其过敏问题均应受到足够的关注与重视。特别是在转基因过程中，选择理想的受体植物和无过敏风险的目标蛋白对避免转基因食品可能的过敏问题至关重要。

在转基因植物创建过程中，需要利用转化载体中包含的抗生素抗性基因对愈伤组织或小苗进行抗性筛选，进而获得转化成功的转化子。常用的抗生素抗性基因包括*NPT Ⅱ*(编码新霉素磷酸转移酶Ⅱ，提供卡那霉素、新霉素抗性)、*BLA*(编码β-内酰胺酶，提供氨苄青霉素抗性)、*APH-Ⅰ*(编码潮霉素磷酸转移酶，提供潮霉素抗性)等。对这些抗生素抗性基因的担忧主要在于其表达产物对人体是否具有毒性或过敏性，以及该基因是否会转移到人体或环境中的有害微生物体内，进而产生对抗生素具有耐受性的微生物，影响抗生素在医疗过程中的治疗效果等。实际上，截至目前，还未有研究证明抗生素抗性基因所编码的蛋白产物对人体具有毒害影响。此外，目前已开展了大量实验证实抗生素基因很难从转基因植物转移到土壤微生物中。另外，也有研究指出转基因植物中的抗生素抗性基因基本不可能转移、扩散到肠道微生物中，其最大障碍在于 DNA 易被人体唾液腺、胰腺和肠道中产生的 DNA 酶降解。更重要的是，在创建转基因植物过程中涉及的卡那霉素、潮霉素等因其较强的副作用，在临床上已被其他更有效安全的抗生素所取代，因此不存在抗生素医疗安全性的问题。

值得一提的是，随着一些新的转基因策略和方法的应用，转基因植物中抗生素抗性基因潜在风险问题正得到更为彻底的解决。如共转化系统的建立，即研究的目标基因与抗生素抗性基因分别位于两个独立的载体中，在成功获得转基因植物之后，再将含有抗生素抗性基因的 T-DNA 区从植物基因组中分离出去，从而获得不含抗生素抗性基因的转基因材料。此外，CRISPR/Cas 基因编辑技术在植物学中的广泛应用也可非常完美地解决抗生素抗性基因的问题。在成功获得基因编辑转基因材料之后，可通过自交分离包含 *Cas9* 基因和抗生素抗性基因在内的 T-DNA 区，从而获得无任何转基因痕迹的突变体植物材料，从而可彻底消除因抗生素抗性基因的存在而带来的潜在风险。

(2)转基因植物的环境生物安全性　随着商品化转基因作物的种植规模越来越大，在生长过程中转基因植物在一定程度上有可能与周围环境发生交流，从而对生态环境造成潜在风险。例如转基因植株通过花粉、种子等介导的基因漂移是否有可能逃逸到非转基因作物、野生近缘物种，甚至杂草中。此外，抗虫或抗病的转基因事件是否对环境中的非靶标生物、生物多样性以及土壤生态系统存在影响等。为了评估和排除转基因事件对环境带来的这些潜在风险，在进行商业化种植前，所有转基因作物均需通过全面深入的环境安全性评价。

在评估转基因作物对环境影响的相关研究中，其对生物多样性的影响一直是研究重点。截至目前，绝大部分研究显示转基因作物对非靶标生物没有或仅有极小的影响。此外，靶标生物本身的抗性问题也受到人们越来越多的重视，例如转基因抗虫玉米在美洲和非洲推广数年后，田间均检测到了具抗性的害虫种群，且抗性水平一定程度上表现出增强的趋势。近年来，研究人员围绕转基因作物可能存在的基因漂移问题开展了大量研究，目前还未有目标外源基因渗入非转基因作物或野生近缘种的相关报道。

尽管自第一例实验室转基因植物出现之后，关于转基因植物商品化的话题一直备受争议。但转基因植物大规模商业化种植至今，未有对人类或动物健康带来负面影响的科学报道。实际上，转基因并非实验室的专有产物，自然界生物之间发生基因水平转移(自然转基因)十分常见。例如植物细胞内的两种最重要质体——线粒体和叶绿体，据分析很可能来源于共生的微生物。研究报道蚜虫从真菌中获得类胡萝卜素合成基因，进而导致红色或绿色着色。烟草和柳穿鱼两种植物的基因组中都鉴定到农杆菌基因，表明这两种植物很可能是天然的转基因植物。Kreuze 等通过对栽培红薯进行大规模高通量测序，结果显示其基因组中有大量类似于农杆菌 T-DNA 的 DNA 片段，暗示栽培红薯很可能也是天然转基因植物。此后，Kyndt 等和 Yang 等分别对大量栽培红薯进行基因检测和全基因组测序，结果证实所有栽培红薯中均含农杆菌 T-DNA 序列，进一步证实了栽培红薯是天然转基因植物。而有趣的是，他们的研究结果还显示红薯近缘物种中却未能检测出农杆菌 T-DNA 序列，说明自然界中发生基因漂移的概率非常之小。推测天然转基因植物的产生可能是自然条件下植物受到农杆菌感染后，农杆菌 T-DNA 整合进植物基因组，并经无数代驯化而成。而现代转基因技术也正是利用了农杆菌的这一特点，即可感染宿主植物、转入自身 T-DNA 并进一步将其整合进宿主植物基因组，从而使宿主植物能够获得新基因，甚至新的性状。因此，无论是利用现代生物技术还是自然条件下产生的转基因植物均含有农杆菌 T-DNA，两者的不同点在于人工转基因植物所转入的外源基因来源、序列、功能都非常清楚，用于改良受体植物特定性状的目的也很明确。而通过转基因和传统杂交育种创建的植物新品种相同之处在于都含有外源基因，但不同之处在于转基因植物同时还含有农杆菌 T-DNA。然而，天然转基因红薯也含有农杆菌 T-DNA，且人类此前已食用数千年。因此，现代转基因育种与传统杂交育种相比较，只是过程不同而已。此外，天然栽培红薯均是转基因植物的这一新发现，对评估转基因产品的安全性具有重要的参考意义。

9.3.3.2 转基因植物安全性研究和管理

转基因技术可以显著提高作物的育种效率，缩短育种周期，减少对非靶标性状的负面效应等，对保证人类的粮食安全以及提高人们的生活品质尤为重要。在转基因产品的安全性方面，转基因育种只改变了植物极个别的基因和少数性状，一般是提高植物产量、品质和环境适应性，以更好地为人类生产生活服务，在植物组成等方面与转基因植物并无显著差异。尽管如此，鉴于对健康和安全的谨慎态度，以及转基因植物在理论上可能存在的潜在毒性、过敏性、生态风险等，各国政府颁布了一系列的监管法规，规范针对转基因植物开展的实验室研究和大田种植，以及转基因相关加工产品的流通、销售等。除此之外，还完善了一系列针对转基因材料的食用安全和环境安全的评价体系。

(1)食用安全性评估　为确保消费者的健康安全，并有效促进转基因产业的健康稳定发展，开展转基因植物食用安全性评估非常必要，这也是消除人们对转基因食品安全性疑虑最有效方法。多个国际权威机构，包括世界卫生组织(WHO)、联合国粮食及农业组织(FAO)、国际生命科学学会(ILSI)、国际食品法典委员会(CAC)、世界经济合作与发展组织(OECD)等，多次召集专家商讨，并出台了系列相关条例用于指导转基因植物的食用安全性评估，已形成一整套较为系统、科学的转基因产品食用安全性评估体系。其中，OECD 于 1993 年提出的“实质等同”概念得到了 WHO、FAO、CAC 的一致认可。目前，用于评估转基因食品食用安全的一个最重要原则即为实质等同原则。具体而言，转基因食品食用安全性评估主要包括关键成分分析、营养学评估、毒理学评估与致敏性评估等主要内容。

①关键成分分析：是基于“实质等同”原则的基本评估方法，是转基因植物食用安全性评估的起点与重要内容，即分析转基因植物与对应非转基因对照的表型以及营养成分的差异，得出两者是否实质等同，如是的话则可进行等号代替，即不会对人类的健康、安全产生危害，是一种安全食品。该分析的关键点是合理选择转基因植物的对照材料，即在相同生长条件下、接受同等管理的非转基因受体植物，同时也要充分保证足够的生物学重复，如果选择同一地点，则需要 3 个以上不同季节的样品；如果选择同一个季节，则需要 3 个以上不同种植点的样品。

②营养学评估：是转基因植物食用安全性评估的一个重要方法，主要基于对样品的营养成分分析，该评估应遵从个案分析原则，即把转基因植物制作成饲料，并以全食品的方式饲

喂动物，再与非转基因材料饲喂的对照组动物进行对比，一方面观察转基因植物制备的饲料对动物饮食规律及健康状态的影响，另一方面全面测定实验动物血液学、脏器质量等指标，用于系统评价转基因材料与普通对照在营养学方面的差异，进而评估测定的转基因产品是否适合提供给人类食用。

③毒理学评估：是转基因植物食用安全性评估的重要内容，主要包括两方面的毒理学评估，即一是外源基因表达产物，二是全食品。评估外源表达新蛋白应系统分析分子与生化特性等信息，包括其与已报道的毒性蛋白或抗营养因子有无同源性。此外，开展热稳定性实验，以及模拟消化实验等可帮助了解外源表达蛋白的耐热性、抗消化能力等。如果新蛋白此前没有安全食用历史或相关安全性资料不足时，需开展急性毒性实验和为期 28 d 的重复剂量暴露实验；而对非蛋白质类的表达产物，则需提供与其相关的理化特性和生物学功能数据。对外源表达新蛋白的评估属于对预期效应的评价，而在创建转基因植物过程中，有可能会伴随其他的非预期效应。因此，还需对全食品开展毒理学评价，即对可能的非预期效应进行评估，进一步保证转基因植物的安全性。全食品毒理学评估主要内容为 90 d 的动物饲喂实验，用于作为评估转基因产品对人类健康长期影响的参考。FAO/WHO 也推荐将 90 d 动物饲喂实验用于评估转基因植物的食用安全性。

④致敏性评估：食物引起的致敏性普遍存在，并非转基因食品所独有。大多数食物的致敏源是蛋白质，因此不需要致敏性评价；而考虑到转基因技术可跨越自然界物种之间的遗传隔离屏障，为防止其引起过敏基因在不同物种间的转移，因此需评估转基因植物中新表达的外源蛋白致敏性。目前，世界各国普遍采用的是变应原评价决定树法，该方法之后于 2003 年被 CAC 采纳。致敏性评估的主要内容包括外源基因供体是否具过敏性，新表达蛋白与已知蛋白的同源性，新表达蛋白的热稳定性和消化特性，以及动物模型实验等。

(2)环境安全性评估与监测　风险评估和风险管理是解决包括转基因植物在内的所有新技术、新产品安全性的相辅相成、缺一不可的手段。尽管转基因植物在商业化生产应用前均按相关法规要求开展了食用和环境等安全性评价，但是在后续商业化生产和应用过程中仍有必要开展系统和长期的环境监测等环境安全管理措施，从而有效掌握转基因植物大规模生产应用后对环境的实际影响，并根据监测数据客观判断，及时发现可能产生的不利影响，以便后续及时采取针对性的安全管理措施，确保转基因产业持续、安全、健康的发展。

目前，《卡塔赫纳生物安全议定书》是转基因生物安全领域的国际法，其第 15 条(风险评估)和第 16 条(风险管理)的条款均含有通过环境监测来管理和控制转基因生物环境风险的规定，为缔约国制定本国转基因生物监测管理法规提供了依据。此外，世界上主要制定了 2 份针对转基因植物进行环境监测的技术文件，一个是联合国环境规划署(UNEP)组织各缔约国共同制定的“关于改性活生物体风险评估的指导意见”，另一个是欧洲食品安全局(EFSA)发布并实施的“商业化生产后转基因植物环境监测(PMEM)指南”。虽然 2 个文件间存在部分差异，但主体内容基本一致，包括监测目标、范围、目的、计划制定等。

①监测目标：第一，明确长时间大规模商业化应用转基因植物后对环境的实际影响；第二，监测转基因植物对环境是否产生了非预期影响；第三，确认各种风险管理措施是否有效。

②监测的类型：根据转基因植物可能引起环境风险的性质和特点，将其环境监测分为两种类型，即个案监测(CSM)和通用监测(GS)。个案监测指风险评估过程中，对于能够预知

和确认的风险,以及显著且重要但不确定的风险进行监测,例如基因漂移的可能性及其生态后果、环境入侵性以及对非靶标生物的影响等。通用监测指风险评估过程中监测那些未能预料到的环境影响,如转基因植物引起的间接环境影响,以及随着种植时间的延长和种植规模的扩大而出现的延迟或累积效应,进而对环境产生影响。

③监测计划:主要包括监测指标和参数的选择、监测方法/基准、监测频率、监测持续期、监测的区域等。上述方面是在开展转基因植物环境监测过程中首先需要明确的内容。然而,由于外源基因、植物种类和环境的不同会引起不同的环境风险,而且目前有关转基因植物的环境监测工作尚处于起始阶段。因此,现有指南仅能对上述内容的实施给出原则性的规定。

在转基因植物环境安全管理与监测方面,我国一方面借鉴欧美的普遍做法,另一方面结合我国具体国情,成功建立了包括 1 个国务院条例和 5 个部门规章在内的法律法规体系。根据《农业转基因生物安全管理条例》要求,农业转基因生物安全评价的标准和技术规范由国务院农业行政主管部门制定。2017 年,农业部(现农业农村部)组建了全国农业转基因生物安全管理标准化技术委员会,主要承担全国农业转基因生物安全管理领域标准的研究、拟定、审定、宣传贯彻、国际合作交流等相关技术性工作。截至 2021 年 1 月,农业农村部共发布农业转基因生物安全标准 230 项,其中包括 47 项环境安全检测标准。

9.3.3.3 转基因植物的发展前景

联合国《世界人口展望 2022》报告显示,2022 年 11 月中旬,世界总人口已突破 80 亿,80 亿人口的到来时间较之前预测提早了几年。而最新预测数据显示,2050 年世界人口将增长至 97 亿,21 世纪 80 年代将达到峰值 104 亿。在人口不断增长、可用耕地不断减少、极端天气频现的情况下,如何保证人类的粮食安全是我们最应关注的重要议题。

创新育种技术将有助于培育优质农作物新品种,提高农业生产效率,保障人类粮食安全。转基因技术作为可用于生物育种的先进技术,可对绝大多数作物开展有效且针对性强的改良,提高作物的产量和品质,进而极大地缓解当前人口众多、粮食缺乏的局面。但由于转基因技术可以跨越生物物种生殖隔离屏障,实现物种间遗传物质的有效交流,甚至可将人工合成的基因转化并整合进受体植物基因组,而这些情况在自然条件下发生的频率极低。因此,部分人群对于无法预测未知基因通过转基因技术转入新的植物遗传背景中会产生何种后果表示担心,特别对于其食用安全以及对生态环境的潜在影响更为关注。

尽管目前公众对转基因植物的安全性仍存有一定的疑虑,但实际上转基因植物及其产品的安全性很高,应用前景也十分光明。例如,逄金辉等分析发现,截至 2016 年 Web of Science 数据库中共搜索到 9 000 余篇有关转基因生物安全性的报道,其中超过 99%的研究均证明转基因技术是安全的,与非转基因的传统作物相比无显著差异;而几乎所有报道转基因食品不安全的研究,均是由研究设计和实验过程不够严谨所致,如采用了错误的研究方法,或者研究材料使用不当等。目前,已批准商业化的转基因作物及其产品都是安全的,且经历了非常严格的安全检测与检验,建立了十分严格的监管措施。此外,研究报道栽培红薯均为天然转基因植物,其基因组中含有农杆菌 T-DNA,意味着人类食用天然转基因植物已有数千年。基于以上信息,我们应该以更为客观、公正的态度对待转基因产品,即明确转基因产品的安全风险主要关注点在于表达的外源蛋白潜在的毒性及致敏性,而非转基因技术本身以及农杆菌转入植物的 T-DNA。此外，也正因为不同外源蛋白的潜在毒性和致敏性不一样，转基因植物才需要开展深入系统的安全性研究，并接受政府的严格监管。

同时，政府部门、学校、科研院所应更多地参与介绍、宣传转基因植物相关的科学理论，提高大众的认识水平和判断能力，正确引导舆论。让大众了解到我国政府对转基因植物研究、种植，以及产品生产和流通等所持的谨慎态度，并对其实施了全世界最严格的监管。我国现已成功建立了较为完善的法规、管理和包括安全评估在内的技术支撑体系。我国以产品为基础对转基因植物开展评估，即无论转化体是否一样，每个新作物品种均需重新评估与审批。因此，能够进入我国市场的转基因食品均经过严苛的安全性评价检测，是安全的。而系列事实也证明，转基因作物不但在农业、经济、社会和环境等方面都产生了良好的效益，而且提高了产量，改良了品质，增强了食品安全性，为保证我国乃至世界的粮食安全奠定了重要基础。

思考题

1. 植物遗传转化的主要方法包括哪些？
2. 根癌农杆菌介导的植物转基因机理和影响因素是什么？
3. 简述基因枪法介导的植物转基因机理和优缺点。
4. 转基因植物的检测方法主要包括哪些？
5. 转基因植物的安全性评价主要包括哪些内容？
6. 请简明阐述你对转基因安全性的认识和理解。

参考文献

[1]曹墨菊．植物生物技术概论．北京：中国农业大学出版社，2014.

[2]刘标，韩娟，薛堃．转基因植物环境监测进展．生态学报，2016，36(9)：2490-2496.

[3]逄金辉，马彩云，封勇丽，等．转基因作物生物安全：科学证据．中国生物工程杂志，2016，36(1)：122-138.

[4]张献龙．植物生物技术．2 版．北京：科学出版社，2012.

[5]Anjanappa R B, Gruissem W. Current progress and challenges in crop genetic transformation. J Plant Physiol.，2021，261：153411.

[6]Pingali P L. Green revolution：Impacts，limits，and the path ahead. Proc Natl Acad Sci USA，2012，109(31)：12302-12308.

[7]Ramkumar T R，Lenka S K，Arya S S，et al. A short history and perspectives on plant genetic transformation. Methods Mol Biol，2020，2124：39-68.

第10章 植物遗传标记与分子标记辅助选择育种

通过杂交育种、杂种优势利用、物理化学诱变、细胞工程和基因工程等方式，育种学家可以获得具有优良遗传特性的改良品种。遗传、变异和人工选择是植物品种改良过程中获得优良品系的关键。植物种群中，基因组或基因座确定位置上的DNA序列差异或等位基因变异称为遗传多态性(genetic polymorphism)。遗传标记常常被用来标记和追踪群体样品中的DNA变异和遗传多态性，为人工选择可利用的遗传变异材料提供依据。

遗传标记(genetic marker)是可稳定遗传的、易于识别的特殊遗传多态性形式，是等位基因形式决定的遗传特性。遗传标记具有可识别性和可遗传性两个基本特征。可识别性为能够通过肉眼直接观察到，或者借助显微镜、电泳等间接手段观察的性状，并且这种性状在亲本之间存在差异。可遗传性是指亲本间存在的多态性在后代中可以重演，即这种性状能够准确地传递给后代。可识别性是一般标记的共有特征，而只有能遗传的标记才称为遗传标记。

对群体材料的群体结构开展遗传标记分析是鉴定优良品系和关键农艺性状的重要手段。连锁遗传图谱的构建为基因定位与分子标记辅助选择育种奠定了坚实的基础。利用连锁遗传图谱可以对已知或未知基因进行定位，进而克隆该基因；同时，利用与性状紧密连锁的分子标记对一些重要农艺性状进行辅助选择育种，从而大大节省育种时间，提高育种效率。

本章将简要地回顾经典遗传标记，介绍最新的分子标记，并在遗传图谱的构建的基础上学习基因定位与分子标记辅助选择方法。

10.1 遗传标记的发展与分类

遗传标记具有区分不同个体基因型的能力，在遗传学相关研究领域中受到高度重视。经典遗传学时期的遗传标记主要以形态学标记、细胞学标记和生物化学标记为主。随后，分子标记得以广泛应用，推动遗传学的进一步发展。

10.1.1 形态学标记

形态学标记(morphological marker)，指以植物的形态性状、生理特性及生态地理分布等为特征的遗传标记，如株高、叶型、颜色、抗病性、抗虫性等均属于形态学标记。19世纪中期，奥地利学者孟德尔以豌豆为材料，详细研究了豌豆的种子形状、茎的高度、子叶颜色、种皮颜色、豆荚性状、豆荚颜色和花的位置这7个典型的、易于识别的外部形态性状(图10-1)，是最早的形态学遗传标记。

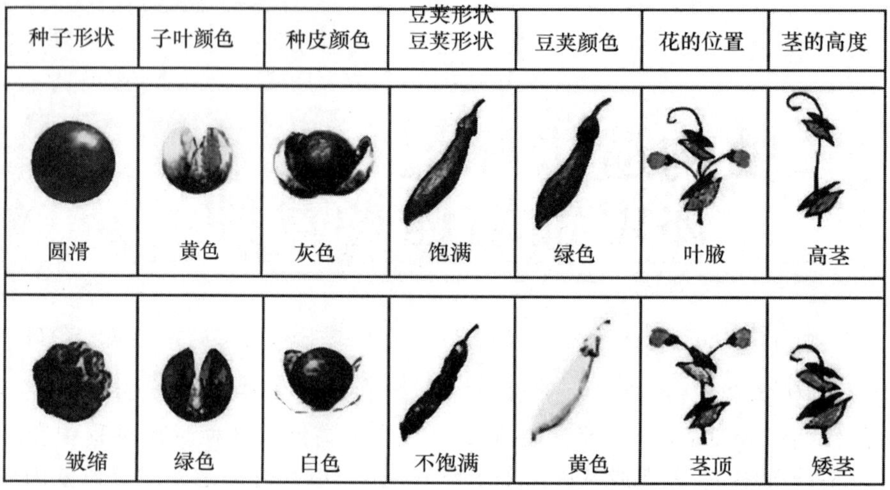

图 10-1　孟德尔进行杂交试验研究的 7 对相对性状

图 10-1　彩图

形态学标记具有简单直观，经济方便、容易观察记载等优点，适用于质量性状的遗传分析。然而，形态学标记数量少，难以建立饱和的遗传图谱；受环境、生育期等因素的影响大，对数量性状很难剔除这些影响因素，需要生物统计学知识进行更为严密的分析；且对表型影响较大，标记获取周期较长，因此在实际育种中应用有限。

10. 1. 2　细胞学标记

细胞学标记(cytological marker)是指以染色体数目、结构和形态为特征的遗传标记。摩尔根等将孟德尔所称的“遗传因子”与细胞核内的染色体相联系，提出了遗传的染色体学说，促进了细胞学标记的应用。细胞学标记主要包括染色体的核型和带型，如果蝇唾腺细胞多线染色体的带纹(图 10-2)。此外细胞学标记还包括染色体的结构变异(如缺失、易位、倒位、重复等)以及染色体的数目变异(如缺体、单体、三体等)。

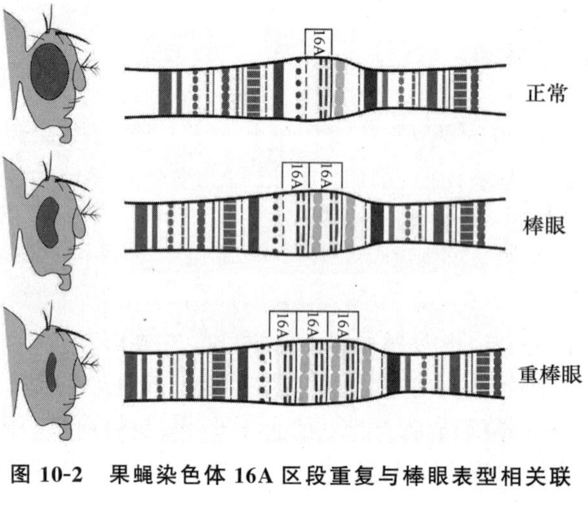

图 10-2　彩图

图 10-2　果蝇染色体 16A 区段重复与棒眼表型相关联

细胞学标记能够直观、快速地对一些重要基因的染色体或染色体区域进行定位，克服了形态学标记易受环境影响的缺点，但这类标记常常引起某些表型性状的较大变化，个体对这类标记的耐受度较低。由于某一物种的核型相对稳定，这类标记数量少，构建时需要耗费大量的人力和时间，限制了其在遗传育种中的应用。

10.1.3 生物化学标记

生物化学标记（biochemical marker）又称为蛋白质标记，是利用蛋白质的多态性作为遗传标记，主要包括贮藏蛋白和同工酶等标记。通过对红色面包霉生化突变型的研究，美国遗传学家 Beadle 和生物化学家 Tatum 在 1941 年提出了“一个基因一个酶”的假说，明确了 DNA 编码的产物为蛋白质，为生物化学标记的发展奠定了理论基础。这类遗传标记是通过蛋白质凝胶电泳的方式检测蛋白质和同工酶中的氨基酸变化（图 10-3）。

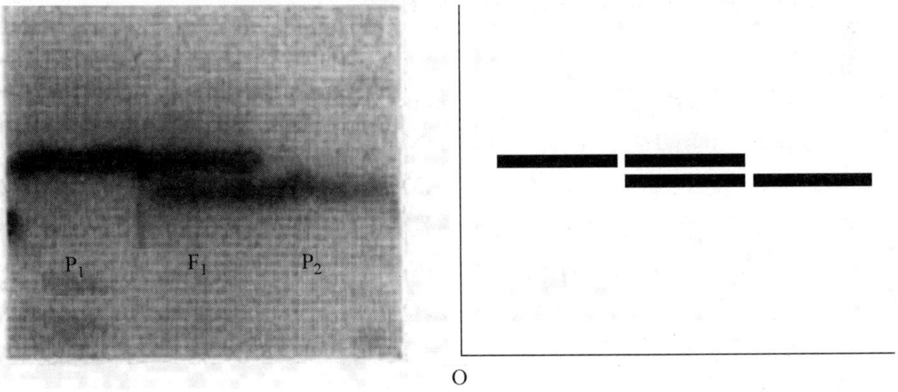

图 10-3　*sdh*-1 同工酶在亲本（P_1、P_2）和杂交种 F_1 中的带型

与形态学标记和细胞学标记相比，生物化学标记鉴定经济、方便、成本较低；而且，蛋白质作为一种直接的基因产物，在分离世代中能直接显示各单株的基因型。然而，生物化学标记只能反映基因编码区的信息，不能提供全基因组的遗传信息。此外，基因的表达具有时空特性，因此生物化学标记也受生长发育时期、组织部位以及环境等因素的影响，导致标记数量非常有限。

10.1.4 DNA 分子标记

在 DNA 双螺旋结构的解析和限制性内切酶发现的发展背景下，1974 年，Grodzicker 等首次提出 DNA 经限制性内切酶酶切所产生的限制性片段所具有的长度多态性可作为遗传标记，开创了直接应用遗传物质的多态性作为遗传标记的新阶段。DNA 分子标记（DNA molecular marker）是以染色体 DNA 上特定的核苷酸序列差异作为标记，是 DNA 水平上遗传多态性的直接反映。DNA 分子标记具有以下优点：①由于基因组的变异非常丰富，DNA 分子标记的数量几乎是无限的；②稳定性高，不受环境的影响，且在个体的不同组织器官和不同的发育时期表现一致；③自然存在的变异丰富，多态性程度较高，等位基因较多；④多数标记能同时鉴别纯合体和杂合体，表现为共显性，这对隐性农艺性状的选择十分便利;⑤DNA 的变异表型为中性,不影响目的性状的表达,对不良性状无连锁,对生物体本身通常无害。

10.2 DNA 分子标记的类型

DNA 分子标记按照 DNA 多态性检测方法的差异共分为 5 种类型:基于 DNA 杂交的分子标记、基于 PCR 技术的分子标记、基于限制性酶切和 PCR 技术相结合的分子标记、基于测序技术的分子标记及其他新型的分子标记。

10.2.1 基于 DNA 杂交的分子标记

基于 DNA 杂交的分子标记主要包括限制性片段长度多态性(RFLP)标记、可变数目串联重复序列(VNTR)标记、单链构象多态性(SSCP)等。

10.2.1.1 RFLP

限制性片段长度多态性(restriction fragment length polymorphism,RFLP)标记检测 DNA 在限制性核酸内切酶酶切后形成的特定 DNA 片段的差异。这种差异是由限制性酶切位点上碱基的点突变、插入、缺失和重排导致的 DNA 序列上酶切位点的消失、位置改变或者新酶切位点的产生所引起的。当目标区域的酶切位点发生改变时,探针与酶切产物的杂交片段大小也发生相应改变。最后,经限制性内切酶处理后产生的 DNA 片段数目和大小会在不同个体间产生差异,进而产生多态性。某一限制性酶切位点上发生的突变将导致其无法被该限制性核酸内切酶识别和酶切,此时酶切产生的 DNA 片段大小将由该位点最邻近的限制性酶切位点决定(图 10-4)。

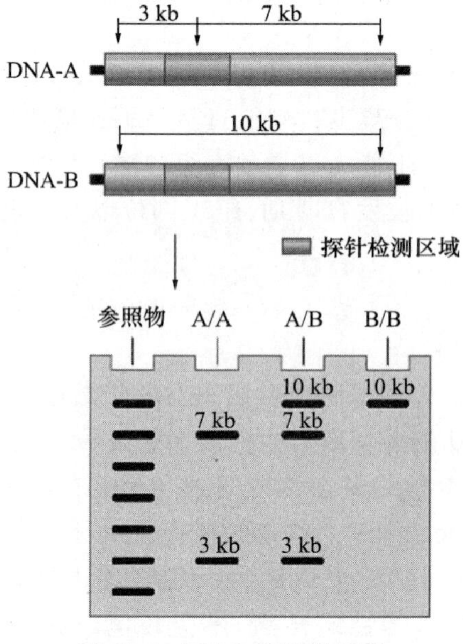

图 10-4 RFLP 标记的原理

10.2.1.2 VNTR

可变数目串联重复序列(variable number of tandem repeat,VNTR),也称为小卫星DNA(minisatellite DNA)。在非编码区,存在DNA序列重复排列几次或者几百次的现象,这些串联排列的DNA片段的重复次数存在差异,导致其整个重复序列在长度上产生了多态性。VNTR的基本原理与RFLP大致相同,在VNTR中,通常采用小卫星中的重复单元作为杂交的探针。

10.2.1.3 SSCP

单链构象多态性(single-strand conformation polyphorphism,SSCP)分析是一种基于单链DNA构象差别的DNA检测方法。单链DNA片段由其内部碱基配对等分子内相互作用力来维持其呈现复杂的空间折叠构象,不同DNA链上序列变化,甚至是单个碱基的变异都有可能会或多或少地改变DNA分子内相互作用,使构象发生改变,从而改变DNA链在非变性胶中的电泳迁移率,而这种电泳迁移率的差异又可以通过RFLP的方式显示出来。

10.2.2 基于PCR技术的分子标记

10.2.2.1 随机引物

随机扩增多态性DNA(randomly amplified polymorphic DNA,RAPD)标记利用一系列大约10 bp的不同单链随机引物混合物对所研究DNA进行PCR扩增。不同基因型个体的DNA序列存在差异,因而相同引物在不同基因型的模板DNA上可能有不同的结合位点,使PCR扩增出的DNA片段存在多态性。RAPD扩增产物的多态性是由引物结合位点或者结合位点间发生了重排、缺失或突变所导致。

10.2.2.2 特异性引物

(1)简单序列重复(simple sequence repeat,SSR)标记　SSR又称微卫星DNA(microsatellite DNA),长度一般较短,是一类由几个(多为1～6个)碱基组成的基序(motif)串联重复而成的DNA重复序列。SSR广泛分布于整个基因组的不同位置上,不同个体在每个SSR座位上的重复单位数目及序列都可能不完全相同,因而造成了SSR座位的多态性。在SSR座位两侧序列上设计一对特异性引物,将不同个体有差异的SSR序列扩增出来并进行聚丙烯酰胺凝胶电泳,对电泳条带大小加以比较,从而获得该SSR座位上不同个体的多态性(图10-5)。

(2)序列特定扩增区域(sequence characterized amplified region,SCAR)标记　SCAR通过对RAPD扩增出的目的片段进行克隆和测序,根据目的片段序列设计特异性引物并进行特异扩增,从而鉴定出与原RAPD片段所对应的单一位点。

(3)序列标签位点(sequence tagged site,STS)　STS长度一般为100～500 bp。该技术根据已知RFLP探针两端序列,设计特异性的引物,PCR扩增基因组中特定区域,分析其DNA多态性。

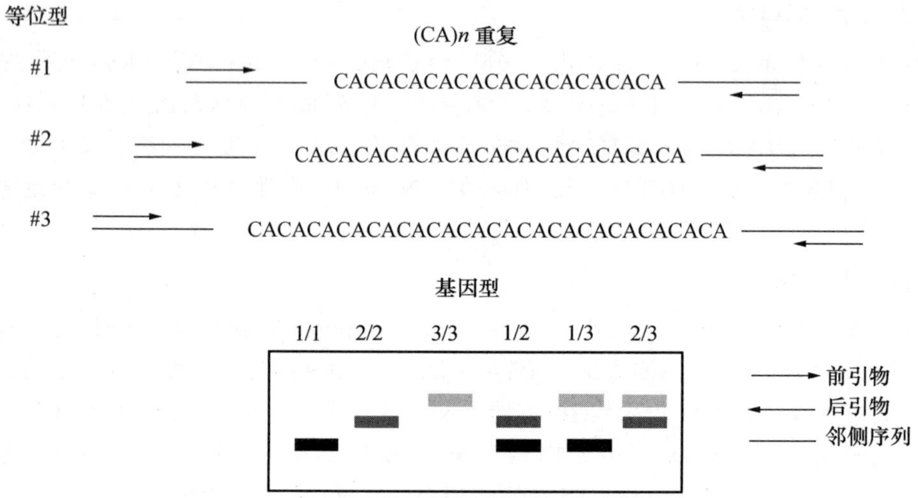

图 10-5 SSR 标记的原理

10.2.3 基于限制性酶切和 PCR 技术相结合的分子标记

10.2.3.1 扩增片段长度多态性

扩增片段长度多态性(amplified fragment length polymorphism,AFLP)技术将 RFLP 和 PCR 技术相结合,首先用限制性核酸内切酶将基因组 DNA 切成分子量大小不等的随机 DNA 片段,随后在片段两端加上特定序列的接头,利用接头互补的特异性引物对添加接头后的模板 DNA 片段进行 PCR 扩增,最后通过聚丙烯酰胺凝胶电泳分离检测所获得的扩增片段,以检测其多态性。

10.2.3.2 酶切扩增多态性序列

酶切扩增多态性序列(cleaved amplified polymorphic sequences,CAPS)技术首先通过基因数据库、基因组或 cDNA 克隆以及克隆的 RAPD 条带等 DNA 序列资源对已知位点设计一套长度为 19~27 bp 的特异性 PCR 引物,并用该特异性引物进行 PCR 扩增,随后选用一种专一性的限制性核酸内切酶对扩增所得的 DNA 进行酶切,最后通过聚丙烯酰胺凝胶电泳分离酶切片段,观察其多态性。

10.2.4 基于测序技术的分子标记

该类型分子标记检测的 DNA 多态性类型主要包括单核苷酸多态性(single nucleotide polymorphism,SNP)和插入/缺失多态性(insertion-deletion length polymorphism,InDel)。

SNP 是指在不同个体基因组 DNA 序列之间由于单碱基的转换、颠换或插入/缺失所引起的 DNA 序列多态性。InDel 多态性是根据基因组中插入/缺失所造成的 DNA 序列多态性。SNP 和 InDel 可能出现在基因的编码区、非编码区,或两个基因之间的区域。在不同的染色体区域,它们出现的频率不均一。以测序技术为基础的分子标记不仅可以有效地检测 DNA 片段的变异或缺失,还可以检测单个核苷酸的变异。

10.2.4.1 基因芯片技术

基因芯片技术又称为DNA微阵列(DNA microarray)技术，具有高特异度、高通量、高效率等特点，是将基因组中具有特异性的保守DNA片段固定于固相载体上的DNA检测技术。该技术将人工合成不同基因的寡聚核苷酸片段固定于基因芯片上，用荧光分子标记的待测标本扩增后的产物与基因芯片杂交，利用碱基互补配对的原则对DNA多态性进行检测，通过所检测到的荧光信号强度差异对不同样本扩增产物进行分析。

10.2.4.2 SNaPshot

SNaPshot又称小测序，是一种基于荧光标记单碱基延伸的原理对SNP进行检测的技术。其原理与Sanger测序的原理基本相同，先根据基因序列设计特异性的扩增引物及延伸引物，在一个反应体系中加入测序酶、4种荧光标记ddNTP、紧邻多态位点5′端的不同长度的延伸引物和PCR产物模板，引物延伸一个碱基即会发生终止，经过测序仪检测测序峰的颜色可得知渗入的碱基种类，根据测序峰的移动位置确定该延伸产物对应的SNP位点，从而确定该样本的基因型。

10.2.5 其他新型的分子标记

10.2.5.1 突变阻滞扩增系统

突变阻滞扩增系统(amplification refractory mutation system，ARMS)的核心在于在引物的3′末端加入错配的碱基，使其与模板错配时PCR不能够有效延伸。在设计特异性引物时，当其他物种序列的一个3′端碱基的错配并不能够有效阻滞扩增进行时，可以在引物的近末端人为引入一个或两个错配碱基以增强反应的特异性。

10.2.5.2 竞争性等位基因特异性PCR

竞争性等位基因特异性PCR(competitive allele specific PCR，KASP)基于Touch-Down PCR技术和引物末端碱基的特异匹配，利用通用荧光探针对SNP分型以及检测InDel，是一种可针对包括复杂基因组DNA样品在内的广泛样品的目标SNP和InDel进行精准双等位基因分型的技术。KASP以常规PCR和荧光检测为基础，对设备要求较低，具有灵活、便宜、准确等特点。

10.2.5.3 分子信标

分子信标(molecular beacon)将荧光能量传递技术和线性探针改进相结合，通过在PCR反应体系中引入一种特殊的由茎环结构(stem-loop)所组成的单链DNA作为分子荧光探针的核酸定量和检测技术。荧光探针的5′端与荧光基团(EDANS)连接，3′端与荧光淬灭基团(DABCYL)相连，中部的环状结构(loop)与靶序列互补，而茎状结构(stem)为环状结构到末端之间的探针两臂，由与靶序列无关的互补序列复性而形成。荧光探针的茎状结构使荧光集团和淬灭基团相距足够近，在紫外光源的激发下，淬灭基团的淬灭作用使得荧光基团所放射的荧光以热能的形式散发出去，从而检测不到荧光。当加入与探针环状结构完全互补的核酸靶分子后，由于环状结构与靶分子杂交的双链序列比探针分子茎状结构的双链更长更稳定，探针的茎状结构的双链被打开，使荧光基团和淬灭剂发生分离。在紫外光的激发下，荧光基团就会产生波长为 490 nm 的荧光。

该技术采用茎环结构的探针，与线性探针相比，该技术检测的特异性更强，靶序列中单个碱基的错配、缺失或插入突变均能被检测出来，甚至可以设计多种不同的探针对多个靶序列在同一反应管中同时进行独立检测，在基因突变的研究中有很广泛的应用；且该技术是在封闭状态下对扩增产物进行检测，避免了扩增产物的污染所引起的假阳性，省去了 PCR 扩增产物的后处理，操作简单，灵敏度高，低至 1 个拷贝的核酸也能被检测出来。

10.2.5.4 高分辨率熔解曲法

高分辨率熔解曲线(high-resolution melting，HRM)是利用特定双链 DNA(dsDNA)染料可以插入 DNA 双链小沟中(PCR 产物)的特性，通过实时监测升温过程中 dsDNA 解链、荧光染料脱落、荧光信号减弱或消失的过程，获得高分辨熔解曲线记录，从而对样品进行检测。基因突变会导致对应碱基不匹配和结合力减弱，熔解温度变低，在升温时率先发生裂解，荧光染料从 DNA 分子上释放下来。荧光强度和温度熔解曲线可反映是否存在突变，而不同的突变位点和突变形式则会在熔解曲线上展现出不同的峰型。

10.2.5.5 TaqMan® SNP

TaqMan® SNP 利用 Taq 聚合酶的 5′核酸酶活性在 PCR 期间产生的荧光信号来检测 SNP。对于每个 SNP，该分析使用仅在 SNP 位点序列不同的两种探针：一种探针与野生型等位基因互补，另一种与变异等位基因互补。将 5′报告基团染料和 3′淬灭基团染料共价连接至野生型和变异等位基因探针。当探针完好无损时，由于淬灭基团染料位于报告基团染料的附近，荧光会被抑制。在 PCR 退火步骤中，探针与目标 SNP 位点杂交。在 PCR 延伸过程中，由于 Taq 聚合酶的 5′核酸酶活性，导致报告基团染料和淬灭基团染料被释放，继而导致报告基团染料的特征荧光增强。核酸外切酶活性仅在完全杂交的探针上发生，而含有错配碱基的探针不会被 Taq 聚合酶识别。

10.2.5.6 质谱 SNP 分型技术

质谱 SNP 分型技术将 PCR 技术与质谱分析相结合，利用质谱分析质量灵敏度高的特点，对待检 SNP 实现高精度分型。尤其是基质辅助激光解吸-飞行时间(MALDI-TOF)质谱方法已经初步应用于基因分型。其基本原理是：先设计特异性引物，经多重 PCR 扩增含有待测 SNP 位点的 DNA 片段；然后针对待测 SNP 位点设计延伸引物，并在反应体系中加入 ddNTP 和 DNA 聚合酶，使得 PCR 退火时，引物 3′端的碱基刚好与待测 SNP 位点的碱基互补结合，即引物延伸到多态性位点，链延伸终止。通过 MALDI-TOF 质谱检测引物及延伸产物两个峰的 m/z 差值，即该引物所延伸碱基的分子量，从而判断 SNP 位点的碱基类型。如由美国 Agena Bioscience 公司研制并生产的基因分型检测系统 MassARRAY® 系统针对检测 DNA 靶标数量需求在十几个到几百个位点，可实现中通量、低成本、短周期、高精准的基因分型，实验操作和数据分析简单，目前已可用于检测包括点突变、插入/缺失、拷贝数变异、基因融合、甲基化等在内的多种变异类型。

10.3 分子图谱的构建

遗传图谱(genetic map)又称遗传连锁图谱(genetic linkage map)，指反映基因组内基因

（遗传标记）在染色体上线性排列顺序及其相对位置的图谱。分子遗传图谱反映了分子标记在染色体上的相对位置关系，显示分子标记在染色体上的相对遗传距离（单位为 cM），但并不反映其在染色体上的实际物理距离（单位为 kb）。自 1987 年，人类基因组第一张 RFLP 标记图谱在《细胞》(*Cell*)上发表以来，随着新的标记技术的发展，遗传作图在许多物种中得到了飞速发展，且图谱上分子标记的密度也越来越高。迄今为止，包括各种主要农作物在内的植物，如番茄、水稻、小麦、玉米（图 10-6）、大豆、油菜、马铃薯、大麦、黑麦、燕麦、高粱、棉花等的高密度分子标记图谱均已完成，并且随着新型标记的不断出现，图谱密度也还在不断地增加。这些遗传图谱的绘制大大加快了对这些作物的遗传研究，并对分子标记辅助育种产生了巨大的推动作用。

遗传图谱的构建主要包括以下 5 个环节：①选择合适的分子标记鉴定遗传材料之间的多态性，确定用于遗传作图的亲本组合；②建立作图群体，即具有大量分子标记处于分离状态的分离群体或衍生系；③鉴定群体中不同植株或品系的分子标记，确定基因型；④借助计算机程序对分子标记进行连锁分析；⑤获得饱和的连锁遗传图谱。

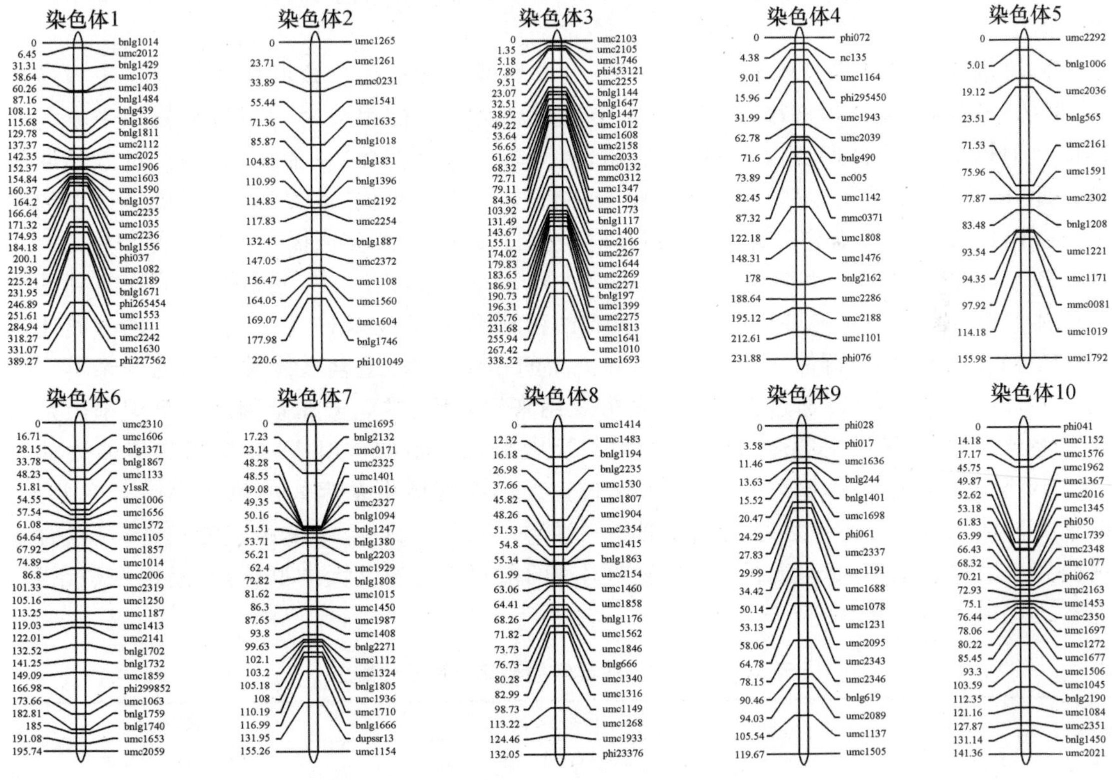

图 10-6　玉米的分子遗传图谱(Liu 等，2021)

10.3.1　遗传图谱构建的群体

作图群体（mapping population）是指用于遗传作图的符合孟德尔定律的分离群体，如 F_2、BC_1、NIL、RIL 和 DH 等。无论是构建传统的遗传图谱，还是构建现代的分子遗传图谱，都需要有作图群体。作图群体的基本要求主要有 3 个：群体要足够大、群体随机分离和双亲间的多态性高。因此，构建好的遗传连锁图谱的前提条件就是选择合适的亲本及分离群体。

10.3.1.1 亲本的选配

亲本的选择对构建遗传图谱的难易程度、准确性和适用性具有直接的影响。亲本选择时应首先考虑亲本间的DNA多态性。一般来说，异花授粉作物的DNA多态性高，如棉花、高粱和蚕豆等，这类作物可选择种内不同品种作杂交亲本。而自花授粉作物的DNA多态性较低，如小麦、大豆和马铃薯等，这类作物则需选择不同种间或亚种品种作为杂交亲本。其次，亲本选择时要尽量选用纯度高的材料，并进一步通过自交进行纯化。此外，亲本间的遗传差异不宜过大，否则杂种染色体之间的配对和重组会受到抑制，连锁座位间的重组率偏低而出现严重的偏分离现象，从而降低后代的结实率及所建图谱的准确度。

10.3.1.2 分离群体的类型

作图群体主要分为初级作图群体和次级作图群体两大类。用于分子标记的初级作图群体一般分为两类：一类为暂时性分离群体，包括 F_2 群体和 BC_1 群体等；另一类为永久性分离群体，包括重组自交系(recombinant inbred line，RIL)群体和双单倍体(double haploid，DH)群体等。

F_2 群体是由亲本杂交得到 F_1，F_1 再自交得到的分离群体。该群体的优点在于容易产生，群体分离符合孟德尔规律，基因型(带型)容易识别，不需很长时间便可得到一个较大的群体。但每个 F_2 个体所提供的DNA有限，且为非永久性群体，只能使用一代，难以长期保存。此外，在 F_2 群体中，显性标记无法区分显性纯合基因型和杂合基因型，降低了作图的精度；此外，F_2 群体表型鉴定误差大，特别是对于数量性状而言，会干扰基因定位的结果。

BC_1 群体，即回交一代群体，是由所选择的亲本杂交获得 F_1，F_1 再和亲本回交得到的分离群体。BC_1 群体中每一分离的基因座只有两种基因型，直接反映了 F_1 代配子的分离比例(表10-1)。因此，BC_1 群体比 F_2 群体具有更高的作图效率，适合亲缘关系较远的亲本。除此之外，BC_1 群体还可以通过正反回交的方式用来检验雌、雄配子在基因间的重组率上是否存在差异。例如，正回交群体为(A×B)×A反映雌配子中的重组率，而反回交群体为A×(A×B)反映雄配子中的重组率，由此可比较正反回交群体中基因间的重组率是否有差异。但这类群体同样存在不足之处：和 F_2 群体一样为非永久性群体，不能多代使用；当显性时表现型和基因型鉴定都麻烦；此外，人工杂交困难的植物不易建立大的群体，且易出现假杂种，也不适宜采用 BC_1 群体。

表10-1 不同作图群体类型标记预期分离比

群体类型	共显性标记	显性标记
F_2	1∶2∶1(AA∶Aa∶aa)	3∶1($B\_$∶bb)
BC_1	1∶1(Cc∶cc)	1∶1(Dd∶dd)
RIL和DH	1∶1(EE∶ee)	1∶1(FF∶ff)

RIL群体是由重组近自交系组成的分离群体，由 F_2 经多代自交单粒传法(single seed descendant)使后代基因组相对纯合的群体。该群体的优点在于每个株系都是纯合的，表现型鉴定较可靠，并可长期重复使用。而不足之处在于群体不易产生，而且由于自然选择和人工选择的结果，RIL群体通常会出现偏态分离。

DH 群体是由通过对 F_1 杂交种进行花药离体培养等处理获得单倍体植株，再经秋水仙碱等化学试剂处理导致染色体加倍而获得的双单倍体群体。和 RIL 群体一样，DH 群体的植株同样是纯合的，可稳定遗传，并可重复使用，以品系作为分离单元，表现型鉴定较可靠。群体分离通常符合孟德尔规律；和 BC_1 群体一样，DH 群体直接反映了 F_1 配子中基因的分离和重组，因此作图效率高。但有些植物的花药离体培养十分困难，DH 群体不易产生，且群体个体数往往偏少，所提供的信息量较低。此外，花粉培养过程可能会对基因型产生选择和引起变异。

总体来说，虽然永久性分离群体能够克服暂时性分离群体的不足，但这类群体的构建通常难度较大或者耗时较长。

10.3.1.3 群体大小的选择

群体大小直接关系到遗传图谱的分辨率和精度。群体太大，容易耗费更多人力、物力，加大实验工作量，而且增加费用。因此，应根据实际情况选择合适的群体大小。

群体大小由作图效率、作图目的和作图类型来确定。对于作图效率，群体大小的选择主要依据两个标记间可检测到重组的最小图距和从随机分离结果可以辨别的最大图距来确定。对于作图目的，群体大小的确定主要在于两个方面，若是小群体，宜选择分子标记连锁骨架图；若是大群体，则宜选择基因组序列分析或基因分离。从作图类型来考虑，主要的群体就是前面提到的 4 种，即 F_2、BC_1、RIL 和 DH 群体。其中，F_2 和 BC_1 是最为常用的两种群体，并且 F_2 所需要的群体更大，原因在于 F_2 中的基因型种类更多，为了让每种基因型都能尽量出现，所以就需要更大的群体，这样才能与 BC_1 的作图精度相当，因此 BC_1 群体要比 F_2 群体的作图效率高。综上所述，为了达到相当的作图精度，构建分子标记连锁图所需不同群体大小的顺序为 $F_2>RIL>BC_1>DH$。

10.3.2 多态性调查

(1)亲本间多态性的分析　为了减少分子标记利用的盲目性，在分析作图群体之前，首先要分析亲本间的分子标记多态性，主要包括两个方面的内容：一是筛选多态性标记，即筛选出亲本间有差异的分子标记；二是了解具有多态性的分子标记的数量是否足够及其在图谱中的分布是否合理。

(2)作图群体的分子标记基因型分析　分析内容主要包括两个方面：一是以双亲为对照，选择亲本间有多态性的分子标记对作图群体的每个株系的标记基因型进行逐一分析和记录；二是对分子标记在作图群体的分离情况进行“适合性测验”即 χ^2 检测，其中不符合孟德尔遗传的分子标记不能用于遗传作图。

10.3.3 分子标记遗传图谱构建

分子标记遗传图谱构建的理论基础是减数分裂中同源染色体的两个非姐妹染色单体之间的交换与重组，位于同一染色体上的基因(标记)有倾向于维系在一起进行遗传的倾向，即表现为连锁(linkage)，交换发生的频率随基因间距离的增加而增大。基因间的遗传距离一般通过重组率进行计算，图距单位为厘摩(centi-Morgan，cM)，1 cM≈1%的重组率。连锁遗传规律表明，基因在染色体上呈线性排列。每种生物具有少量染色体，而具有大量的基因，基因位于染色体上，因此，每条染色体上都有许多的基因。每个基因在染色体上通常有固定的座位(locus)。

对分子标记进行连锁分析，确定分子标记之间的遗传距离和排列顺序，形成连锁群，进而由各连锁群构成基因组的遗传图谱。其具体构建程序如下：①通过重组率计算分子标记之间的遗传距离，根据连锁关系将分子标记分成若干群；②确定具有连锁关系的分子标记间排列顺序，建立连锁群；③确定连锁群与染色体之间的关系；④基因组的所有分子标记连锁群即为分子标记遗传图谱。

连锁分析通常是通过两点测验(two-point testcross)和三点测验(three-point testcross)来进行的。随着遗传间距的增加，两个基因座之间发生双交换(即同时发生两处遗传物质交换)的可能性也逐渐增加。双交换的存在导致了根据重组率估计的两个标记座位间的遗传距离比实际遗传距离偏小。因此，一般采用作图函数(mapping function)对标记间的遗传距离进行矫正，以反映图距的真实情况。分子标记遗传图谱构建的常用软件有 LINKAGE、MapMaker、MSTmap、ASmap、R 包 LinkageMapView、QTL IciMapping 和 MapChart 等，其中 R 包 LinkageMapView 最为常用。

10.4　基因定位

基因定位指的是针对生物的关键性状，利用分子标记技术，明确性状与遗传标记间的关系及其所在染色体的位置。开展基因定位工作，通常需要构建高密度的分子图谱，或者是建立在完成基因组测序的基础上。针对生物性状的变异特点，基因定位可进一步细分为质量性状基因定位和数量性状基因定位。质量性状是指分离群体中表现为不连续变异的性状，该类性状可以明确分组，对环境敏感性较低，一般由单个或者少数的几个主基因控制。此外，许多性状除了受主效基因控制之外，还受到微效基因和环境的影响，表现出连续变异的数量性状的遗传特点。由于质量性状基因和数量性状基因在遗传特点上的差异，质量性状基因和数量性状基因的定位方式存在一定的差异。下面就分别介绍两类性状的基因定位方法。

10.4.1　质量性状基因定位

目前，质量性状基因主要采用近等基因系分析法和集团分离分析法快速有效地寻找紧密连锁的分子标记，从而进行相关基因定位。

10.4.1.1　近等基因系分析法

近等基因系(near isogenic line，NIL)是指经过饱和回交形成的除了个别染色体区段存在差异，其他遗传背景相同或相近的两份或多份遗传材料。NIL 分析法利用 NIL 寻找与目标基因紧密连锁的分子标记的基本策略是比较轮回亲本、NIL 和供体亲本三者的分子标记基因型。当 NIL 与供体亲本具有相同的表型和标记基因型，但又与轮回亲本不同时，则该分子标记就可能与目标基因连锁。在 NIL 分析法中，NIL 发挥了重要作用，构建方法主要是通过将两个具有不同目标性状的品种杂交，所获杂交种再与其中一个亲本进行多次回交后筛选在目标性状上差异表现的品系。

10.4.1.2 集团分离分析法

集团分离分析(bulked segregation analysis,BSA)法最早由 Michelmore 等在 1991 年提出并成功地在莴苣中筛选出与目的基因连锁的标记。该方法首先从一对具有目标基因的表型差异的亲本所产生的任何一种分离群体中,依据目标性状表型的相对差异(如可育与不育),将个体或株系分成两组,将每组内个体或株系的 DNA 等量混合,形成两个相对性状的"基因池"(gene pool)。以双亲的 DNA 作为对照,这两个基因池间表现出多态性的 DNA 标记,就有可能与目标基因连锁。

由于建池时使用了特定的分离群体,并且在分组时仅对目标性状进行选择,这样可以保证其他性状的遗传背景基本相同,两个基因池之间理论上就应主要在目标基因区段存在差异,排除了环境及人为因素的影响,使研究结果更为准确可靠。BSA 法克服了很多作物难以得到 NIL 的限制,并且比 NIL 分析法省时省力,是一种非常实用的基因定位方法,应用非常广泛。同时,对于尚无连锁图或连锁图饱和程度较低的植物,利用 BSA 法也是快速获得与目标基因连锁的分子标记的有效方法。

10.4.2 数量性状基因定位

数量性状相比于质量性状更为复杂。自 20 世纪 80 年代以来,随着 DNA 分子标记技术及分子连锁图谱的发展,数量性状的解析及定位开始成为现实。采用分子标记技术,可以将数量性状复杂的多基因系统,逐步分解成单个孟德尔因子,进而实现类似于质量性状基因的定位。目前,借助分子标记技术,对数量性状基因位点(quantitative trait loci,QTL)的遗传定位、基因效应和基因与环境互作等方面已在动植物中广泛展开。在这里,我们将对 QTL 定位分析方法进行简要介绍。

QTL 定位分析实质上是确定 QTL 与分子标记间的连锁关系。如何分析标记基因型和数量性状值之间是否存在关联、发现 QTL 并准确估计 QTL 的遗传效应,不同作图方法所采用的遗传设计和统计原理存在一定差异。总体而言,大多数作图方法都涉及大量数据与连锁标记的统计分析,需要相应的统计分析软件,常用的主要有区间作图法、多元回归法、精准作图法等,并开发出一些功能性很强的计算机程序包,如 MapMaker/QTL、Map Manager、QTL-Cartographer 等。目前 QTL 定位分析方法依据所用标记来区分,主要有单标记分析法、区间定位法和全基因组关联分析法。

10.4.2.1 单标记分析法

单标记分析法是按单标记基因型(每次只分析一个标记)将群体中的个体进行分组,同时度量各个体数量性状的表型值,通过假设测验、方差分析、回归分析或似然比检验,比较单个标记基因型数量性状均值的差异。如果某个标记与某个(些)QTL 连锁,那么在杂交后代中,该标记与 QTL 就会发生一定程度的共分离,于是该标记的不同基因型在(数量)性状的分布、均值和方差方面将存在差异。以单因素方差分析测验被研究数量性状在标记基因型间的差异显著性,或将个体的数量性状表型值对单个标记的基因型进行回归分析,若各标记基因型差异或回归系数达到统计测验的显著水平,则可认为该标记与 QTL 连锁。

单标记分析法简单直观,但无法估计 QTL 的具体位置和效应。

10.4.2.2 区间定位法

区间定位(interval mapping,IM)法由 Lander 和 Botstein 等在 1989 年提出,是建立在个体数量性状观测值与双侧标记基因型变量的线性模型的基础上,利用最大似然法对相邻标记构成的区间内任意一点可能存在的 QTL 进行似然比检测,进而获得其效应的极大似然估计的 QTL 定位方法。其遗传假设是:数量性状遗传变异只受一对基因控制,表型变异受遗传效应(固定效应)和剩余误差(随机效应)控制,不存在基因型与环境的互相作用。利用染色体上一个 QTL 两侧的一对标记,建立个体数量性状测量值对双侧标记基因型指示变量的线性回归关系。回归模型的适合性检验通常采用似然比检验法,即存在 QTL 的概率对不存在 QTL 的概率之比(其对数为 LOD 值)。当 LOD 值超过某一临界阈值(一般为 2～3)时,可认为该区间存在 QTL。Lander 等曾研制了专门的计算机软件(MapMaker/QTL)在全基因组范围内发现某点存在 QTL 并估计其相应的遗传参数。

IM 法比单标记分析法更加准确和有效,能从支撑区间推断 QTL 的可能位置。但当相邻 QTL 相距较近时,IM 法的估计结果常常是有偏差的,因为它无法排除 QTL 间的相互干扰。为此,不少学者提出了改进方法,包括采用多个 QTL 回归模型,以及将 IM 与多标记分析相结合,用被检区间以外的部分或所有剩余标记来消除 QTL 间的相互干扰,发展出了混合线性模型和复合区间定位法等。

复合区间定位(composite interval mapping,CIM)法是 Zeng 等在 1994 年提出的结合了区间作图和多元回归特点的一种 QTL 作图方法。该方法在对某一特定标记区间进行检测时,将与其他 QTL 连锁的标记也拟合在模型中以控制背景遗传效应,从而将同一染色体上的多个连锁 QTL 的效应区分开来。与 IM 法相比,CIM 法在较大程度上控制了遗传背景效应,从而大大提高了 QTL 定位的精度和效率。CIM 法还被推广到了多性状分析的情形,即多性状复合区间定位(mixed composite interval mapping,MCIM)法,利用性状间相关的遗传信息将效应值估计和定位分析相结合,既可无偏地分析 QTL 与环境间的互相作用和上位性效应,又提高了作图的精度和效率。许多 QTL 分析软件,如 QTL-Cartographer、QTL-mapper、MAPQTL 都可在网上查询并下载。

10.4.2.3 全基因组关联分析法

全基因组关联分析(genome-wide association study,GWAS)又称关联作图(association mapping)或连锁不平衡作图(linkage disequilibrium mapping),是解析动植物复杂数量性状的重要手段之一,也是数量遗传学研究中的重要内容。GWAS 本质上是以连锁不平衡为基础,利用统计学方法(回归分析)解决遗传学问题。所谓关联,是指性状和基因的关系。通过对多个个体在全基因组范围的遗传变异多态性进行检测可获得基因型数据,将基因型数据与观测所得的性状表型数据进行群体水平的统计学分析,根据统计量或显著性 P 值筛选出最有可能影响该性状的遗传变异,从而挖掘和定位与性状变异相关的基因(图 10-7)。得益于基因组学和测序技术的发展,一些物种已经完成了全基因组测序,不同个体基因组是有差异的,其中最主要的一种多态性是 SNP,即单核苷酸多态性,有的个体在某个位置是 G,有的是 A,正是这样一个个的差异最终导致了两个个体的表型差异。通过建立起表型和基因型的联系,间接找到控制这个性状的基因座(QTL)。目前,GWAS 已成为基因挖掘的最有效方法，并已在动植物中广泛应用，如 2021 年中国科学院遗传与发育研究所储成才团队在《自然》(*Nature*)上发表重要成果，通过 GWAS 手段鉴定到了具有重要应用价值的水稻氮高效利用基因 *OsTCP19*。

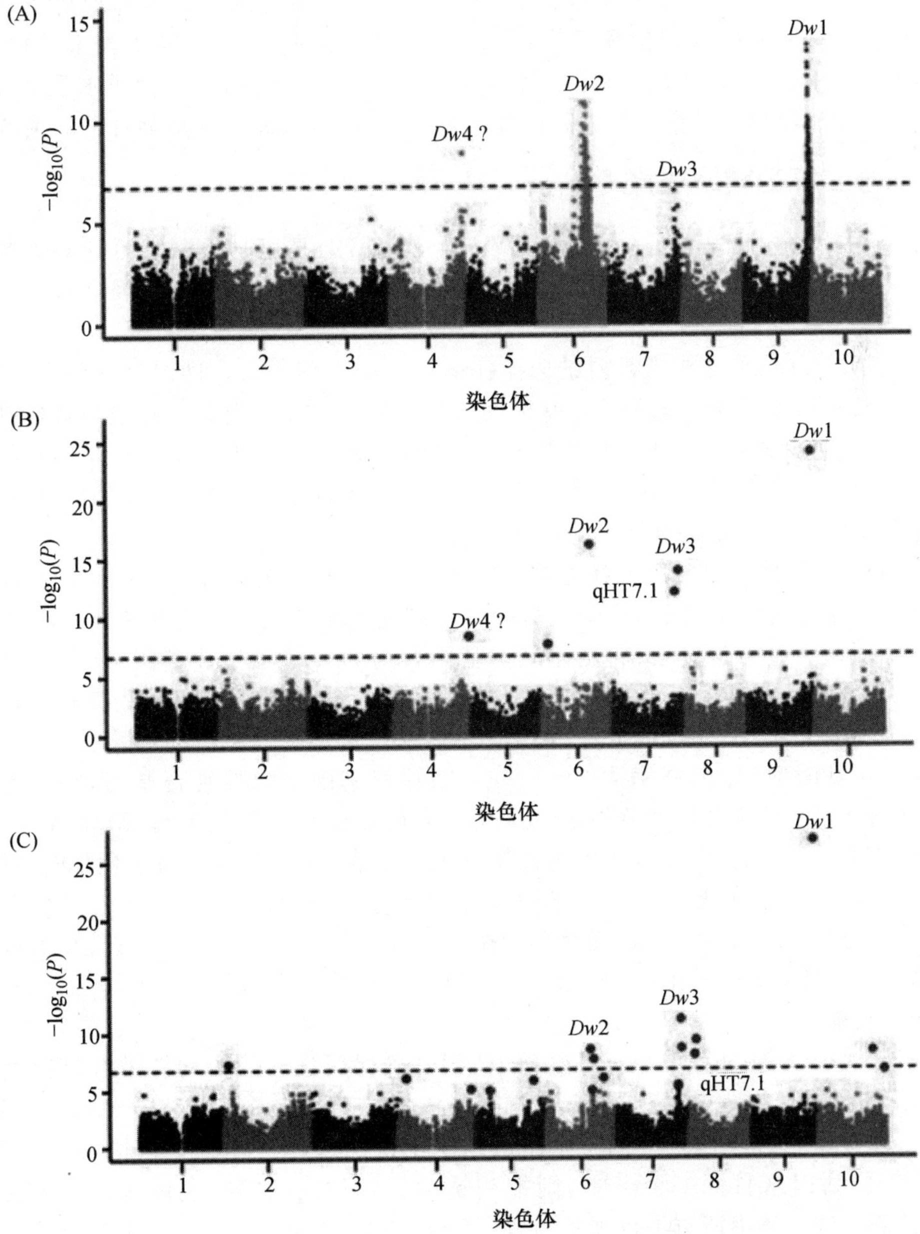

所有染色体的 GWAS 图，(A)混合线性模型(MLM)，(B)多位点混合模型(MLMM)，(C)固定和随机模型循环概率统一(FarmCPU)。三种方法都在 *Dw*1 和 *Dw*2 处检测到相同的强信号，每个图中的水平线表示原始出版物中使用的显著性阈值。

图 10-7　高粱株高的全基因组关联图(Cortes 等，2020)

10.5 分子标记辅助选择育种

近年来，得益于基因定位技术的发展，我国在植物遗传育种研究方面取得了可喜的进展，一大批优异基因先后被定位和发掘，促进了我国农业的发展，保障了国家的粮食安全。分子标记辅助育种技术是在优异基因定位的基础上，利用分子标记，从分子水平上筛选和评价遗传资源、创制新材料和培育新品种的技术，并已逐渐成为新一代植物育种的主流技术。

10.5.1 分子标记辅助选择

分子标记辅助选择（marker assisted selection，MAS）是通过检测与目标基因紧密连锁的分子标记基因型以推测和获知目标基因的基因型，从而直接对目标基因进行直接选择的技术。

在实施 MAS 时，首先要进行前景选择（foreground selection），即对目标基因进行选择，其可靠性主要取决于分子标记与目标基因间连锁的紧密程度。当分子标记与目标基因间的连锁越紧密，选择的准确率越高，所要求选择的个体数越少。如果分子标记是与目标基因共分离或其本身就是依据目标基因序列开发的功能性分子标记（functional marker），选择过程中对标记的选择实际上就是对基因的选择。

以 SSR 标记辅助抗病基因选择为例，说明标记辅助选择的原理。假设某标记座位（M/m）与目标基因座位（Q/q）连锁，标记与目标其因间的重组率为 r。其中携带抗病基因 Q 的供体亲本基因型为 QQ/MM，感病受体亲本基因型为 qq/mm，F_1 代基因型为 Qq/Mm。由于标记座位 M 与抗病基因 Q 连锁，在后代中通过 M 标记基因型即可以用来选择抗病基因 Q。在 F_2 代分离群体中，通过标记基因型 MM 而获得目标基因型 QQ 的概率为 $(1-r)^2$，目标基因为杂合基因型 Qq 的概率为 $2r(1-r)$，而目标基因为隐性纯合基因型 qq 的概率为 r^2。由此可见，通过标记基因型分析，从 F_2 代分离群体中获得 3 类带型（MM、Mm、mm）的个体。在 MM 基因型个体中，大多数个体携带抗性基因 Q，其中基因型纯合（QQ）的单株概率为 $(1-r)^2$，而选择单株中不含抗病基因 Q 的错选率仅为 r^2。

由于双交换发生的概率很低，而且单交换间一般总是存在相互干扰，这使得实际双交换的概率更小。因此，若用目标基因两侧相邻的两个标记对目标基因进行同时选择，可大大提高选择的正确率。

在开展 MAS 育种过程中，前景选择的作用是确保所选后代中均携带有目标基因。此外，为使后代个体遗传背景尽快恢复成轮回亲本基因组，还需进行背景选择（background selection），即除去目标基因之外的整个基因组水平上的选择。理论上来讲，如果两个标记座位上的等位基因来自同一个亲本，则推测这两个标记之间的染色体区段也来自这个亲本，进而推测出该个体中所有染色体的组成。因为在这种情况下，该区段上只可能发生偶数次交换时，两个标记之间才可能存在来自另一个亲本的染色体区段，但是两个相邻标记间即使是发生最低的偶数次交换（即双交换）的概率也是很小的。

10.5.2 分子标记辅助选择技术在育种中的应用

在生物育种中，MAS 技术包括：分子标记进行种质资源分类和遗传多样性分析、杂交育种亲本选择、杂交后代重组个体筛选等育种环节，以及利用DNA指纹进行新品种保护等。

10.5.2.1 利用分子标记技术评价亲本及挖掘优良基因

作物种质资源是具有遗传变异的育种基础材料。对作物种质资源进行合理分类与准确评价，是资源高效利用的前提。种质资源的遗传多样性一般用多态性位点数、各位点的等位基因数以及等位基因频率等参数来描述。

利用分子标记技术还可以发掘野生近缘物种中的优良基因。野生资源通常高度杂合，并且不利基因频率较高，很难直接利用，借助分子标记和高密度连锁图谱，通过系统的回交和自交构建渗入系是从栽培植物野生近缘种挖掘和利用新的基因资源的一种重要方法。例如，以优良栽培稻品种为遗传背景、以普通野生稻为供体亲本的基因渗入系已被广泛应用于野生稻的高产、耐冷、耐旱基因的挖掘和应用。

10.5.2.2 利用分子标记技术改良作物

在作物育种过程中，针对杂交后代进行准确有效的鉴定和选择至关重要。但由于基因间存在上位效应或掩盖效应，通过传统育种的方法累加基因困难且难以实现，利用分子标记技术可以实现有利基因的转移和基因聚合(或基因累加)。

(1)利用分子标记技术改良作物的质量性状　许多重要的农艺性状，如抗病性、抗虫性、育性、株型等都受主效基因的控制，这些基因常常表现为质量性状遗传的特点，不易受环境的影响，并且在分离群体中表现为不连续性变异，能够明确分组。近年来，作物中质量性状的基因定位、克隆取得了重要进展，已经先后定位并克隆了一批控制抗病、抗虫、育性及株型的重要基因，为开展MAS创造了条件。

(2)利用分子标记技术改良作物的数量性状　作物多数农艺性状，如产量性状、成熟期、品质、抗旱性等表现为数量性状的遗传特点，受多个微效基因控制，用传统育种方法，选择效率低、周期长。近年来，由于分子标记技术的发展，QTL定位及基因克隆取得了长足发展，可将复杂的数量性状分解成多个质量性状，并按质量性状基因的研究方式进行定位克隆，这为利用MAS对复杂农艺性状进行选择和改良奠定了重要基础。

像质量性状一样，复杂性状也采用分子标记辅助轮回选择(marker assisted recurrent selection，MARS)的策略。轮回选择是作物群体改良的有效方法，基本程序为从被改良群体中选株产生后代，并进行鉴定，对优良后代自由授粉，基因充分重组形成新一轮群体，利用分子标记技术将多个有利QTL聚合到同一个品种中。其目的在于提高育种群体中的有利基因频率，为育种学家提供改良了的种质。同时，还可以改良外来种质的适应性，拓展和创造新的种质来源。

10.5.2.3 分子设计育种

Peleman等在2003年首先提出了“设计育种”的概念，他认为以作物分子标记技术及生物信息学分析技术为支撑，作物分子设计育种的发展可分为3步：①大量农艺性状的QTL定位，发掘控制育种性状的基因；②数量性状位点的等位性变异评价，明确不同基因的表型效应、基因之间以及基因与环境之间的相互作用；③依据计算机模拟预测各种可能基因型的表型，从中选择符合特定育种目标的理想基因型，最后利用MAS实现目的基因型的选择，培育优良的品种。

通过分子设计育种策略，育种学家可以对育种程序中的各种因素进行模拟筛选和优化，提出最佳的亲本选择和后代选择策略，实现优良基因的最佳配置，培育出综合性状优良的新品种，从而大大提高育种效率，实现从传统的“经验育种”到定向的“精确育种”的转变。

10.5.3 全基因组选择育种

MAS在应用中存在的问题是：MAS只捕获了在构成表型性状的所有变异中主效基因所带来的那部分变异，而忽视了小效应累加所带来的变异。为了捕获构成表型的所有遗传变异，其中的一个途径就是在全基因组水平上检测影响目标性状的所有QTL，并对其利用，这就是全基因组选择（genomic selection，GS）。

GS的思路最早由Meuwissen等于2001年提出，首先利用测试群体“Training Population”中具有基因型和表现型的个体，利用基因型结合表型性状以及系谱信息，建立数学模型，再把候选群体里的基因型数据代入数学模型中，产生基因组育种估计值（genomic estimated breeding value，GEBV）。这些GEBV与控制表型的基因功能无任何关系，但却是理想的选择标准。简单来讲，就是利用覆盖整个基因组的标记（主要为SNP标记）将染色体分成若干个片段，然后通过标记基因型结合表型性状和系谱信息建立的数学模型分别估计每个染色体片段的效应，最后将个体携带的各染色体片段的效应累加起来，进而对其未知的表型信息进行预测和选择。全基因组选择的遗传假定是每个标记与其相邻的QTL处于连锁不平衡状态，因而利用标记估计的染色体片段效应在不同世代中是相同的。模拟研究表明，只依赖个体基因型的GEBV十分准确，并且已在奶牛、小鼠、玉米、大麦中得到证实。随着基因型检测成本的下降，GS使个体的选择远远早于育种周期，将会成为动植物育种的一次革命。

重要农艺性状基因的等位性、遗传机制、调控网络的解析和基因组研究产生了一系列新的工具，如高通量SNP检测、功能分子标记和生物信息学，能为育种提供高效和正确的统计和遗传信息，为GS提供了巨大的潜力。在全基因组层次建立性状与标记的关联性，进一步通过GS以实现功能基因组研究与育种实践的有效结合，MAS育种将逐步进入GS育种时代，从而实现全基因组设计育种和选择。

思考题

1. 简述各类遗传标记的特点与应用。
2. 基于DNA杂交的分子标记和基于PCR技术的分子标记技术有何区别？
3. 简述在植物中构建分子连锁图谱的主要步骤。
4. 质量性状基因定位和数量性状基因定位有何异同？
5. 相比于传统育种，分子标记辅助选择育种具有哪些优越性？
6. 分子标记辅助选择应具备哪些条件？

参考文献

[1]陈倩茹，郑文茵，曹邓伊，等．水稻胚性愈伤诱导率性状QTL的全基因组关联分析．基因组学与应用生物学，2023，42(8)：821-831.

[2]景海春，田志喜，种康，等．分子设计育种的科技问题及其展望概论．中国科学：生命科学，2021，51(10)：1356-1365，1355.

[3]李昊澍，常远，刘春梅，等．ARMS分子标记鉴定水稻长中胚轴基因型 $gy1^{Kasa}$．农业生物技术学报，2020，28(5)：925-932.

[4]汪泽民，何曦，张宇涵，等．基于BSA-seq的拟南芥辐射诱变突变体的基因定位．核农学报，2023，37(10)：1905-1911.

[5]吴明生，赵海艳，宋歌，等．利用TaqMan-SNP基因分型技术快速鉴别玉米杂交种与其亲本．种子，2015，1：117-119.

[6]谢烨，张思娜，陈代安，等．高灵敏核酸探针在生化分析中的应用研究进展．分析试验室，2022，41(4)：449-457.

[7]徐云碧．分子植物育种．陈建国，华金平，闫双勇，等译．北京：科学出版社，2014.

[8]杨青青，唐家琪，张昌泉，等．KASP标记技术在主要农作物中的应用及展望．生物技术通报，2022，38(4)：58-71.

[9]张桂权．普通遗传学．北京：中国农业出版社，2005.

[10]张献龙．植物生物技术．2版．北京：科学出版社，2012.

[11]张艳，孙妍妍，张春宝．分子标记辅助选择在作物杂交种亲本选育中的研究进展．分子植物育种，2022：1-11. http://kns.cnki.net/kcms/detail/46.1068.S.20220516.1958.025.html.

[12]Cortes L B，Zhang Z W，Yu J M. Status and prospects of genome-wide association studies in plants. Plant Genome，2021，14：e20077.

[13]Liu S，Fu J，Shang Z，et al. Combination of genome-wide association study and QTL mapping reveals the genetic architecture of *Fusarium* stalk rot in maize. Frontiers in Agronomy，2021，2：590374.

[14]Liu Y，Wang H，Jiang Z，et al. Genomic basis of geographical adaptation to soil nitrogen in rice. Nature，2021，590(7847)：600-605.